普通高等教育创新型人才培养规划教材

微生物学实验技术

(第2版)

主　编　石若夫

副主编　李大力　杨成丽

陈纪韬　宋　玉

北京航空航天大学出版社

内容简介

本书涵盖了微生物学研究的各个层面，从基本技术到前沿应用，共有100个实验，包括微生物的显微观察、分离、培养、生长、控制、代谢、免疫、检测、分类、鉴定和保藏等基本技术，以及微生物在食品、工业、农业、医学和环境中的主要应用技术。实验分别从目的、原理、材料、方法等方面进行了介绍，并结合作者多年从事微生物实验教学的积累，提出了实验的注意事项。

本书可供生命科学、生物工程、食品科学、环境科学、医学检验等专业的本科生和研究生学习使用，也可供科研工作者参考。

图书在版编目(CIP)数据

微生物学实验技术 / 石若夫主编. -- 2版. -- 北京 ：北京航空航天大学出版社，2022.8

ISBN 978-7-5124-3820-0

Ⅰ. ①微… Ⅱ. ①石… Ⅲ. ①微生物学—实验技术 Ⅳ. ①Q93-33

中国版本图书馆CIP数据核字(2022)第093184号

微生物学实验技术

（第2版）

主　编　石若夫

副主编　李大力　杨成丽　陈纪韬　宋　玉

策划编辑　董　瑞　　责任编辑　杨　昕

*

北京航空航天大学出版社出版发行

北京市海淀区学院路37号(邮编100191)　http://www.buaapress.com.cn

发行部电话:(010)82317024　传真:(010)82328026

读者信箱: goodtextbook@126.com　邮购电话:(010)82316936

北京建宏印刷有限公司印装　各地书店经销

*

开本:710×1 000　1/16　印张:18　字数:384千字

2022年8月第2版　2022年8月第1次印刷　印数:1 000册

ISBN 978-7-5124-3820-0　定价:56.00元

前 言

为适应现代化和国际化的教育潮流，国家教委特别强调了对新时代大学生创新能力的培养，而实验教学就是使学生掌握专业技能、培养创造力的重要教学环节。为了更好地帮助广大在校大学生、研究生以及从事相关领域研究的科研人员学习和掌握微生物学的实验技能，我们编写了这本实验教材，以适应生命科学及其相关学科的实验教学需要。

本书内容取材于一些微生物学的经典实验，也融进了一些新的实验方法，第一章至第十章主要介绍了微生物学的基本技术，内容涉及微生物的显微观察、分离、培养、生长、控制、代谢、免疫、检测、分类、鉴定和保藏等技术；第十一章至第十五章主要介绍了微生物在食品、医学、农业、工业和环境中的主要应用技术，内容涉及食品微生物的检测，医学微生物的检测，食用菌的栽培，工业微生物的发酵、育种、基因改造和一些化合物的降解及毒性实验等。附录主要介绍了常用微生物分离、鉴定用的试剂和培养基配方，以方便读者查阅和使用。第 2 版在第 1 版的基础上，对部分实验进行了精简和整合，使全书的内容更趋全面、合理。

本书共十五章，其中第一章至第九章由石若夫老师编写，第十章和第十一章由李大力老师编写，第十二章至第十五章由杨成丽老师编写。第 2 版的修订由石若夫老师完成，陈纪韬和宋玉参与了录入、制图和校对工作。

本书在编写过程中参考了大量的著作和文献，在此向有关作者表示诚挚的谢意。由于编者水平有限，书中错误之处在所难免，恳请广大读者批评指正。

编 者

2022 年 3 月

前言

目　　录

第一章　微生物的观察

实验一　普通光学显微镜的使用

一、实验目的

学习普通光学显微镜的构造、维护及保养方法；掌握普通光学显微镜的正确使用方法。

二、实验原理

(一) 显微镜的基本构造(见图1.1)

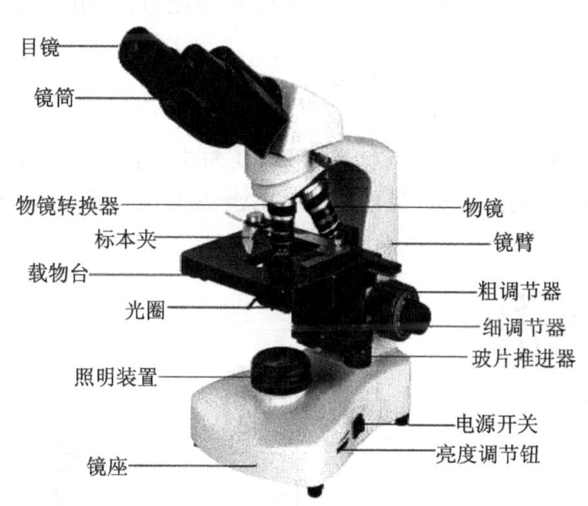

图1.1　光学显微镜构造示意图

普通光学显微镜是利用目镜和物镜两组透镜系统来放大物像的，其构造主要由机械部分和光学部分组成。

1. 光学部分：目镜、物镜、聚光镜、虹彩光圈、滤光片、电光源以及光强调节钮等。

2. 机械部分：镜座、镜臂、镜筒、物镜转换器、载物台、标本夹、调焦装置(粗调节器和细调节器)等。

(二) 油镜的工作原理

1. 增加照明强度。油镜，就是放大100倍的物镜，由于镜筒比较长，影响视野进光,所以在使用时需在镜头和载玻片之间使用香柏油。当光线通过载玻片后,可以直接通过香柏油进入物镜,几乎不发生折射(见图1.2),增加了视野的进光量,从而使物像更加清晰。

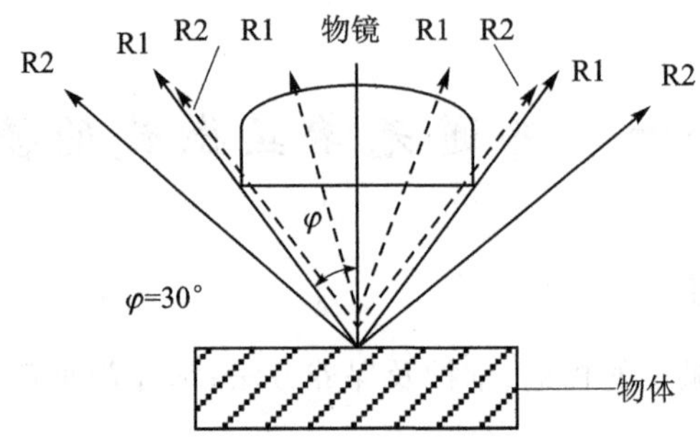

注:实线表示介质为空气($n=1.0$)的光线通路;虚线表示介质为香柏油($n=1.52$)的光线通路。

图1.2　干燥系物镜与油浸系物镜光线通路对比图

2. 增加显微镜的分辨率。显微镜的放大倍数=物镜放大倍数×目镜放大倍数;显微镜的分辨率(D)为显微镜辨析两点之间距离的能力,可用公式表示为

$$D=\frac{\lambda}{2n\sin\mu}$$

式中:λ 为可见光的波长(0.4~0.77 μm,平均0.555 μm);n 为物镜和被检标本间介质的折射率;μ 为镜口角的半数(见图1.3),$NA=n\sin\mu$ 为物镜的数值孔径。

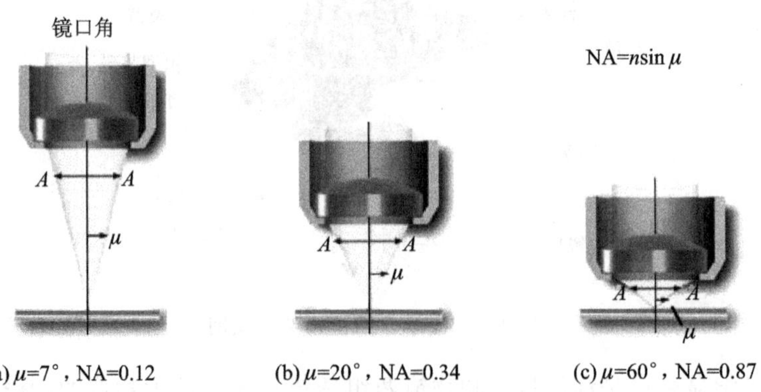

(a) μ=7°, NA=0.12　(b) μ=20°, NA=0.34　(c) μ=60°, NA=0.87

图1.3　不同放大倍数物镜的光线入射角

由于香柏油的折射率(1.52)比空气和水的折射率(分别为1.0和1.33)高,因此以香柏油作为镜头和载玻片之间介质的油镜所能达到的数值孔径值要高于干燥系物镜。若以可见光的平均波长0.55 μm来计算,则数值孔径通常在0.65左右的高倍镜只能分辨出距离不小于0.4 μm的物体,而油镜的分辨率可达到0.2 μm。

显微镜的使用原则是:物镜的使用——先低倍,后高倍,再油镜。调焦的规

律——由上而下。勿使物镜镜头碰触载玻片，以免损坏物镜(比较高级的显微镜，其所配物镜具有可伸缩头，能大大降低物镜损坏率)。使用油镜观察染色标本时，可将光圈调大，聚光器上升到最高，使光线调至最强。

三、实验材料

1. 菌种：大肠杆菌(*Escherichia coli*)，枯草芽孢杆菌(*Bacillus subtilis*)，金黄色葡萄球菌(*Staphylococcus aureus*)，变形杆菌(*Proteus bacillus vulgaris*)，乳杆菌(*Lactobacillus*)，蜡样芽孢杆菌(*Bacillus cereus*)等细菌染色片。

2. 试剂：香柏油，乙醇∶乙醚($V_{乙醇}:V_{乙醚}=7:3$)混合液。

3. 器材：普通光学显微镜，擦镜纸。

四、实验方法

(一) 观察前的准备

1. 显微镜的安置。拿显微镜时，应一手握镜臂，一手托镜座，置于平整的实验台上，镜座距实验台边缘 3～4 cm。使用前应先熟悉显微镜的结构和性能，检查各部分零件是否齐全，镜身有无尘土，镜头是否洁净。

2. 调节光源。打开电源，然后调节照明亮度。开闭光圈，调节光线强弱，直至视野内得到适宜的亮度为止。

3. 调节双筒显微镜的目镜。新的显微镜都采用人性化设计，目镜间距可以根据使用者的瞳孔间距进行适当调节。

4. 聚光器数值孔径值的调节。调节聚光器虹彩光圈值与物镜的数值孔径值相符或略低。工程师安装显微镜时，会对其进行调整和设定，无需自己调节。

(二) 显微观察

1. 低倍镜观察。将标本载玻片置于载物台上，推至合适位置，用标本夹夹住，移动载玻片推进器使观察对象处在物镜的正下方，将物镜转到光路上，先从侧面观察，用粗调螺旋将载物台升至最高，再用目镜观察，缓慢下降直至出现图像后再用细调螺旋调节图像至清晰。通过标本夹推进器慢慢移动载玻片，找到合适的目的物，仔细观察。

2. 高倍镜观察。在低倍镜下找到合适的观察目标并将其移至视野中心后，转动物镜转换器将高倍镜移至工作位置，对聚光器光圈及视野进行适当调节后微调细调节器使物像清晰，利用推进器移动标本仔细观察并记录。

3. 油镜观察。将高倍镜下找到的观察目标移至视野中心，把高倍镜转离工作位置，在待观察的样品区域滴上一滴香柏油，将油镜转到工作位置，油镜镜头此时应正好浸泡在香柏油中。将聚光器升至最高位置并把光圈调到足够大，以保证其达到最大效能。调节照明使视野的亮度合适，微调细调节器使物像清晰，利用推进器移动标本仔细观察。

(三) 显微观察后的处理

1. 降低载物台,取下载玻片。

2. 用擦镜纸擦去镜头上的香柏油,然后用擦镜纸蘸少许乙醇、乙醚的混合溶液($V_{乙醇}:V_{乙醚}=7:3$),擦去镜头上残留的香柏油,再用干净的擦镜纸擦去残留的清洗液。

3. 用擦镜纸清洁其他物镜和目镜,用绸布清洁显微镜的金属部件。

4. 将最低放大倍数的物镜转到工作位置,同时将载物台降低到最低位置,光源灯亮度调至最低后关闭电源。

(四) 显微镜保养和使用中的注意事项

1. 不准擅自拆卸显微镜的任何部件,以免损坏。

2. 目镜和物镜镜头只能用擦镜纸擦拭,不能用手指或粗布去擦,以保证光洁度。

3. 搬动显微镜时,一手拿镜臂,另一手托镜座,不可单手拿,更不可倾斜拿。

4. 显微镜应存放在阴凉干燥处,以免镜片滋生霉菌而腐蚀镜片。

实验二　细菌的细胞壁染色

一、实验目的

掌握细菌的细胞壁染色法,如革兰氏染色法、磷钼酸法和单宁酸法的原理及操作步骤;学会在显微镜下观察和分辨细菌的细胞壁形态。

二、实验原理

革兰氏染色法是细菌学中广泛使用的一种鉴别性染色方法,对于细菌的分类、鉴定及食品卫生检测都有重要意义。革兰氏染色法可将所有的细菌区分为革兰氏阳性菌(G^+)和革兰氏阴性菌(G^-)两大类。革兰氏阳性细菌的细胞壁厚为 20～80 nm,革兰氏阴性细菌的细胞壁厚为 10～15 nm。其主要染色过程是:细菌经结晶紫着染后,用媒染剂碘液处理,再用酒精脱色,最后用番红复染,置显微镜下观察,若菌体呈紫色,则称革兰氏阳性菌;若菌体呈红色,则称革兰氏阴性菌。革兰氏阴性菌细胞壁中含有较多的类脂质,而肽聚糖的含量较少。当用乙醇或丙酮进行脱色时,类脂质被溶解,增加了细胞壁的通透性,使初染的结晶紫和碘的复合物易于渗出,颜色被脱掉,经复染后,就只留下复染剂番红的颜色了。而革兰氏阳性菌细胞壁中肽聚糖的含量多且交联度大,类脂质含量少,经乙醇或丙酮脱色后,肽聚糖的孔径变小,通透性变低,结晶紫和碘复合物仍留在肽聚糖网格里,复染的番红没有停留的空间,因此呈现初染剂结晶紫的颜色。

细胞壁的化学成分主要为肽聚糖，它与染料结合的能力差，不易着色，在细菌的染色过程中，染料一般情况都是通过细胞壁的渗透、扩散等作用而进入细胞，而细胞壁本身并未染色，因此，欲通过染色来观察细胞壁，必须使用专门的细胞壁媒染剂，常用的有磷钼酸和单宁酸，它们使细胞壁形成可着色的复合物，而使细胞质不易被着色，再经结晶紫或甲基绿染色后，便可在普通光学显微镜下进行细胞壁观察。

三、实验材料

1. 菌种：大肠杆菌(*Escherichia coli*)，枯草芽孢杆菌(*Bacillus subtilis*)，金黄色葡萄球菌(*Stahylococcus aureus*)。

2. 试剂：草酸铵结晶紫染液，路氏碘液，95%乙醇，番红染液，1%磷钼酸水溶液，5%丹宁酸水溶液，1%甲基绿水溶液，0.2%结晶紫水溶液，香柏油等。

3. 器材：显微镜，酒精灯，载玻片，接种环，擦镜纸，试管架，镊子，滤纸，滴管，无菌生理盐水，废液缸等。

四、实验方法

(一) 革兰氏染色法

1. 涂片。取一干净的载玻片，滴一小滴生理盐水或蒸馏水于载玻片中央，用接种环以无菌操作法从培养 12～24 h 的被试菌体斜面取少量培养物，在载玻片上与水混合后，用接种环涂成均匀的薄层。若是液体培养物，则可直接蘸取菌液作涂片。

2. 固定。自然晾干或加热干燥(标本面朝上，如钟摆的动作，快速通过酒精灯外焰 2～3 次)，此操作过程称为固定。其目的是使细胞质凝固，牢固地附着在载玻片上，以固定细胞形态。

3. 染色。

(1) 初染。待玻片冷却后加草酸铵结晶紫一滴，完全覆盖住菌膜，染色 1 min 后倾去染液，水洗。

(2) 媒染。加路氏碘液媒染 1 min，水洗。

(3) 脱色。手持载玻片一端，斜置，用 95%的酒精滴加于涂片的上部，直到流下的酒精不显紫色时(10～15 s)，立即水洗。

(4) 复染。用番红染液染色 2 min，水洗，干燥。

4. 镜检。用低倍镜观察，待找到物像部位后，转换成油镜观察，革兰氏阳性菌呈紫色，革兰氏阴性菌呈红色。

(二) 磷钼酸法

1. 制片。取一片干净的载玻片，于中央滴加少许蒸馏水，超净工作台内用接种环取培养 16～18 h 的枯草芽孢杆菌或巨大芽孢杆菌菌体少许放入蒸馏水中，混匀并制成均匀的涂片。

2. 磷钼酸染色。在涂片未干时,滴入1%磷钼酸水溶液于涂片之上,完全覆盖,染色3~5 min,蒸馏水水洗。

3. 甲基绿染色。取1%甲基绿水溶液适量,滴于染色后的涂片上,完全覆盖,染色3~5 min后,蒸馏水水洗。

4. 镜检。将干燥后的载玻片置于显微镜载物台上,用油镜观察,细胞壁呈绿色,细胞质呈无色。

(三)单宁酸法

1. 制片。取一片干净的载玻片,于中央滴加少许蒸馏水,超净工作台内用接种环取培养16~18 h的枯草芽孢杆菌或巨大芽孢杆菌菌体少许放入蒸馏水中,混匀并涂成薄层,晾干。

2. 单宁酸染色。取5%单宁酸水溶液适量,滴于涂片上,完全覆盖,染色5 min,蒸馏水水洗。

3. 结晶紫染色。取0.2%结晶紫水溶液适量,滴于染色后的涂片上,完全覆盖,染色3~5 min,蒸馏水水洗。

4. 镜检。将干燥后的载玻片置于显微镜载物台上,用油镜观察,细胞壁呈紫色,细胞质呈淡紫色。

五、注意事项

涂片上的菌液不能太浓,而且要涂抹均匀,否则影响染色的均匀度及观察效果。革兰氏染色中,酒精脱色时间的长短会直接影响实验结果,脱色时间过长,阳性菌会误染成阴性菌;反之,阴性菌会误染成阳性菌。因此必须严格掌握酒精脱色时间的准确性。此外样品中的细菌有时因为不纯,在视野内可能同时看到阳性和阴性,更有甚者,即使是纯培养的细菌样品也会有个别细胞因为菌龄等因素而呈现出与众不同的细胞壁性质。

实验三　细菌特殊结构染色的观察

一、实验目的

掌握细菌特殊结构(荚膜、芽孢、伴孢晶体、鞭毛、异染粒和脂肪粒)的染色原理、染色方法,并观察其形态特征。

二、实验原理

1. 荚膜染色。由于荚膜是某些细菌细胞壁外存在的一层胶状黏液性物质,与染料间的亲和力弱,不易着色,因此通常采用负染色法染色,即设法使菌体和背景着色而荚膜不着色,从而使荚膜在菌体周围呈一透明圈。由于荚膜的含水量在90%以

上，故染色时一般不加热固定，以免荚膜皱缩变形。

2. 芽孢染色。利用细菌的芽孢和菌体对染料的亲和力不同的原理，用不同染料进行着色，使芽孢和菌体呈现不同的颜色而加以区别。芽孢壁厚、透性低，着色、脱色均较困难，因此，先用弱碱性染料，如孔雀绿或碱性品红在加热条件下进行染色。此染料不仅可以进入菌体，而且也可以进入芽孢，进入菌体的染料可经水洗脱色，而进入芽孢的染料则难以透出，若再用复染液（如番红液）或衬托溶液（如黑色素溶液）处理，则很容易区分菌体和芽孢。

3. 伴孢晶体染色。伴孢晶体是少数芽孢杆菌类如苏云金芽孢杆菌在形成芽孢时，芽孢旁形成的一个菱形或双锥形的碱溶性蛋白质晶体，可被苯胺染料深着色。当芽孢成熟被释放时，它也同时被释放。伴孢晶体具有很强的毒性，对200多种昆虫尤其是鳞翅目的幼虫有毒杀作用，这也是苏云金芽孢杆菌类杀虫作用的主要原因，因而可将这类产伴孢晶体的细菌制成有利于环境保护的生物农药，即细菌杀虫剂。

4. 鞭毛染色。鞭毛极细，直径一般为10～20 nm，只有用电子显微镜才能观察到。但是，如采用特殊的染色法，则在普通光学显微镜下也能看到它。鞭毛染色方法很多，但其基本原理相同，即在染色前先用媒染剂处理，让它沉积在鞭毛上，使鞭毛直径加粗，然后再进行染色。常用的媒染剂由丹宁酸和氯化铁或钾明矾等配制而成。

5. 异染粒染色。异染粒的主要化学组分是大分子的聚偏磷酸盐，当用蓝色染色剂如美蓝染色时，它呈现出与细胞质其他部分颜色不同的红色或紫红色，因而被称为异染粒。除细菌外，其他微生物如真菌、藻类和原生动物均含有异染粒。当细胞中缺少任何一种营养物质时，都将导致异染粒的形成；特别是当缺硫时，可迅速导致生成大量的多聚偏磷酸盐。可见异染粒的主要功能是当核酸合成受阻时，它使磷酸盐保存于细胞内。若再供给硫，则多聚偏磷酸盐会消失，并整合到核酸内。

6. 脂肪粒染色。脂肪粒是微生物细胞内的贮藏物质，具有极强的折光能力，散布在细胞质内。脂肪粒会随着细胞的生理年龄的增加而增多，并受培养基质量的影响，在较老的细胞内，许多小的脂肪粒还可以聚集成大的脂肪球。脂肪粒的成分是羟基丁酸，它不被一般的染料所着色，但可被脂溶性染料苏丹黑氧化成蓝黑色，据此可以将其与其他细胞贮藏物质相区别。

三、实验材料

1. 菌种：巨大芽孢杆菌(*B. megaterium*)，枯草芽孢杆菌(*Bacillus subtilis*)，胶质芽孢杆菌(*Bacillus mucilaginosus*)，苏云金芽孢杆菌武汉变种(140)(*Bacillus thuringiensis var. wuhanensis* (140))或苏云金芽孢杆菌天门变种(*Bacillus thuringiensis var. tia nmensis* (7216))，蜡状芽孢杆菌(*Bacillus cereus*)，酿酒酵母(*Saccharomyces cerevisiae*)。

2. 试剂。

(1) 荚膜染色液：黑墨汁，结晶紫。

(2) 芽孢染色液：7.6%孔雀绿饱和水溶液，齐氏石炭酸复红染液(1∶10稀释)。

(3) 伴孢晶体染色液：溴酚蓝(MBB)染色液和番红染色液。

(4) 鞭毛染色液：硝酸银染色液(A、B液)。

(5) 奈瑟氏染液。

(6) 苏丹黑B染液。

(7) 香柏油，二甲苯，无菌水或蒸馏水，6%葡萄糖水溶液，无水乙醇等。

3. 器材：小试管(75 mm×10 mm)，烧杯(300 mL)，滴管，载玻片，盖玻片，玻片搁架，擦镜纸，接种环，镊子，吸水纸，记号笔，酒精灯，显微镜等。

四、实验方法

(一) 荚膜染色——负染色法

1. 制片。滴一滴6%葡萄糖水溶液于载玻片一端，挑少量细菌与其充分混合，再加一滴黑墨汁充分混匀。用推片法制片，将菌液铺成薄层，自然干燥。

2. 固定。加1～2滴无水乙醇覆盖涂片，固定1 min，自然干燥。

3. 染色。滴加结晶紫，染色2 min，水洗，自然干燥。

4. 镜检。菌体呈紫色，背景灰黑色，荚膜不着色，视野内为无色透明圈。

(二) 芽孢染色——孔雀绿染色法

1. 制片、固定。取一干净载玻片按无菌操作取巨大芽孢杆菌菌体少许制成涂片，风干，固定。

2. 染色。在涂菌处滴加7.6%孔雀绿饱和水溶液，间断加热染色10 min，用水冲洗。

3. 复染。用齐氏石炭酸复红染液染色1 min，水洗，风干后镜检。

4. 镜检。芽孢被染成绿色，营养体呈红色。观察细菌芽孢的形态。

(三) 伴孢晶体染色——溴酚蓝-番红染色法

1. 涂片。取一片干净的载玻片，于中央滴加少许蒸馏水，超净工作台内用接种环挑取“140”或“7216”菌体少许放入蒸馏水中混匀并涂成薄层，自然干燥。

2. 初染。滴加溴酚蓝染色液1滴于涂面上，待涂片出现灰白色结晶后，再滴加溴酚蓝染色液，如此反复持续5～6 min后，用水轻轻冲洗，即固定和染色同步完成。溴酚蓝染色液中含有乙醇及$HgCl_2$，因此不能加热固定。

3. 复染。水洗后的涂片再滴加番红染色液1滴，染色30 s，水洗，干燥。

4. 镜检。在高倍镜或油镜下观察伴孢晶体的位置和形状。伴孢晶体呈深蓝色，芽孢边缘红色而内部无色，细菌细胞呈红色。(也可只用石炭酸复红液，染色1 min，镜检，伴孢晶体呈红色，游离的芽孢外膜略显红色，细胞质无色。)

(四) 鞭毛染色——银盐染色法

1. 载玻片的清洗。选择光滑无划痕的载玻片，将玻片置洗液中煮沸10～

20 min,取出用蒸馏水冲洗,晾干。或将水沥干后,放入95%乙醇中脱水。取出玻片,在火焰上烧去酒精,即可使用。

2. 菌液的制备及涂片。菌龄较老的细菌容易失落鞭毛,所以在染色前,应将待染枯草芽孢杆菌在新配制的营养琼脂培养基斜面上连续移接3～5代,以增强细菌的运动力。最后一代菌种放恒温箱中培养12～16 h。然后,用接种环挑取斜面与冷凝水交接处的菌液数环,移至盛有1～2 mL无菌水的试管中,使菌液呈轻度浑浊。将该试管放在37 ℃恒温箱中静置10 min(放置时间不宜过长,否则鞭毛会脱落)。然后,吸取少量菌液滴在载玻片的一端,立即将载玻片倾斜,使菌液缓慢地流向另一端,可让幼龄菌的鞭毛松展开。用吸水纸吸去多余的菌液,置空气中自然干燥。

3. 染色。滴加A液,染5～8 min,用蒸馏水轻轻地冲洗A液。用B液冲去残水,再加B液于载玻片上,在微火上加热至冒蒸汽,维持0.5～1 min(加热时应随时补充蒸发掉的染料,不可使载玻片出现干涸)。再用蒸馏水冲洗,自然干燥。

4. 镜检。菌体呈深褐色,鞭毛为褐色。观察鞭毛形态。

(五) 异染粒染色——奈瑟氏染色法

1. 制片。取一干净载玻片按无菌操作取蜡状芽孢杆菌或酿酒酵母菌体少许制成涂片,风干,固定。

2. 染色。用奈瑟氏染色液的甲液染标本30 s,水洗,再用乙液染30 s,水洗。

3. 镜检。将样品晾干后,镜检。菌体呈鲜明的黄色,而异染粒呈深蓝紫色。

(六) 脂肪粒染色——苏丹黑染色法

1. 制片。取一干净载玻片按无菌操作取酿酒酵母菌体少许制成涂片,风干,固定。

2. 染色。先用苏丹黑-B液染色5 min,水洗,干燥,然后用二甲苯脱色,即洗涂片至透明,干燥,最后用0.5%番红液染色30 s,水洗。

3. 镜检。将样品干燥后,镜检。酵母细胞呈粉红色,脂肪粒呈蓝黑色。

实验四　细菌运动性的观察

一、实验目的

学习用悬滴法和水浸片法观察细菌运动性的方法。

二、实验原理

有鞭毛的细菌都具有运动性。如果仅需了解某细菌是否具有鞭毛,可采用悬滴法或水浸片法直接在光学显微镜下检查活细菌是否具有运动能力,以此能够快速、简便地判断细菌是否有鞭毛。悬滴法就是将菌液滴加在洁净的盖玻片中央,在其周边

涂上凡士林,然后将它倒盖在有凹槽的载玻片中央,即可放置在普通光学显微镜下观察。水浸片法是将菌液滴在普通的载玻片上,然后盖上盖玻片,置显微镜下观察。大多数球菌不生鞭毛,杆菌中有鞭毛或无鞭毛,弧菌和螺菌几乎都有鞭毛。有鞭毛的细菌在幼龄时具有较强的运动力,衰老的细胞鞭毛易脱落,故观察时宜选用幼龄菌体。

三、实验材料

1. 菌种:菌枯草芽孢杆菌(*Bacillus subtilis*),铜绿假单胞菌(*Pseudomonas aeruginosa*)金黄色葡萄球菌(*Stahylococcus aureus*)。

2. 试剂:无菌水,凡士林,香柏油。

3. 器材:小试管(75 mm×10 mm),烧杯(300 mL),滴管,载玻片,凹载玻片,盖玻片,玻片搁架,玻璃棒,擦镜纸,接种环,镊子,吸水纸,记号笔,牙签,显微镜等。

四、实验方法

(一) 水浸片法

先在干净无痕迹的载玻片中央滴加少许无菌水,然后用接种环取培养15～18 h的枯草杆菌于该无菌水中,制成菌悬液,切勿涂抹(或直接从液体培养的新鲜菌种试管中,用玻棒蘸取菌液于载玻片上)。加上盖玻片(注意不要产生气泡)。用低倍镜确定部位后,再改用高倍镜观察细菌的运动状况,并注意区别真运动与布朗运动。观察时光线要调暗。

(二) 悬滴法(见图1.4)

1. 制备菌液。在幼龄枯草芽孢杆菌斜面上滴加3～4 mL无菌水,制成轻度浑浊的菌悬液。或直接采用液体培养获得菌悬液。

2. 涂凡士林。取干净的盖玻片1块,在其四周涂少量的凡士林。

3. 滴加菌液。加一滴菌液于盖玻片的中央,并用记号笔在菌液的边缘做一记号,以便在显微镜下观察时,易于寻找菌液的位置。

4. 盖盖玻片。将带有菌液的盖玻片迅速翻转,使液滴恰好悬于凹窝处上方,且避免菌液触及凹窝的边和底,并用牙签轻按盖玻片,使凡士林密封边缘,以减少菌液蒸发。标本制成后,先用低倍镜找到水滴,再换高倍镜或油镜观察。

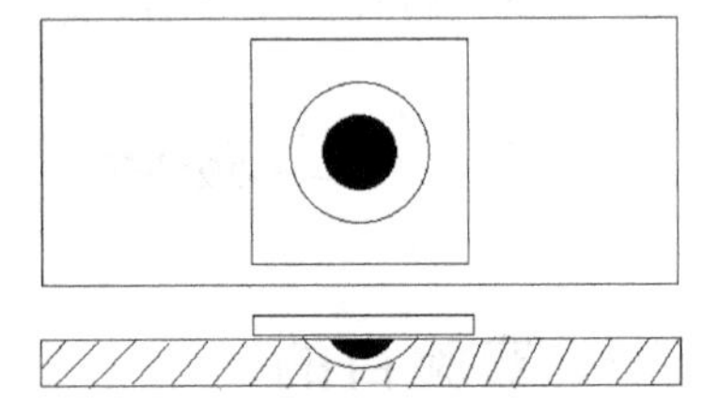

图1.4 悬滴法

5. 镜检先用低倍镜找到标记,再稍微移动凹玻片即可找到菌滴的边缘,然后将菌液移到视野中央换高倍镜观察。由于菌体是透明的,镜检时可适当缩小光圈或降低聚光器以增大反差,便于观察。镜检时要仔细辨别是细菌的运动还是分子运动(即布朗运动),前者在视野下可见细菌自一处游动至别处,而后者仅在原处左右摆动。

细菌的运动速度依菌种不同而异，应仔细观察。

镜检结果：有鞭毛的枯草芽孢杆菌和铜绿假单胞菌可看到活跃的运动，而无鞭毛的金黄色葡萄球菌不运动。

实验五　细菌培养特征的观察

一、实验目的

学习细菌在不同培养基上形成的菌落特征，进一步理解细菌的生理特性，熟悉和掌握微生物的无菌操作技术。

二、实验原理

细菌细胞在固体培养基表面形成的细胞群体称为菌落。不同微生物在某种培养基中生长繁殖，能形成稳定的菌落特征，以此可以帮助鉴定微生物。

细菌的培养特征包括：菌落大小、形态、颜色（色素是水溶性还是脂溶性）、光泽度、透明度、质地、隆起形状、边缘特征及迁移性等（见图 1.5）；在液体培养基中的表面生长情况（菌膜、环）、混浊度及沉淀等（见图 1.6）；半固体培养基穿刺接种，观察运动、扩散情况。

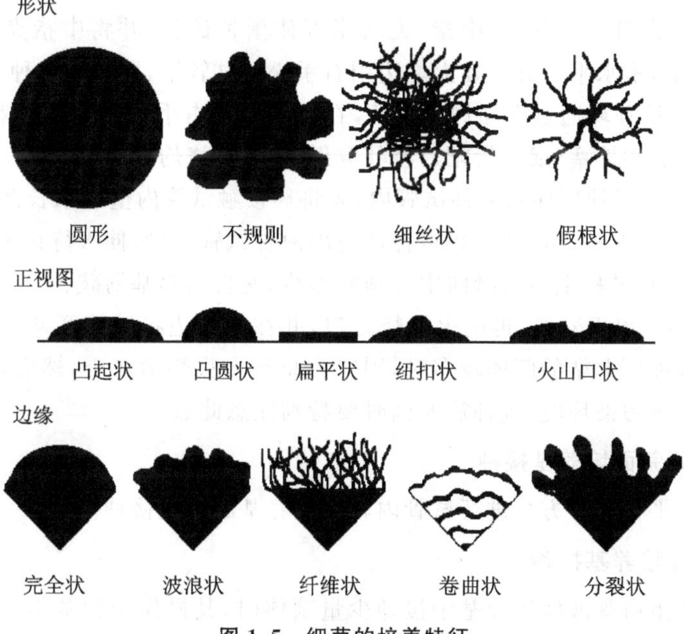

图 1.5　细菌的培养特征

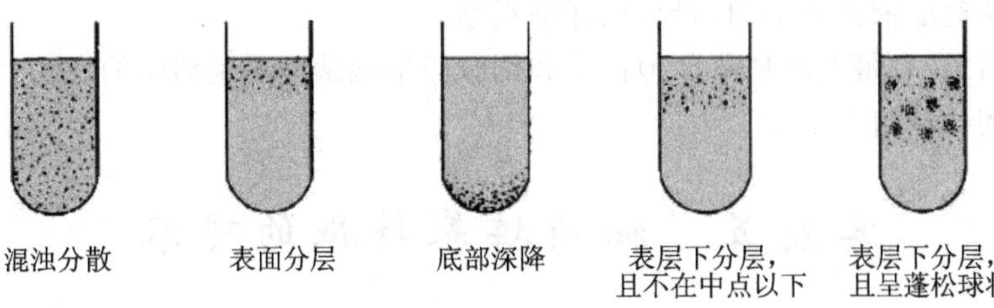

图1.6 细菌在液体培养基中的生长形态

三、实验材料

1. 菌种：大肠杆菌，枯草芽孢杆菌，金黄色葡萄球菌，白地霉(*Geotrichum candidum*)，蕈状芽孢杆菌(*Bacillus mycoides*)，粘质沙雷氏菌(*Serratia marcescens*)。

2. 培养基：牛肉膏蛋白胨培养基(斜面、液体、半固体)。

3. 器材：接种环，接种针，无菌吸管，酒精灯，恒温培养箱等。

四、实验方法

(一) 固体培养基平板接种

1. 在牛肉膏蛋白胨固体平板上，用记号笔写上接种的菌名、日期和接种者。

2. 点燃酒精灯。

3. 用左手大拇指和食指、中指、无名指握住菌种试管，并将中指夹在两试管之间，使斜面向上，呈水平状态。在火焰边用右手松动试管塞，以利于接种时拔出。

4. 右手拿接种环通过火焰灼烧灭菌，在火焰边用右手的手掌边缘和小指、无名指分别夹持皿盖和棉塞(或试管帽)，将其取出，并迅速烧灼管口。

5. 将灭菌的接种环伸入菌种试管内，先将环接触试管内壁或未长菌的培养基进行冷却，然后再挑取少许菌苔。将接种环退出菌种试管，迅速伸入待接种的固体平板培养基上，用环在平板上由边缘向中心画蛇形线，勿将培养基划破。

6. 接种环退出培养皿，再用火焰烧管口，并在火焰边将试管塞塞上。再烧灼接种环。如果接种环上粘的菌体较多时，则应先将环在火焰边烤干，然后烧灼，以免未烧死的菌种飞溅污染环境，接种病原菌时要特别注意此点。

(二) 试管斜面培养基接种

参考固体平板接种方式进行试管内斜面培养基的画线接种。

(三) 液体培养基接种

向牛肉膏蛋白胨液体培养基中接种少量菌体时，其操作步骤基本与斜面接种时相同，不同之处是挑取菌体的接种环放入液体培养基后，应在液体表面处的管内壁上轻轻摩擦，使菌体从环上脱落，进入液体培养基，塞好试管塞后，摇动液体，使菌体在

液体中分布均匀，或用振荡器混匀。

当向液体培养基中接种量大或要求定量接种时，可将无菌水或液体培养基注入菌种试管，用接种环将菌苔刮下。如果菌种为液体培养物，则可用无菌吸管定量吸出加入或直接倒入液体培养基。

（四）穿刺接种

用接种针挑取菌种（针必须挺直），自培养基的中心垂直刺入半固体培养基中，直至接近管底，然后沿原穿刺线将针拔出，塞上试管塞，烧灼接种针。

蜡状芽孢杆菌经穿刺接种后在半固体培养基中的生长形态如图 1.7 所示。

右侧是蜡状芽孢杆菌接种到液体培养基后的生长形态（作为穿刺培养的对照）

图 1.7　蜡状芽孢杆菌经穿刺接种后在半固体培养基中的生长形态

（五）培　养

将已接种的培养瓶或者试管放置在 35～37 ℃的恒温培养箱中，培养 1～2 d 后取出，观察结果。

实验六　螺旋体形态的观察

一、实验目的

掌握常见的几种致病性螺旋体的形态特征及暗视野和镀银染色法镜检形态；熟悉钩端螺旋体的显微镜凝集试验和梅毒螺旋体的筛选试验与确证实验。

二、实验原理

螺旋体是一类细长、柔软、弯曲呈螺旋状、运动较为活泼的原核微生物，其结构与细菌相似，有细胞壁，对抗生素敏感。致病性螺旋体主要有三个属：钩端螺旋体、密螺旋体和疏螺旋体。它们是根据螺旋体的螺旋数目、大小与规则程度进行划分的，其中钩端螺旋体属的螺旋细密而规则，一端或两端弯曲成钩状；密螺旋体属的螺旋较多而有规则，菌体直硬，两端尖；疏螺旋体属有 3～10 个稀疏而不规则的螺旋，呈波状。形态学检查具有一定诊断意义，但多数致病性螺旋体形态纤细，折光性强，未经染色时不易检查到，常用吉姆萨染色法、镀银染色法、暗视野检查法和血清学试验进行检测。

三、实验材料

1. 菌种：标准型株活钩体培养物（要求视野下有 50～60 条，能运动，无自凝现象)。

2. 样品:标本包括钩端螺旋体(*Leptospira*)、梅毒螺旋体(*T. pallidum*)(镀银染色)、回归热螺旋体(吉姆萨染色),钩体病患者的血清、血、尿标本以及梅毒患者血清。

3. 培养基:加入100~400 μg/mL的5-氟尿嘧啶的柯氏培养基。

4. Nichols株梅毒螺旋体抗原悬液,USR试剂盒,RPR试剂盒,TRUST试剂盒。

5. 器材:暗视野显微镜,试管、吸管、毛细滴管,载玻片,盖玻片,移液器等。

四、实验方法

(一) 螺旋体标本的显微观察

使用光学显微镜进行观察。

1. 钩端螺旋体样本经镀银染色后,背景为淡黄褐色,钩体呈棕褐色至棕黑色,常点状连接成S形或C形,螺旋体一端或者两端呈钩状弯曲。

2. 梅毒螺旋体镀银染色后,视野下可见小而纤细、具有8~14个有规则弯曲缠绕紧密的螺旋,菌体直硬、两端尖,菌体长度为6~14 μm。

3. 回归热螺旋体经吉姆萨染色呈红色或紫红色,螺旋少、柔软而不规则,长度为红细胞的2倍至数倍。

(二) 钩端螺旋体的分离培养

1. 血培养。从发病一周内的患者身上采血2~3 mL,分别取0.5 mL血液,接种于2~3个柯氏培养基中,血量与培养基之比为1∶10~1∶20,于28 ℃下培养1~2周,注意从第三天起,每天检查一次,7~10 d为繁殖高峰。如钩端螺旋体增殖在距离液面1 cm内的部位可见培养基液面呈半透明、云雾状混浊,则轻轻摇晃可见絮状物泛起。若培养4周仍无钩端螺旋体生长,则为阴性。

2. 尿培养。取发病1~5周内患者尿液,可通过无菌导管或接取中段尿,置于无菌试管内,并立即接种,或经低温离心(10 ℃、4 000 r/min,离心30 min),取沉渣接种于含有100~400 μg/mL的5-氟尿嘧啶的柯氏培养基中,观察结果同血培养。

(三) 钩体的动力检查(压滴法)

1. 压滴标本的制备。用毛细滴管吸取钩体纯培养物1~2滴,滴于载玻片上,再轻轻盖上盖玻片,不要产生气泡。

2. 暗视野镜检。用高倍镜或油镜观察,在黑暗背景下可见钩端螺旋体因折光性强而成一串微细珠粒,呈白色并闪烁发光,一端或两端弯曲呈钩状,有时菌体会呈C形或S形,以长轴为中心,做回旋、翻转、滚动等动作(见图1.8)。

(四) 钩端螺旋体显微镜凝集试验(微孔板法)

钩端螺旋体与同型免疫血清反应会发生菌体凝集,镜下可见树根钩端螺旋体的

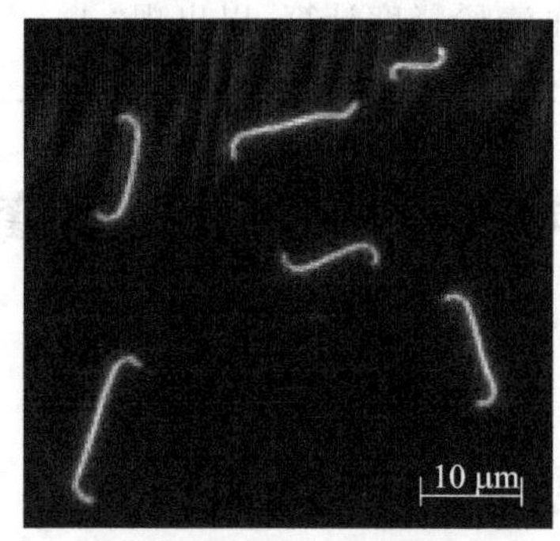

图 1.8　钩端螺旋体暗视野形态图

一端钩集在一起，另一端散开，形如蜘蛛状。如果向血清中添加补体，则数分钟后凝集的菌体会发生溶解，菌体破坏后呈残絮状、蝌蚪状、颗粒状。菌体的凝集和溶解程度与血清的稀释倍数有关。

1. 稀释血清。按照表 1.1 用生理盐水稀释患者血清为 1∶50、1∶100、1∶150、1∶200、1∶400 等，每排 1～5 孔加 0.1 mL，第 6 孔只加 0.1 mL 生理盐水作为对照。

2. 加抗原。对照表 1.1 向每个血清孔和对照孔加入 0.1 mL 生长良好的钩体培养液，混匀后置于 37 ℃下作用 1～2 h。

表 1.1　钩端螺旋体显微镜凝集试验

孔　号	1	2	3	4	5	6
血清稀释度	1∶50	1∶100	1∶150	1∶200	1∶400	对照
被检血清量/mL	0.1	0.1	0.1	0.1	0.1	0.1
生理盐水量/mL	—①	—	—	—	—	—
钩体培养液量/mL	0.1	0.1	0.1	0.1	0.1	0.1
最终血清稀释度	1∶100	1∶200	1∶300	1∶400	1∶800	—
37 ℃作用 2 h，用暗视野显微镜观察						
假定结果标记	++++⑤	++④+	++③	++②	+	−

① 完全未发生凝集，菌数与生理盐水对照孔相同；

② 约 25%以上的钩体凝集成蜘蛛状，75%钩体游离，运动活泼；

③ 约 50%钩体呈蜘蛛状凝集，50%活钩体游离；

④ 约 75%以上的钩体凝集或溶解，呈蜘蛛状、蝌蚪状或折光率高的团块状，25%活钩体游离；

⑤ 几乎全部钩体凝集或溶解，呈蜘蛛状或折光率高的团块状以及大小不等的残片或点状，偶见极少数钩体游离。

3. 结果判定。用移液器从每孔中取出反应液 20 μL 到载玻片上，盖上盖玻片，然后在暗视野显微镜下观察，以钩体凝集情况和游离活钩体的比例来判定结果。

4. 血清效价。按最终血清稀释度计算,以出现“++”凝集的血清最高稀释度为该血清的凝集效价,凝集效价在1∶300以上具有诊断意义。

实验七 肺炎支原体形态及菌落的观察

一、实验目的

通过实验熟悉肺炎支原体的形态及菌落特点。

二、实验原理

支原体是一类没有细胞壁的原核生物,形态多变,可通过滤菌器,是目前已知能在无生命培养基中生长繁殖的最小微生物。其营养要求高于一般细菌,除基础培养物外,还需添加10%～20%的人或动物的血清,以提供支原体所需的胆固醇。肺炎支原体是人类支原体肺炎的病原物。支原体肺炎的病理改变以间质性肺炎为主,有时并发支气管肺炎,称为原发性非典型肺炎。

三、实验材料

1. 菌种：肺炎支原体(*M. pneumoniae*)固体培养物。
2. 标本：肺炎支原体示教玻片(吉姆萨染色)。
3. 试剂：吉姆萨(Giemsa)染色液。
4. 器材：培养皿,刀片,解剖镜,显微镜等。

四、实验方法

1. 标本肺炎支原体形态观察。肺炎支原体形态多为球形小颗粒或者较短的丝状体。

2. 菌落染色镜检。

(1) 用解剖镜在培养板上选择一个菌落,用灭菌刀片切取带菌落的琼脂块,将带菌落的一面朝下置于载玻片上。

(2) 将载玻片放入80～85 ℃的水中,见琼脂发白脱落后,取出玻片。

(3) 自然干燥后进行吉姆萨染色(染液作1∶20稀释,染色3 h以上)。

(4) 显微镜下观察,可见菌落被染成淡紫色,中央深、四周较浅,形状似油煎蛋样(见图1.9)。

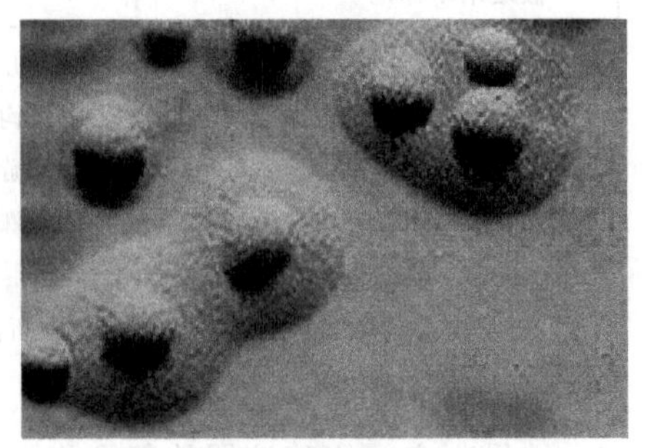

图1.9 肺炎支原体(油煎蛋样菌落)

实验八　沙眼衣原体包涵体形态的观察

一、实验目的

熟悉沙眼衣原体包涵体的形态。

二、实验原理

沙眼衣原体(*C. trachomatis*)包涵体存在于宿主的细胞胞浆中,由密集的颗粒组成。吉姆萨染色呈深紫色,占据胞浆的大部分,常使细胞核偏离中心位置,因包涵体基质内含有糖原,若以卢戈氏碘液染色则可呈棕褐色斑块。

三、实验材料

1. 标本:沙眼衣原体的吉姆萨染色玻片,卢戈氏碘染色片。
2. 器材:显微镜,移液器等。

四、实验方法

将标本片置于显微镜下观察,上皮细胞内包涵体呈蓝色、深蓝色或暗紫色,多为散在型或帽型,也可见到桑葚型和填塞型。散在型包涵体由始体组成,呈圆形或卵圆形,散在于细胞质中,一个上皮细胞可含1～3个或更多。帽型包涵体多数由始体连续排列而成,形似鸭舌帽或瓜皮帽,大小不一,紧扣在细胞核上或稍有间隙。桑葚型包涵体由始体和原体堆积而成,呈圆形或卵圆形,形似桑葚,较大,单独或依附于细胞核上。填塞型包涵体绝大多数由原体堆积而成,常把整个细胞填满,将细胞核挤成梭形或其他形状,为巨大包涵体。

宿主细胞中,沙眼衣原体微菌落的电镜照片如图1.10所示。从图中可以看到衣原体的3个生长时期,从原生小体(EB),到中间体(IB),再到网状体(RB)。

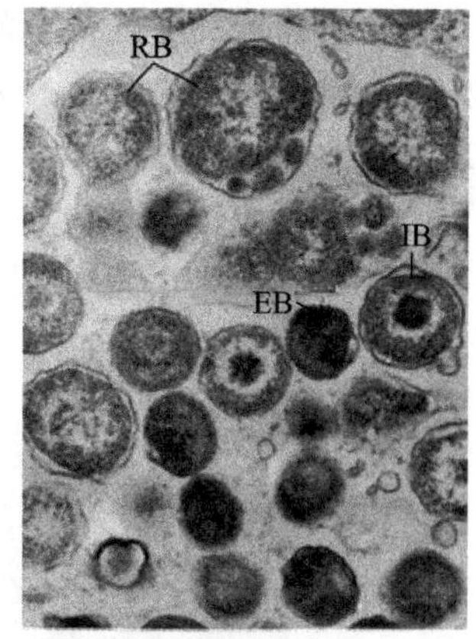

图1.10　衣原体的生活周期

实验九　立克次氏体的形态与染色

一、实验目的

掌握立克次氏体的形态染色特性。

二、实验原理

立克次氏体(*Rickettsia*)属于革兰氏阴性菌,但是着色不明显,因此常用 Gimenez、Giemsa、Macchiavello 法染色,其中以 Gimenez 法效果最好。使用 Gimenez 法着染后,除恙虫病立克次氏体呈暗红色外,其余立克次氏体均呈红色。Giemsa 和 Macchiavello 分别将立克次氏体染成紫色/蓝色和红色。立克次氏体在感染细胞内的分布不同可以作为初步鉴别的分类学依据。

三、实验材料

1. 样品:斑疹伤寒或恙虫病小白鼠腹腔渗出液涂片。
2. 试剂:吉姆萨染液。
3. 器材:载玻片,显微镜等。

四、实验方法

1. 将样品涂于载玻片上,并用乙醇-乙醚混合液固定。
2. 待有机溶液挥发干后,取吉姆萨染液 1 滴加入 1 mL 蒸馏水中,然后染片,30~40 min 后水洗,晾干。
3. 显微镜下检查标本中有无细胞质内存在的立克次氏体。
4. 结果判定。细胞核呈紫红色,细胞质染成浅蓝色,在感染细胞内,立克次氏体呈紫红色,球状、杆状或短杆状,常聚集呈致密团块状,也有散在或成对排列(见图 1.11)。

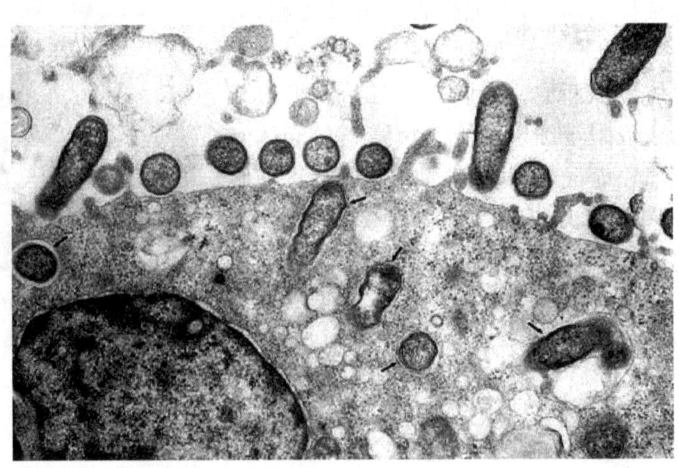

图 1.11　细胞中的立克次氏体包涵体

实验十　放线菌形态的观察

一、实验目的

掌握观察放线菌形态的基本方法；认识放线菌的菌落特征和个体形态及无性孢子。

二、实验原理

放线菌为单细胞的分枝丝状体，其中一部分菌丝伸入培养基中为营养菌丝；另一部分生长在培养基表面，称为气生菌丝。气生菌丝的顶端分化为孢子丝，孢子丝呈螺旋状、波浪状或直线状等(见图 1.12)。孢子丝可产生成串或单个的分生孢子。孢子丝及分生孢子的形状、大小因放线菌种不同而异，是放线菌分类的重要依据之一。培养放线菌的方法最常见的有插片法、搭片法、载片培养法，本实验采用插片法来观察放线菌的形态特征。

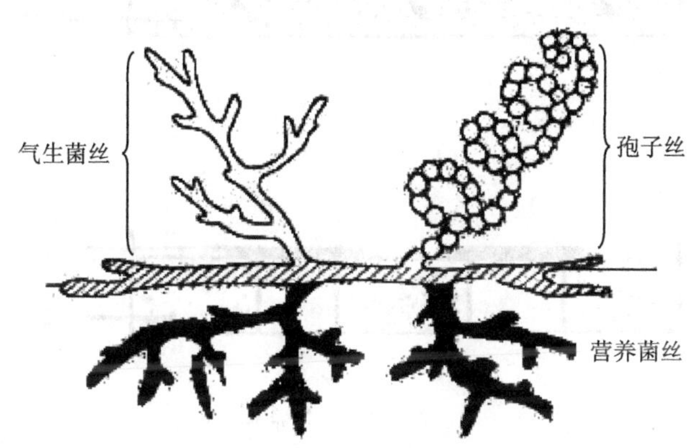

图 1.12　放线菌的形态

三、实验材料

1. 菌种：细黄链霉菌(*Streptomyces microflavus*)，青色链霉菌(*S. glaucus*)，弗氏链霉菌(*S. radiae*)。

2. 试剂：石炭酸复红染色液，结晶紫染色液，1.0 g/L 亚甲蓝，0.1%美蓝染色液。

3. 培养基：高氏Ⅰ号琼脂培养基。

4. 器材：显微镜，二甲苯，香柏油，擦镜纸，尖头镊子，接种环，解剖刀，载玻片，盖玻片，培养皿，酒精灯。

四、实验方法

(一) 放线菌菌落形态的观察

仔细观察平皿上长出的放线菌菌落的外形、大小、表面形状、表面与背面颜色,以及与培养基结合的情况等(即不易被接种环挑取菌体),区别营养菌丝、气生菌丝及孢子丝的着生部位。

(二) 个体形态的观察(插片法,见图1.13)

1. 标本培养物制作。在无菌操作下,将熔化并冷却到50 ℃左右的培养基倾入无菌培养皿中,每皿约20 mL,平放冷凝成平板。取0.5 mL左右的放线菌菌悬液于平板上,用无菌玻璃刮铲涂抹均匀。将灭菌的盖玻片斜插在平皿内的培养基中,约呈45°,插片数量可根据需要而定。置于30 ℃培养3~5 d后开始观察在培养基上生长的放线菌,有一部分生长到盖玻片上。

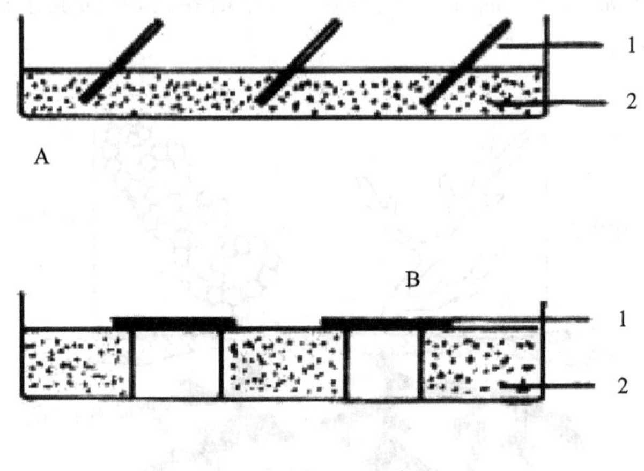

1—盖玻片;2—培养基

图1.13 插片法

2. 标本片制作与观察。

(1) 简单染色法。用镊子轻轻取出盖玻片火焰固定,用石炭酸复红染色液或结晶紫染色液染色1 min,水洗晾干后,翻转盖玻片放在载玻片上,在低倍镜下观察营养菌丝、气生菌丝,在高倍镜下观察孢子丝和孢子。如果用1.0 g/L亚甲蓝对培养后的盖玻片进行染色后观察,则效果会更好。

(2) 水浸片。滴一滴0.1%美蓝染色液置于载玻片中央,取插片法培养的盖玻片朝上一面翻转以45°浸于载玻片的染色液中(避免有气泡),用高倍镜观察其单个分生孢子及其菌丝。

实验十一　酵母菌形态和繁殖方式的观察

一、实验目的

认识酵母菌的菌落特征及其个体形态;通过对酵母菌的出芽与子囊孢子的观察,进一步了解酵母菌的繁殖方式及与细菌繁殖的区别。

二、实验原理

酵母菌为不运动的单细胞真核微生物,细胞呈圆形、卵圆形或假丝状等形态,菌体较细菌大。其繁殖方式也较复杂,分为无性繁殖和有性繁殖。形成的菌落与细菌菌落相似,但比细菌菌落大而且较丰厚。菌落呈圆形,湿润且具有黏性,不透明,表面光滑,有油脂状光泽,多数为白色或乳白色,少数为红色;与培养基结合不紧,易被挑取。当培养时间较长时,菌落颜色变暗,有特殊的酒香味。酵母菌的繁殖方式比较复杂,无性繁殖主要是出芽繁殖,少数裂殖,有些酵母在特殊条件下芽殖后能形成假菌丝;有性繁殖是通过接合产生子囊孢子。子囊孢子的形状和数目及产孢子的能力等是酵母菌分类的重要依据。

三、实验材料

1. 菌种:啤酒酵母(*Saccharomyces cerevisiae*),解脂假丝酵母(*Cancdida albicans*),深红酵母(*Rhodotorula rubra*)等酵母菌斜面菌种各一支。

2. 染色液:吕氏美蓝染色液,石炭酸复红染色液,3%的酸性酒精。

3. 培养基:麦芽汁琼脂培养基,麦氏琼脂培养基斜面。

4. 器材:无菌平皿,接种环,酒精灯,打火机,载玻片,盖玻片,擦镜纸,手持放大镜,恒温培养箱,显微镜。

四、实验方法

(一) 培养特征观察

在无菌操作条件下,将熔化并冷却至 50 ℃左右的灭菌麦芽汁琼脂培养基倒入无菌平皿内(每皿 15～20 mL),平放于台面冷却使其成为平板。按无菌操作法,用接种环取被试酵母菌种在平板表面用画线方法接种,于 28～30 ℃恒温箱中培养 3 d,取出。用肉眼或手持放大镜观察平板表面长出的各种酵母菌菌落特征,并用接种环挑菌。注意其与培养基结合是否紧密。观察斜面上被试酵母菌菌苔特征。

(二) 啤酒酵母形态观察(水浸片法)

在干净的载玻片中央滴加一滴蒸馏水,用接种环在上述培养的平皿表面挑取少许被试酵母菌培养物于蒸馏水中混匀,使其呈轻度浑浊。加盖一块洁净盖玻片,注意切勿产生气泡,用滤纸吸干多余水分,制成水浸片,稍静置后,放在显微镜高倍物镜下观察酵母菌的个体形状、大小等。

(三) 假丝酵母形态观察

用画线法将假丝酵母接种在麦芽汁平板上,在画线部分加盖无菌盖玻片,于 28～30 ℃培养 3 d,取下盖玻片,放到洁净的载玻片上,显微镜下观察呈树枝状分枝的假菌丝细胞的形状。

(四) 酵母菌子囊孢子的观察

1. 按无菌操作法将酿酒酵母先移到新鲜麦氏琼脂斜面上,25 ℃培养 24 h 左右,如此连续活化传代 3～4 次,使其生长良好,最后一次用 25～28 ℃培养 3～5 d,待用。
2. 超净工作台中,在干净的载玻片中央滴加一滴蒸馏水,用接种环挑取少许已活化培养备用的酿酒酵母于蒸馏水中混匀,制成涂片,干燥,固定,冷却备用。
3. 滴加石炭酸复红染色液于涂片处,在酒精灯上文火加热 5～10 min,莫使染料沸腾和玻片干涸,倾去染色液,稍冷却后,用酸性酒精冲洗涂片至无红色褪下为止,再用水冲去酸性酒精。
4. 加吕氏美蓝染色液滴于涂片处,染色数秒钟后,水洗,干燥。
5. 油镜下观察,子囊孢子呈红色,菌体细胞为蓝色。
6. 亦可不经染色直接制水浸片观察。水浸片中的酵母菌的子囊为圆形大细胞,内有 2～4 个圆形的小细胞即为子囊孢子。

实验十二　霉菌形态及特殊结构的观察

一、实验目的

学习观察霉菌形态的基本方法;掌握霉菌菌落特征与个体形态。

二、实验原理

由于霉菌是真核微生物,其菌丝一般比放线菌粗几倍至几十倍,并且菌丝生长比较松散,速度比放线菌快,因此,其菌落多呈大而疏松的绒毛状或棉絮状等特征。霉菌的营养体是分枝的丝状体,称为菌丝体,其菌丝平均宽度 3～10 μm,分为基内菌丝和气生菌丝。当生长到一定阶段时,气生菌丝中又可分化出繁殖菌丝。不同的霉菌其繁殖菌丝可以形成不同的孢子或子实体。

霉菌菌丝有无横隔膜,其营养菌丝有无假根、足细胞等特殊形态的分化,其繁殖菌丝形成的孢子着生的部位和排列情况,以及是否形成有性孢子等,是鉴别霉菌的主要依据,镜检时应注意仔细观察。

三、实验材料

1. 菌种：在马铃薯蔗糖琼脂平板上培养 3～5 d 的根霉(*Rhizopus spp.*)、毛霉(*Mucor spp.*)、青霉(*Penicillium spp.*)、曲霉(*Aspergillus spp.*)、黑根霉(+)和(−)各一管。

2. 试剂：乳酸石炭酸棉蓝染色液，50%酒精。

3. 培养基：马铃薯蔗糖琼脂培养基。

4. 器材：解剖针，载玻片，盖玻片，玻璃纸，接种环，镊子，酒精灯，平皿，显微镜等。

四、实验方法

(一) 霉菌菌落特征的观察

观察并描述根霉与毛霉、青霉与曲霉的菌落形态，菌落大小，局限生长或蔓延生长，菌落表面和反面颜色，基质的颜色变化，菌落的组织状态，棉絮状、网状或毡状，疏松或紧密，有无同心环纹或放射状皱褶。

(二) 霉菌个体形态的观察

1. 水浸片法。在干净的载玻片上加一滴棉蓝，用解剖针挑取少许菌体，放于载玻片上棉蓝染色液中，并将菌丝体分开，勿让它成团，加盖玻片。用滤纸吸去多余棉蓝液，用接种柄轻压盖玻片。在低倍镜或高倍镜下观察。

2. 毛霉和根霉的培养与观察。倒平板，涂布法接种，用镊子将干热灭菌的无菌玻璃纸贴在培养皿的盖内，倒置于 28 ℃培养 3～5 d。

用上述水浸片法，剪取生长有毛霉及根霉的玻璃纸翻转放于载玻片棉蓝染色液中，加盖玻片，分别制片后在低倍和高倍镜下观察，注意菌丝有无分隔，孢子囊梗有无分枝，有无假根和葡萄枝，孢子囊及子囊孢子的形状等。

3. 青霉和曲霉的培养与观察。采用插片法培养青霉和曲霉，取生长有青霉及曲霉的盖玻片，分别用 50%的酒精冲洗盖玻片两面，用上述水浸片法，分别制片后在低倍镜和高倍镜下观察菌丝有无分隔，分生孢子梗有无分枝，帚状枝的形状，小梗、梗基的分枝和排列特点，顶囊的形状与小梗的列数，分生孢子的形状、大小与颜色。观察顶囊时，可用 50%的酒精反复冲洗，去掉覆盖的大量孢子，使顶囊显示出来。

(三) 根霉接合孢子的培养与观察

1. 将马铃薯蔗糖琼脂培养基熔化后倒入 3 套灭菌培养皿中，每皿 10～15 mL，平置于桌面，使其冷却凝固。在无菌操作下，分别平贴一张灭菌玻璃纸在平板上。

2. 将黑根霉(+)和(−)两菌株的孢子各接种一环于一个培养皿中，置 25～28 ℃，培养 3～5 d，取出。

3. 将第3皿平板的玻璃纸分成两半,左右两边分别接种黑根霉(+)和(−)两菌,置25~28 ℃培养5 d后,取出观察。先剪取小块玻璃纸贴放在载玻片上,置低倍镜下观察接合孢子和配子囊的形状。

(四) 根霉假根的制备

1. 制备平板。将马铃薯培养基熔化后,冷却至45 ℃,以无菌操作倒15 mL培养基于灭菌培养皿内,凝固待用。

2. 点种。用接种环或针经灼烧灭菌,在斜面菌种的培养基中冷却后,挑取黑根霉孢子,点植在培养基表面上1~2点,也可在培养皿的盖中央放一片灭菌载玻片。

3. 恒温培养。倒置,28 ℃,培养3 d,菌丝已倒挂呈胡须状,且有菌丝接触到载玻片,并在载玻片上分化出许多假根。

4. 结果观察。

(1) 不放载玻片的培养皿,直接将培养皿盖置于低倍镜下观察。

(2) 有载玻片的培养皿,可取出载玻片,将它放在显微镜下观察。观察假根,假根的形状,假根上分化出来的孢子囊梗、孢子束等菌丝。

实验十三 噬菌体培养与噬菌斑的观察

一、实验目的

学习掌握噬菌体的培养与噬菌斑观察的方法;判断生产中噬菌体对发酵产品的污染。

二、实验原理

噬菌体是侵染细菌和放线菌的病毒,个体很小,光学显微镜下看不见。噬菌体缺乏独立代谢的酶体系,必须寄生依赖于正在繁殖阶段的活细胞繁殖,而在死的、衰老的、处于休眠状态的细胞中或在人工培养基上均不能繁殖,而且其寄生具有高度的专一性,还可导致寄主细胞裂解,而使细菌菌液由浑浊液变为澄清,或在含寄主细菌的固体培养基上出现肉眼可见的透明空斑(见图1.14)等现象。因此,可借此来判断环境及发酵食品生产中噬菌体的存在与否。

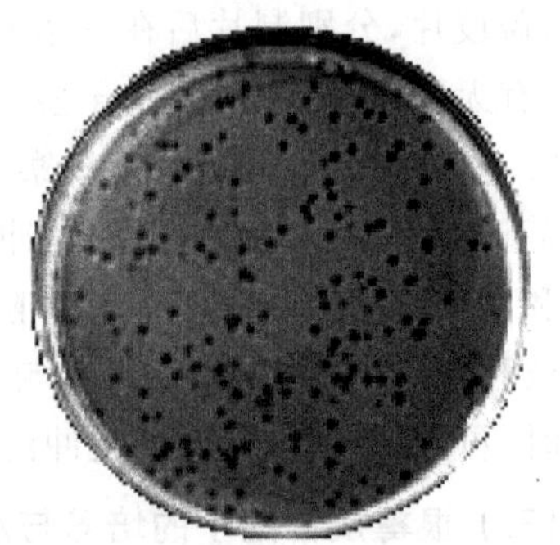

图1.14 平板上的噬菌斑示意图

三、实验材料

1. 菌种：德氏乳酸杆菌(*L. delbrueckii*)。

2. 被测样品：感染噬菌体的乳酸发酵液。

3. 培养基：含 2%琼脂的乳酸菌培养基，含 1%琼脂的乳酸菌培养基，用 4 支试管装无菌乳酸菌液体培养基。

4. 器材：灭菌培养皿，灭菌载玻片，灭菌吸管，离心机，无菌水，恒温培养箱，恒温水浴箱，手持放大镜，显微镜。

四、实验方法

(一) 样品的采取与制备

1. 液体样品(乳酸生产车间取噬菌体污染可疑的乳酸发酵液)。取样液 1 000 mL，用 10 000 r/min 离心 10 min，除去杂菌，留上清液备用。

2. 固体样品(生产场地土或细菌杀虫剂)。取 1～2 g 固体样品放入 5～10 mL 无菌水内，充分混匀，制成悬浮液，然后按上述方法离心取上清液备用。

3. 设备或容器表面检测噬菌体。用灭菌棉签用力擦拭被测设备或容器的表面，然后将棉签放入 4～10 mL 无菌水内充分洗脱，以此液体作为分离样品。

4. 空气中的噬菌体检测。用真空泵抽引或特制空气采样器，使空气进入培养基内，经此捕集的培养基即可作为分离检测样品；而在噬菌体密度高的位点，只要将长了菌的平皿打开，在空气中暴露 30～60 min 即可。

(二) 分离检测步骤

1. 寄生细胞的培养。取乳酸菌培养液试管 2 支，接种德氏乳酸杆菌，于 45 ℃培养 24 h，培养液浑浊且液面无菌膜，摇动时液内出现波动丝状物即可。

2. 样品中噬菌体的繁殖。将含噬菌体的样品液接入上述培养 24 h 的德氏乳酸杆菌培养液内，其中 1 支试管于 30～32 ℃下培养；由于德氏乳酸杆菌被噬菌体裂解，菌液浑浊程度逐渐下降，噬菌体数目不断增加，用此作为噬菌体悬浮液。

3. 将已熔化并冷却至 45～50 ℃的含 2%琼脂的乳酸菌培养基，倾入无菌培养皿内铺成平板，作为底层待用。

4. 用无菌干净的空试管取经繁殖培养的含噬菌体的样品悬液 0.1 mL，以及另一支试管内寄主细胞培养液 0.2 mL，与熔化并冷却至 45 ℃的含 1%琼脂的乳酸菌培养基 3～6 mL 混匀，立即倒在底层平板的表面铺平。

5. 待凝固后置 30～32 ℃下培养 18～24 h，即可观察结果。

6. 结果观察。若有噬菌体存在，则经培养后的上层琼脂板面出现透亮无菌的圆形或近圆形空斑，称为噬菌斑。

第二章　微生物的分离

实验一　土壤中藻类的分离

一、实验目的

掌握从土壤中分离藻类的方法。

二、实验原理

藻类是含光合色素的低等植物，目前一些单细胞的种类被倾向于划归为微生物，即使是多细胞藻类也没有根、茎、叶的分化，其生殖器官也是单细胞。土壤中含有大量藻类，是土壤微生物的先行者，对土壤的形成和熟化起重要作用。土壤藻类有单细胞、群体和多细胞等类型。根据其形态、构造、所含色素的种类、生殖方式和生活史类型，可将它们分为蓝藻门、裸藻门、绿藻门、黄藻门、红藻门、金藻门和褐藻门等。由于大多数藻类属于光能自养型，因此主要分布在土壤表面和土壤颗粒的表面，仅有少数分布在土壤深处。

三、实验材料

1. 培养基：

(1) BBM(Bold's Basal Medium)培养基。

贮液：$NaNO_3$ 10 g，$MgSO_4 \cdot 7H_2O$ 1.0 g，KH_2PO_4 7.0 g，$CaCl_2 \cdot 2H_2O$ 1.0 g，K_3PO_4 3 g，NaCl 1 g，水 400 mL。

微量元素溶液：① EDTA(乙二胺四乙酸)50 g，KOH 31 g，溶于 1 L 蒸馏水中；② $FeSO_4 \cdot 7H_2O$ 4.98 g，加入溶有 1 mL 浓硫酸的 1 L 蒸馏水中；③ K_3PO_4 11.42 g，溶于 1 L 蒸馏水中；④ $ZnSO_4 \cdot 7H_2O$ 8.82 g，$MnCl_2 \cdot 4H_2O$ 1.44 g，MnO_3 0.71 g，$CaSO_4 \cdot 5H_2O$ 1.57 g，$Co(NO_3)_2 \cdot 6H_2O$ 0.49 g，溶于含 1 mL 浓硫酸的 1 L 蒸馏水中。

取贮液 10 mL，微量元素溶液①～④各 1 mL 与 936 mL 蒸馏水混合即为 BBM 培养基。

(2) TBIM 培养基。

KNO_3 10.1 g，$MgSO_4 \cdot 7H_2O$ 5.0 g，NaH_2PO_4 13.44 g，$CaCl_2 \cdot 2H_2O$ 2.0 g，Tris 12 g，将上述化合物分别溶于 400 mL 蒸馏水中作为贮液，使用时各取 10 mL 加入 946 mL 蒸馏水，再加入 BBM 培养基中的微量元素溶液①～④各 1 mL。

(3) Bristol 培养基。

$NaNO_3$ 16 g, $MgSO_4 \cdot 7H_2O$ 3.0 g, K_2HPO_4 3.0 g, KH_2PO_4 3.0 g, $CaCl_2$ 1.0 g, NaCl 1 g，将上述化合物分别溶于 400 mL 蒸馏水中，使用时各取 10 mL，加入 940 mL 蒸馏水，再加入 1% $FeCl_3$ 液 1 滴。

(4) 土壤浸出液培养基。

$Ca(NO_3)_2$ 0.1 g, KNO_3 0.1 g, $MgSO_4 \cdot 7H_2O$ 0.3 g, KH_2PO_4 0.4 g, 1% $FeCl_3$ 液 2 滴，土壤浸出液 200 mL(制备方法：取 200 g 土壤，加水 200 mL，煮沸 1 h，随时补充失去的水分，过滤，滤液补足 200 mL)，自来水 800 mL，琼脂 15 g。

2. 器材：培养皿，吸管，玻璃刮铲，试管，10 mL 锥形离心管，玻璃喷雾器，表面皿，玻璃棒，离心机，烘箱等。

四、实验方法

藻类的分离通常分为以下两步：

(一) 混合培养

混合培养方法有 3 种：

1. 取试样 1 g 放入 10 mL 的无菌水或培养液中，充分振荡，静置，取上清液 2～3 mL，倒入已灭菌凝固的 BBM 或 TBIM 培养基平板上。将平板放入 20～25 ℃温箱中，光照度为 400～4 000 lx，16∶8相间进行光照培养。

2. 在 BBM 培养基和 Bristol 培养液中加入占培养液体积 20%～50%的土壤浸出液，加入 2%琼脂，灭菌后趁热倒入无菌平板内，冷凝后在培养基表面点接土壤，在 20～25 ℃，400～4 000 lx 光照度下，培养 2～3 周，即可看到藻类的群落。

3. 取培养液 BBM 或 TBIM 或 Bristol 50 mL 倒入 100～200 mL 三角瓶内，灭菌冷却后加入 5 g 土壤样品，充分振荡，静置培养，2～3 周后即可看到藻类群落。

(二) 单藻培养和纯化

单藻纯化方法有 3 种：

1. 稀释平板分离法：将混合培养物按 10 倍稀释法逐步稀释到 10^{-6}，取不同稀释度的样品 0.1 mL 加到无菌土壤浸出液培养基平板上，用无菌玻璃刮铲涂匀，每稀释度做两个培养皿。25～30 ℃光照下培养 3 周，即可长出单藻的群体。

2. 喷雾法：用无菌吸管取混合培养物 1 mL，注入装有 5～10 mL 无菌水的试管中，振荡数分钟，将稀释液加入锥形离心管中，1 000 r/min 下离心 5 min。倒掉上清液，加入无菌水，再离心，如此反复操作数次后，将悬浮液装入无菌喷雾器中，距离无菌平板 25～50 cm 处进行喷雾。平板在 25～30 ℃，光照培养 2～3 周，即可长出单藻的群落。将单群落的藻在立体显微镜下(放大 25 倍)，用接种环或尖端直径为 30～50 μm 的毛细管，将细胞移到另外的无菌培养基上，经无菌检查证明无细菌、真菌生长即可判定为纯培养。

3. 吸管法:在直径为9 cm的平板上,用玻璃棒做成三角座,将表面皿凹面向上放入平板中,加盖后用干热灭菌。分离时在表面皿中加入0.5~1.0 mL无菌蒸馏水或无菌培养液。取少量混合样于表面皿中,在解剖镜下,用无菌吸管将藻细胞放入第二个表面皿内,如此进行下去,最后用无菌吸管将单个细胞取出,放入无菌培养液的试管中,在25~30 ℃,光照培养2~3周。无菌检查:取1 mL洗过的藻细胞加入到牛肉膏蛋白胨培养基中,37 ℃下培养24 h,若液体变浑浊即表示该样品仍含有细菌,应进一步纯化。

实验二　死虫中苏云金芽孢杆菌的分离

一、实验目的

掌握运用筛选培养基分离苏云金芽孢杆菌的实验方法。

二、实验原理

苏云金杆菌是包括许多变种的一类产晶体芽孢杆菌。该菌可产生两大类毒素,即内毒素(伴孢晶体)和外毒素,使害虫停止取食,最后害虫因饥饿而死亡。该杆菌可作微生物源低毒杀虫剂,用于防治直翅目、鞘翅目、双翅目、膜翅目,特别是鳞翅目的多种害虫。

三、实验材料

1. 生物材料:病死的菜青虫。
2. 试剂:75%乙醇,95%乙醇,石炭酸复红染色液,无菌生理盐水。
3. 培养基:BPA培养基,BP培养基。
4. 器材:试管,平板,三角烧瓶,显微镜,擦镜纸,香柏油,二甲苯,接种环,酒精灯,镊子,剪刀,解剖针。

四、实验方法

1. 虫体消毒。将虫体浸泡在75%的乙醇中1 min左右,用镊子取出,用无菌生理盐水冲洗三次,再放入生理盐水中;或直接浸入95%的乙醇中立即取出,酒精灯点燃灼烧数秒钟后放入无菌生理盐水中,即可满足表面消毒。

2. 虫尸体液制备。用丝线结扎死虫的口腔和肛门,用无菌小剪刀从虫体背面或腹面进行解剖,取出体液放入盛有玻璃珠和10 mL无菌水的三角瓶中,充分振荡10 min,即得虫尸体液,涂片观察,就可以看到大量的病原体。将虫尸体液置于BP培养基中,充分振荡后置于30 ℃摇床振荡培养42 h,取出后于75~80 ℃水中热处理15 min。

3. 涂布和画线分离。用 10 倍稀释法将虫尸体液稀释到 10^{-6}，在无菌平板中倒入溶化的 BPA 培养基，从 10^{-4}、10^{-5}、10^{-6} 稀释液中各取 0.1 mL，放在相应编号的平板上，每一稀释度做 3 次重复。用无菌玻璃刮铲涂布均匀。倒置于 30 ℃培养箱中培养 24 h，同时用 10^{-1} 稀释液进行画线分离。

4. 培养与观察。平板置 28 ℃培养 24 h、48 h、72 h 后，挑取菌落制片，用石炭酸复红染色 90 s，镜检，观察记录菌体、芽孢、伴孢晶体的形态。培养 72 h 后，观察记录单个菌落的培养特征。挑选 3～5 个类似苏云金杆菌的菌落接种到 BPA 斜面上，30 ℃培养 72 h 以上，常规制片，石炭酸复红染色镜检。有伴孢晶体的分离物即可确定为苏云金芽孢杆菌，转到另一支 BP 斜面，培养后保存。

实验三 担子菌的弹射分离

一、实验目的

掌握孢子弹射法分离担子菌的方法。

二、实验原理

担子菌亚门分为 4 个纲，即层菌纲、腹菌纲、锈菌纲和黑粉菌纲。层菌纲中最常见的一类是伞菌类，具有伞状或帽状的子实体，上面展开的部分叫菌盖；菌盖下面自中央到边缘有许多呈辐射状排列的片状物，称为菌褶。用显微镜观察菌褶时，可见棒状细胞，称为担子，顶端有四个小梗，每一个小梗上生一个担孢子。将其从健康的子实体上分离下来，可以作为生产的菌种，也可以用于科学研究。

三、实验材料

1. 菌种：黑木耳子实体。

2. 培养基：黑木耳母种分离培养基，蛋白胨 2.0 g，酵母膏 2.0 g，磷酸氢二钾 1 g，磷酸二氢钾 0.46 g，硫酸镁 0.5 g，葡萄糖 20 g，琼脂 20 g，蒸馏水定容至 1 000 mL。

3. 器材：铁丝钩，纱布，镊子，三角瓶，接种环，无菌培养皿等。

四、实验方法

1. 耳种的选择。选择耳大、肉厚、健壮、褶皱多的新鲜木耳，春耳最好，秋耳次之，伏耳不用。

2. 子实体的消毒及处理。先用清水发胀洗净，再放在经过消毒的三角瓶内，用无菌水洗涤数次，用灭菌的镊子取出放于无菌的平板内，平板底垫一层用灭菌水湿润过的纱布。平板不用加盖，而用双层纱布覆盖。于 20～28 ℃露种 1～2 d，可长出担孢子，这时即可进行弹射分离。

3. 弹射分离。用无菌的剪子将耳片剪成蚕豆大小的耳块,再用经过火焰灭菌的细铁丝钩住,悬挂在预先倒好培养基的无菌三角瓶内或平板的铁丝钩上,黑木耳的腹面一定要向下(见图2.1(a))。在20~28 ℃的条件下,经过3~5 d保温,培养基上即可长出白色的雾状菌落,这就是黑木耳的菌丝体,再经过2~3次转接,即可得到纯净的黑木耳母种。

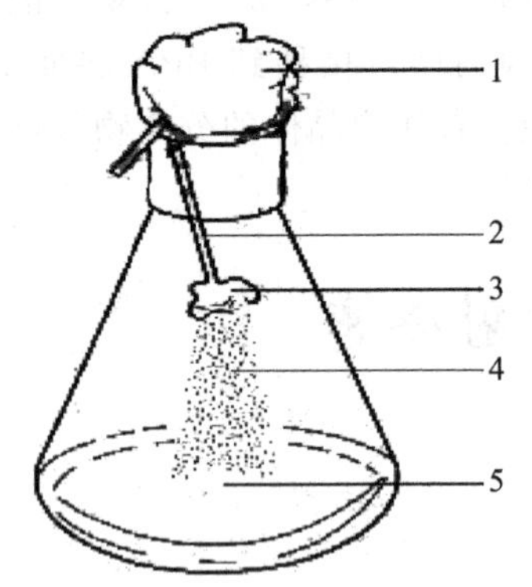

1—棉塞;2—铁丝钩;3—担子菌子实体;
4—弹射下来的孢子;5—培养基

(a) 悬钩法采集孢子

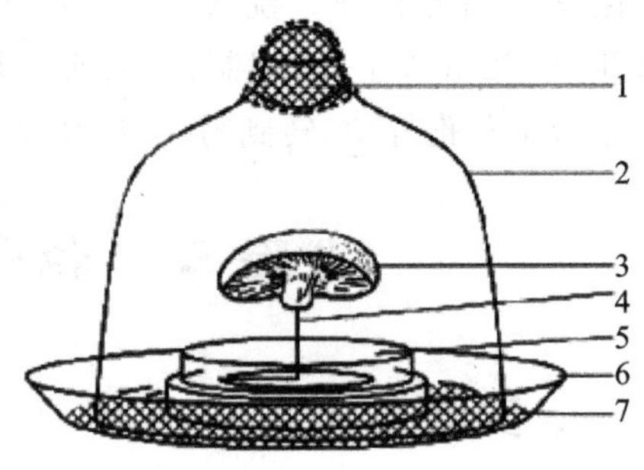

1—玻璃罩的封口;2—玻璃罩;3—担子菌子实体;
4—支撑的钢丝;5—培养皿,内含培养基;
6—玻璃底盘;7—纱布

(b) 支撑钢丝法采集孢子

图2.1 食用菌孢子分离的方法

4. 性能检测。将纯化获得的母种经过出菇实验和遗传性状的观察之后,即可投入生产。

实验四 流感病毒的分离与鉴定

一、实验目的

学习病毒的分离程序与鉴定原则。

二、实验原理

分离病毒是诊断病毒性疾病最常用且高度敏感的方法之一。不过病毒分离也受到一定的限制,只有少数种类的组织细胞可被用于分离病毒,且每种细胞只能用于分离一种或几种病毒。例如分离流感病毒最常用的活体是鸡胚,目前有些实验室用MDCK(狗肾细胞)代替鸡胚来分离流感病毒。分离出的病毒需经免疫学、基因分析和电子显微镜等进一步鉴定确诊。由于病毒可长期保存,故亦可用作抗原性、基因特性和药物敏感性分析。

三、实验材料

1. 生物材料：患者早期咽喉含漱液，9～12 d鸡胚，0.5%鸡红细胞，流感病毒型与亚型免疫血清，检菌肉汤。

2. 器材：无菌试管，毛细滴管，剪子，镊子，加样枪，枪头，细胞板等。

四、实验方法

(一) 总体分离鉴定程序

病人急性期含漱液经双抗处理接种于鸡胚的羊膜腔或尿囊腔，35 ℃下培养72 h，收获羊水和尿液，做血细胞凝集试验。凝集阳性的做血凝抑制试验，再做补体结合试验定性；凝集阴性的盲传鸡胚两代，仍为阴性时报告阴性。

(二) 分离病毒

1. 标本处理。采集的标本放置于15 mL带盖塑料离心管中，及时进行分离，含漱液经低速离心后，吸取上清液1 mL，加入抗生素(每毫升含青霉素100 μg及链霉素100 μg，简称双抗)0.1～0.2 mL，置4 ℃冰箱4 h或过夜。

2. 取9～12 d鸡胚，将上述处理材料0.2 mL，接种于鸡胚尿囊腔。

3. 置35 ℃孵育72 h后，放4 ℃冰箱过夜。

4. 取出鸡胚收获尿囊液，并进行血凝试验，以测定是否有病毒生长。

(三) 血细胞凝集试验

1. 在96孔细胞板上取1～9孔，如表2.1所列于各管中加入生理盐水，第一管

表2.1　流感病毒血细胞凝集试验

试管号	1	2	3	4	5	6	7	8	9
生理盐水/μL	90	25	25	25	25	25	25	25	25
病毒液/μL	10	25	25	25	25	25	25	25	
病毒稀释度	1:10	1:20	1:40	1:80	1:160	1:320	1:640	1:1 280	对照
0.5%鸡红细胞/μL	25	25	25	25	25	25	25	25	25
操作	摇匀，室温静置30～60 min								

注：1. 各孔出现血细胞凝集程度以++++、+++、++、+、－表示，以出现++++孔病毒的最高稀释度的倒数为血凝效价。++++：全部血细胞凝集，凝集的血细胞铺满管底。+++：大部分血细胞凝集，在管底铺成薄膜状，但有少数血细胞不凝，在管底中心形成小红点。++：约有半数血细胞凝集，在管底铺成薄膜，面积较小，不凝集的红细胞在管底中心聚成小圆点。+：只有少数血细胞凝集，不凝集的红细胞在管底聚成小圆点，凝集的血细胞在小圆点周围。－：不凝集，血细胞沉于管底，呈边缘整齐的致密圆点。按结果举例的流感病毒的++++孔最高稀释度为1:80，则血凝效价为80单位/25 μL。

2. 每个试管号的病毒液都取自上一个浓度的病毒稀释液。

为 90 μL,其他各管均为 25 μL。

2. 取收获的尿囊液 10 μL,加入第 1 管中做 10 倍稀释,混匀后吸取 50 μL 弃至消毒缸内,再吸取 25 μL 10 倍稀释液加至第 2 管混匀,依次做倍比稀释至第 8 管,第 9 管为生理盐水作为对照。

3. 稀释完毕后加入 0.5%鸡红细胞悬液,每管 25 μL,轻轻振荡混匀,室温放置 30~60 min,观察结果,观察时要轻拿、勿摇。如果血凝试验呈阳性,则做血凝抑制试验进一步证实,并可测定该病毒的型,甚至亚型。

(四) 血细胞凝集抑制试验——定量法

在病毒悬液中加入特异性抗血清,再加入红细胞不发生凝集现象,即为血凝抑制试验。由于该试验中用已知病毒的抗血清,故可鉴定病毒的型及亚型;反之用已知病毒,亦可测定患者血清中有无相应抗体。有时需将患者血清进行处理,以除去其中的非特异性抑制物或凝集素,并需取双份血清做两次试验,若恢复期血清抗体效价比疾病早期高 4 倍以上,则再结合临床即有确诊意义。血细胞凝集抑制试验操作如表 2.2 所列。

1. 在 96 孔细胞板上取 1~10 孔。按表 2.2 加入生理盐水,每孔均为 25 μL。

2. 取经处理的 1∶5稀释的患者血清 25 μL,加入第 1 孔中作 1∶10 稀释,吹打 3 次混匀后,取 25 μL 加至第 2 孔,并依次做倍比稀释,到第 8 孔为止,第 9 孔为病毒对照,第 10 孔为血清对照。

3. 稀释完毕后,加入流感病毒悬液 25 μL,第 10 孔不加病毒液,混匀,室温放置 30 min。

4. 摇匀后每孔加入 0.5%鸡红细胞 50 μL,室温放置 30~60 min 观察结果。观察血凝的判断标准同前述血凝试验,但本试验是以不出现血凝现象的试验孔为阳性,完全抑制凝集的孔中,其血清的最高稀释度作为血凝抑制效价。

表 2.2 血细胞凝集抑制试验(定量法)

试管号	1	2	3	4	5	6	7	8	9	10
生理盐水/μL	25	25	25	25	25	25	25	25	25	25
患者血清/μL	25	25	25	25	25	25	25	25	—	25
病毒稀释度	1∶10	1∶20	1∶40	1∶80	1∶160	1∶320	1∶640	1∶1 280	病毒对照	血清对照
病毒液/μL	25	25	25	25	25	25	25	25	25	
0.5%鸡红细胞/μL	50	50	50	50	50	50	50	50	50	50

注:每个试管号的病毒液都取自上一个浓度的病毒稀释液。

(五) 血凝抑制试验——定性法

利用亚型诊断血清与新分离的病毒液相互作用,若亚型血清能抑制病毒的血凝发生,则证明待检病毒与该型诊断血清是属同型,依次可对分离病毒进行亚型的鉴定。

1. 在96孔细胞板上选择17个孔,并标记孔1,2,3,…,17。

2. 将新分离的病毒加入上述17个孔内,每孔1滴。

3. 在孔1,2,3,…,16中对应地分别加抗H1,抗H2,抗H3,…,抗H16,诊断血清各2滴,孔17中加生理盐水1滴,轻轻摇匀,放置30 min。

4. 在上述17孔中各加0.5%的鸡红细胞悬液2滴,再次将各孔内溶液摇匀,静置30～60 min,待血细胞完全下沉后观察结果。出现明显血凝现象者,即全部或大部分血细胞凝集、下沉平铺孔底为血凝抑制阴性;未见血凝发生的试验孔,证明新分离的病毒与该孔所用的诊断血清亚型相一致。

实验五　显微操作酵母单细胞的分离

一、实验目的

学习用显微操作器分离单细胞酵母的技术;掌握酵母菌培养基的配制方法。

二、实验原理

显微操作(micromanipulation)是指在光学显微镜或解剖镜的可见视野内,操作者一边观察一边使用微玻璃针、解剖刀、吸量管等器具,进行手术、解剖、注射等实验操作。现在也有将显微操纵器架设到高倍复式显微镜下的,其实质是一种“机械手”,可以看作是显微镜上的附件。根据传动原理的不同,大致可分为气压、液压和机械传动三种。

显微操纵器的微型工具(微针)固定在可以调整位置的滑动板上,由转鼓和连在它下面的手柄进行操作,可以使微针在水平位置上做前后左右的活动,转动鼓螺丝的上下移动,可以调整手柄活动和微型工具活动范围的比例(16∶1～800∶1),以适应不同的需要和不同放大倍数的物镜。操纵器下面外侧靠手柄处有同轴调节的活动板,可以做上下移动的粗细升降器,这样就可以在三个不同方向上任意活动微型工具。

三、实验材料

1. 菌株:酿酒酵母。

2. 培养基:PDA培养基(马铃薯200 g、葡萄糖20 g、琼脂15～20 g、水1 000 mL) pH自然。

3. 器材:盖玻片,滴管,三角瓶,菜刀,加热板,微波炉,纱布,大烧杯,量筒,玻璃棒,显微操作系统,玻璃条,微针,高压灭菌锅等。

四、实验方法

(一) 培养基配制方法

1. 配制20%马铃薯浸汁。取去皮马铃薯200 g,切成小块,加水1 000 mL,加热煮烂,用纱布过滤,然后补足失水至所需体积,100 Pa灭菌20 min,即成20%马铃薯浸汁,贮存备用。

2. 配制时,按每100 mL马铃薯浸汁加入2 g葡萄糖,加热煮沸后加入2 g琼脂,继续加热融化并补足失水。

(二) 显微操作分离单细胞酵母

1. 取两块灭过菌的盖玻片,其一放置待分离的细胞悬液,另一块上加1滴灭菌的稀琼脂培养基,将两块盖玻片翻转,倒盖在湿室(湿室是用来保持样品湿度的一种装置,常以普通玻璃和玻璃条及阿拉伯树胶自制)上。

2. 把湿室固定在显微镜载物台上,将连在操纵器上的微针的前端调节到视野中央,然后将微针降下。

3. 移动镜台推进器,将待分离的单细胞悬液移至视野中央。

4. 将微针慢慢地升起至针尖再现在视野中,并轻轻剥离细胞,当有单细胞附着在针尖后,将微针降下。

5. 再移动推进器,将加有1滴稀琼脂培养基的盖片移动到针尖上方,慢慢升起微针,使针尖轻轻地接触培养基表面,将单细胞从针尖上移接到培养基中。

6. 经显微观察确认单细胞已接在培养基中,将盖片取下,于合适的条件下培养,即得单细胞培养物。

第三章　微生物培养技术

实验一　苏云金芽孢杆菌的培养技术

一、实验目的

掌握常用的苏云金芽孢杆菌的固体和液体培养技术。

二、实验原理

苏云金芽孢杆菌(*Bacillus thuringiensis*,Bt)是一种在土壤中广泛存在的革兰氏阳性菌(G^+),是目前应用较广的杀虫细菌。Bt属于蜡样芽孢杆菌群,它们的菌落呈凸突状,为乳白色或淡黄色、光滑或有皱纹,呈现蜡状质地。为了减少其他芽孢杆菌对分离的干扰,Bt的筛选多用醋酸钠筛选法。其原理是醋酸钠能抑制Bt芽孢的萌发,但其他芽孢杆菌不被醋酸钠抑制而萌发成营养体,经热处理被杀死。此外,Bt对青霉素等抗生素有抗药性,在加醋酸钠的基础上添加抗生素(如400 μg/mL青霉素钠盐和400 μg/mL硫酸庆大霉素),可抑制其他微生物的生长,提高Bt的检出率。

将微生物接种在固体培养基表面生长繁殖的方法称固体培养法。它是表面培养的一种,广泛用于培养好氧性微生物。实验室内一般采用画线法、涂板法和注入平板法。

将微生物菌种接种到液体培养基中进行培养的方法叫液体培养法。该方法可分为静置培养法和通气深层培养法两类。静置培养法:指接种后的液体静止不动,有试管培养法和三角瓶培养法。深层培养法:包括振荡(摇瓶)培养法和发酵罐培养法。

1. 振荡(摇瓶)培养法。该方法对细菌、酵母菌等单细胞微生物进行振荡培养,可以获得均一的细胞悬浮液。而对霉菌等丝状真菌进行振荡培养时,就像滤纸在水溶液中泡散了那样,可得到纤维糊状培养物,称为纸浆培养。与此相反,如果振荡不充分,培养物黏度又高,则会形成许多小球状的菌团,称为颗粒状生长。

振荡培养的工具是摇瓶机(也称摇床),是培养好氧菌的小型试验设备,也可用于生产上的种子扩大培养。常用的摇瓶机有旋转式和往复式两种。摇瓶机上放置培养瓶,瓶内盛灭过菌的培养基,可供给的氧是由室内空气经瓶口包扎的纱布(一般为6～8层)进入液体中的。因此,氧的传递与瓶口大小、瓶形和纱布层数有关,在通常情况下氧气的吸收系数取决于摇瓶机的特性和培养瓶的装液量。往复式摇瓶机如果频率过快、冲程过大或瓶内液体装置过多,在摇动时液体会溅到瓶口纱布上,容易引起杂菌污染。因此,装液量不宜太多,瓶容量的1/5左右即可。

2. 发酵罐培养法。发酵罐是工业微生物生产中的主要装置,可以流加培养基,通过电极对培养液进行温度、pH值、溶氧等检测,还可以调节搅拌速度、消解发酵泡沫,并可以通过取样装置,考察发酵液中目的产物的生产状况。

三、实验材料

1. 菌种:苏云金芽孢杆菌(*Bacillus thuringiensis*, Bt)。

2. 培养基:

固体培养基:BAP培养基/BP培养基;

液体培养基:胰蛋白胨5.0 g/L,酵母膏5.0 g/L,葡萄糖20 g/L,KH_2PO_4 0.3 g/L,Na_2HPO_4 1.1 g/L,$MgSO_4 \cdot 7H_2O$ 1.0 g/L,$FeCl_2 \cdot 6H_2O$ 0.02 g/L,$CaCl_2$ 0.02 g/L,pH值7.2。

3. 试剂:石炭酸复红染色液,香柏油,二甲苯,无菌生理盐水。

4. 器材:试管,培养皿,1 mL吸管,50 mL离心管,50 mL/100 mL锥形瓶,量筒,载玻片,接种环,酒精灯,涂布棒,显微镜,擦镜纸,天平,高压灭菌锅,超净工作台,旋涡混匀仪,摇床,恒温水浴锅,发酵罐等。

四、实验方法

(一) 苏云金芽孢杆菌的固体培养

1. 采集土壤样品。

选择合适的取样点,用铲子移去5~10 cm的表层土壤,可以采用五点取样法(在总体中按梅花形取五个样方,该方法适用于调查植物个体分布比较均匀的情况)取得土壤样品共约50 g,装入无菌塑料袋或无菌烧杯中,贴好标签备用。(未使用过Bt菌剂的耕作土、菜园土、荒土、草地土等均可为采集对象,以害虫滋生地的土壤为佳。)

2. 样品的处理。

(1) 称取5 g土样溶于20 mL无菌水的灭菌的50 mL离心管中,于旋涡振荡器上剧烈振荡5 min,充分混匀,置于75~80 ℃的水浴锅中热处理15 min,每隔数分钟振摇一下。

(2) 用无菌吸管取土样悬液1 mL加入装有50 mL BAP培养基的三角瓶中,30 ℃,200 r/min摇床振荡培养4 h。

(3) 置75~80 ℃的水浴锅中热处理15 min,每隔数分钟振荡一下。

3. 分离。

用无菌水对样品溶液做4个浓度梯度的稀释:10^{-1}、10^{-2}、10^{-3}、10^{-4}(见图3.1)。稀释液中用无菌吸管分别吸取100 μL菌悬液于BP平板上,每个稀释度做3个重复,用无菌刮铲或者无菌涂布棒轻轻涂布均匀(见图3.2),或者用接种环蘸取样品在固体平板上画线进行分离(见图3.3),然后于30 ℃倒置培养3 d。

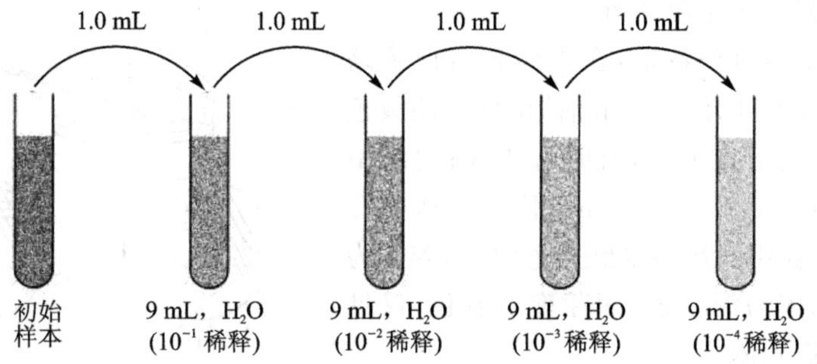

图 3.1 对样品进行 10 倍稀释的过程

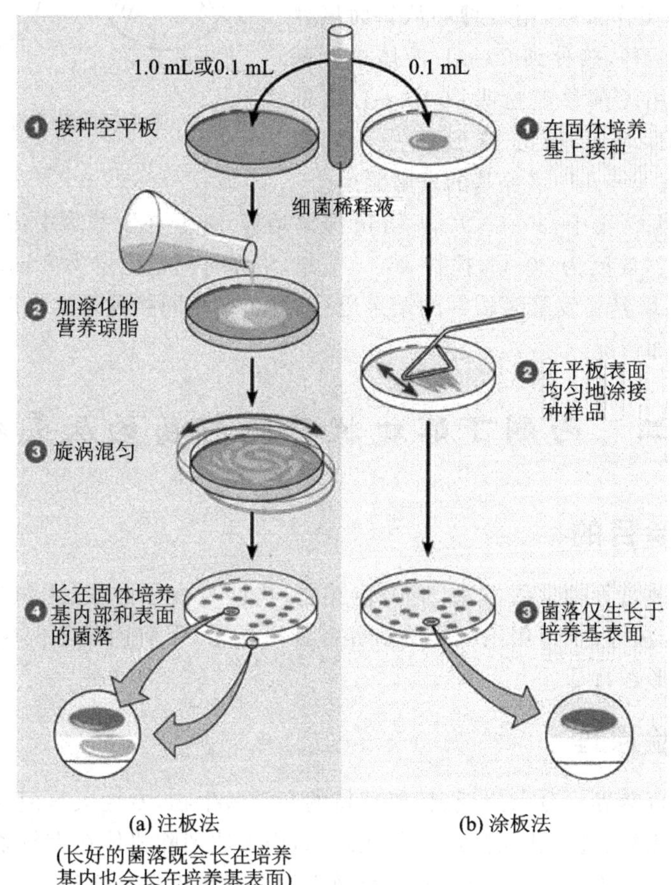

图 3.2 注板法和涂板法

4. 培养及观察。

培养 3 d 后，观察菌落特征，随机挑取具有典型芽孢杆菌特征的单菌落，涂片、干燥、固定后，用石炭酸复红染色 1～2 min，经水洗、干燥后镜检，有伴孢晶体的分离物即可确定为苏云金芽孢杆菌。

芽孢杆菌的典型特征:在牛肉膏蛋白胨培养基上,30～32 ℃培养72 h后,菌落呈淡黄色或乳白色;表面干燥平坦,有时有皱纹;边缘不整齐,直径可达0.5～2.0 cm。伴孢晶体需在油镜下观察,在用石炭酸复红染色时,营养体为红色,伴孢晶体为深红色,而芽孢不着色,仅见具有轮廓的折光体。

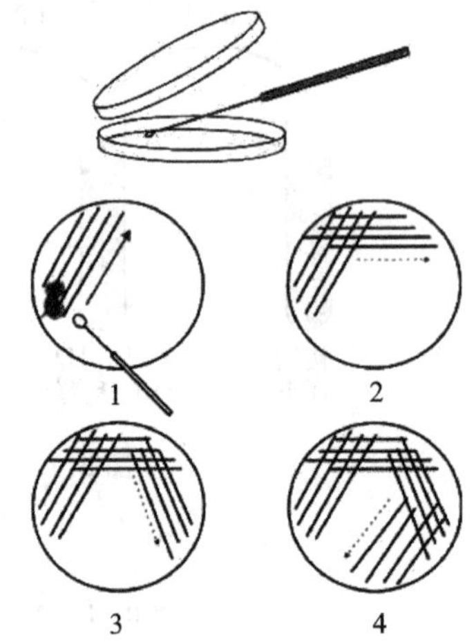

图3.3 画平行线分离微生物的方法

(二)苏云金芽孢杆菌的液体培养

1. 在超净工作台内,用接种环从斜面培养基上挑取少量菌种,接种到50 mL液体培养基中,充分摇匀,用无菌移液枪吸取10 mL菌种到装有90 mL培养基的锥形瓶中,吸取100 mL到装有900 mL培养基的发酵罐中。

2. 在恒温振荡箱中,30 ℃,200 r/min振荡培养8 h。在发酵罐中流加培养基,保持pH值为7.2,温度为30 ℃,搅拌200 r/min,培养时间也设定为8 h。

3. 将振荡培养和发酵罐培养的结果进行对比,在相同接种量的情况下,比较8 h后生物量的增加情况。

实验二　丙酮丁醇梭状芽孢杆菌的厌氧培养

一、实验目的

了解厌氧菌培养的常用方法:疱肉培养法、焦性没食子酸法、厌氧罐法、厌氧箱法、厌氧培养袋法等;学习用厌氧袋法培养专性厌氧菌,了解丙酮丁醇梭状芽孢杆菌的生长情况及形态特征。

二、实验原理

厌氧菌是自然界中分布广泛、性能独特的一类微生物,专性厌氧菌因其细胞内缺乏超氧化物歧化酶、过氧化氢酶或过氧化物酶,而无法消除机体在有氧条件下产生的有毒产物——超氧阴离子自由基,故这类微生物不能在正常空气环境下生存。因此,对它们进行分离、培养和研究时,就必须有一套相应的培养方法。营造无氧环境的方法有很多,大致可以分为三类:物理、化学和生物学方法。物理方法主要有气体交换法,即利用N_2、H_2和CO_2等气体置换环境中的氧气;加热去氧法,即利用加热的方法降低溶液中的氧气含量;石蜡封闭法,即用石蜡密封阻止厌氧菌与空气接触。化学方法主要有两类:一类是利用化学物质与氧气发生反应,从而降低培养环境中的氧分

压值。例如,疱肉培养基中的肉渣可以吸收氧气,焦性没食子酸在碱性条件下吸收游离的氧分子生成黑褐色的焦性没食子橙。另一类是气体发生法,即利用化学反应产生 H_2 或 CO_2 等气体,置换密闭空间中的氧气。例如,柠檬酸溶液与 $NaHCO_3$ 反应,释放出 CO_2。图 3.4 为新型的厌氧罐系统。生物学方法去除环境中的氧气,主要是通过共同培养厌氧菌和好氧菌实现的。好氧菌在密闭条件下快速生长,大量消耗环境中的 O_2,释放 CO_2 等气体。当环境中的 O_2 达到阈值时,好氧菌停止生长,厌氧菌开始生长。

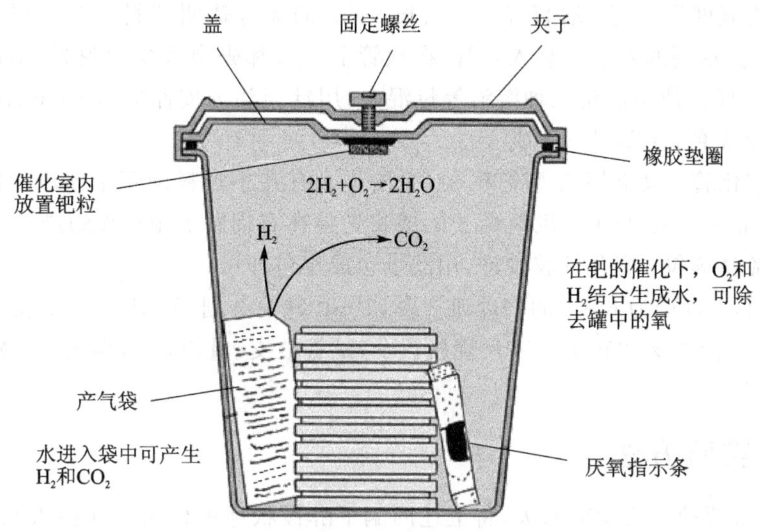

图 3.4 新型的厌氧罐系统

本实验用厌氧袋法培养丙酮丁醇梭状芽孢杆菌,厌氧袋由无毒、不透气的复合塑料薄膜制成。袋中装有催化剂钯粒和 2 支安瓿瓶,分别装有 H_2、CO_2 发生器,指示剂装美蓝。其化学原理是利用氢硼化钠($NaBH_4$)或氢硼化钾(KBH_4)与水反应产生 H_2,在钯的催化下,H_2 与袋内的 O_2 结合生成水,从而建立起无氧环境。在无氧环境下加入 10%左右的 CO_2 有利于厌氧菌的生长,使用时将接种细菌的平板放入袋中,密封袋口,先将袋中装有化学药品的安瓿瓶折断,几分钟后再折断装有美蓝的安瓿瓶,若美蓝为无色则表示袋内已处于无氧状态,置于 35 ℃温箱培养。丙酮丁醇梭状芽孢杆菌在中性红平板上显示黄色。

$$C_6H_8O_7+3NaHCO_3 \rightarrow C_6H_5O_7Na_3+3H_2O+3CO_2\uparrow$$ (二氧化碳发生反应)

$$NaBH_4+2H_2O \rightarrow NaBO_2+4H_2\uparrow$$ (氢气发生反应)

三、实验材料

1. 菌种:丙酮丁醇梭状芽孢杆菌(*Clostridium acetobutylicum*)。
2. 培养基:6.5%玉米醪培养基,碳酸钙明胶麦芽汁培养基,中性红培养基。

3. 厌氧袋：厌氧袋由不透气的无毒特种复合塑料薄膜制成，袋内装有一套厌氧环境的形成装置，它包括产气系统、催化系统、指示系统和吸湿系统，构造如下。

(1) 塑料袋：用电热法烫制的无毒复合透明薄膜塑料袋(14 cm×32 cm)。

(2) 产气管：取直径 1 cm、长 16 cm 左右的无毒塑料软管一根，用电热法封其一端。将 0.2 g $NaBH_4$(或 0.3 g KBH_4)和 0.2 g $NaHCO_3$(按袋体积 500 mL 计算)，用擦镜纸包成一小包，塞入软管底部，其上塞少量脱脂棉花。再将内含 5%柠檬酸溶液 1.5 mL 的安瓿瓶倒入塑料管，然后加上一个有缺口的泡沫塑料小塞即成。

(3) 厌氧度指示管：取直径 1 cm、长 8 cm 的无毒透明塑料软管一根。将内含 1 mL 美兰指示剂的安瓿瓶装入软管，在软管上下口都先塞入少量脱脂棉，再将泡沫塑料塞紧即成。使用前将三种溶液等量混合，用针筒注入安瓿瓶(约 1 mL)，沸水浴加热使其呈无色，立即封口即成。

(4) 催化管：取市售 A 型钯粒 3～5 粒装入有孔小塑料硬管中即成。使用前应先活化(将钯粒放在 140 ℃烘箱烘 2 h，或将钯粒在石棉网上用小火灼烧 10 min)。

(5) 稀释剂包：变色硅胶少许，用滤纸包成小包即可。

4. 器材：直径为 6 cm 的培养皿 3 套，2 mL 针筒 2 副，5 mL 吸管 2 支，1 mL 吸管数支，涂布棒 3 支，250 mL 三角烧瓶数个，试管数支，量筒，4 号票夹，宽透明胶带，脱脂棉等。

四、实验方法

1. 准备菌种。实验前两天，将上述丙酮丁醇梭状芽孢杆菌试样接入 6.5%玉米醪试管，沸水浴保温 45 s，立即用流水冷却，在 37 ℃恒温箱中培养 2 d。

2. 倒平板。将中性红培养基、$CaCO_3$ 明胶培养基分别溶化，至 45 ℃左右倒平板，冷凝备用。

3. 封袋。将产气管、厌氧指示管、催化管和稀释剂包，放置在厌氧袋中。

4. 稀释。取两天前活化的丙酮丁醇梭状芽孢杆菌的试管，打碎“醪盖”，吸取培养液，稀释 10～100 倍。

5. 涂布。吸取稀释液各 0.1 mL，在不同培养基平板上分别用涂布棒涂布，随即将此平板放进厌氧袋中(每袋 3 个)。

6. 封袋。将厌氧袋中的空气尽量赶尽，然后剪取宽透明胶带(长约 17 cm)，将袋口封住，并将两边各留 1 cm 长的小段。封口后仔细检查，尽量使封口严密。然后将袋口向里折叠几层，再用夹子夹紧。

7. 除氧。将已封口的厌氧袋倾斜放置，折断产气管中的安瓿瓶，使液体与固体药物相接触产生 H_2 和 CO_2，此时，反应部位发热，产生的 H_2 在钯的催化下与袋内的 O_2 化合成水。经 5～10 min，催化管处发热，并有少量蒸汽产生。

8. 指示。折断产气管半小时后，才可折断厌氧度指示管中的安瓿瓶。观察指示剂的颜色变化。若指示剂不变蓝，则说明厌氧环境已经建立，即可放入恒温箱进行

培养。

9. 培养。将上述厌氧袋放入 37 ℃恒温箱内，培养一个星期左右后，观察结果并作记录。把在中性红色平板长出的菌落形态与该菌在上述平板上长出的典型黄色菌落形态进行对照观察，再转接到 6.5%玉米醪试管中进行检验，在 37 ℃下培养 2～3 d，观察其是否有“醪盖” 产生，一般认为凡产生“醪盖”者就是丙酮丁醇梭状芽孢杆菌。

10. 镜检。从厌氧袋中取出平板，挑取黄色单菌落做涂片，染色后观察菌体及芽孢。

五、注意事项

1. 厌氧度指示管中的安瓿瓶一定要在产气至半小时后再折断，否则会影响厌氧度的指示。

2. 产气管中若加入微量 $CoCl_2$ 作催化剂，则效果更好。

实验三　选择法获得酵母细胞的同步培养技术

一、实验目的

了解同步培养技术；掌握利用基础的选择法来获得同步生长菌的方法。

二、实验原理

分批培养中，细菌群体能以一定速率生长，但所有细胞并非同一时间进行分裂，也就是说，细胞不处于同一生长阶段。为使培养液中微生物的生理状态比较一致，生长发育处于同一阶段，同时进行分裂—生长—分裂而设计的培养方法叫同步培养法。同步培养的方法很多，最常用的有选择法和诱导法两种。

(一) 选择法

选择法又细分为离心沉降分离法、过滤分离法和硝酸纤维素薄膜法。

1. 离心沉降分离法，其原理是，处于不同生长阶段的细胞，其个体大小不同，通过离心就可使大小不同的细胞群体在一定程度上分开。有些微生物的子细胞与成熟细胞的大小差别较大，易于分开，之后用同样大小的细胞进行培养便可获得同步培养物。

2. 过滤分离法，应用各种孔径大小不同的微孔滤膜，可将大小不同的细胞分开。刚分裂的幼龄菌体较小，能够通过滤孔，其余菌体都留在滤膜上面，将滤液中幼龄细胞进行培养，就可获得同步培养物。

3. 硝酸纤维素薄膜法，具体操作过程如下：

(1) 菌液通过硝酸纤维素薄膜，由于细菌与滤膜带有不同电荷，所以不同生长阶段的细菌均能附着于膜上。

(2) 翻转薄膜,再用新鲜培养液滤过培养。

(3) 附着于膜上的细菌进行分裂,分裂后的子细胞不与薄膜直接接触,由于菌体本身的重量,加之它所附着的培养液的重量,便下落到收集器中。

(4) 在短时间内收集的细菌处于同一分裂阶段,用这种细菌接种培养,便能得到同步培养物。

(二) 诱导法

诱导法又细分为温度调整法和营养条件调整法。

1. 温度调整法,即将微生物的培养温度控制在亚适温度条件下一段时间,它们将缓慢地进行新陈代谢,但又不进行分裂。换句话说,使细胞的生长在分裂前不久的阶段稍微受到抑制,然后将培养温度提高或降低到最适温度,大多数细胞就会进行同步分裂。

2. 营养条件调整法,即控制营养物的浓度或培养基的组成以实现同步生长。例如限制碳源或其他营养物,使细胞只能进行一次分裂而不能继续生长,从而获得刚分裂的细胞群体,然后再转入适宜的培养基中,它们便进入了同步生长阶段。对营养缺陷型菌株,同样可以通过控制它所缺乏的某种营养物质而达到同步培养的目的。

诱导同步生长的环境条件多种多样,不论哪种诱导因子都必须具备以下特性:不影响微生物的生长,但可特异性地抑制细胞分裂,当移去(或消除)该抑制条件后,微生物又可立即同时进行分裂。

三、实验材料

1. 菌种:酿酒酵母(*S. cerevisiae*)。

2. 培养基:

培养基Ⅰ:葡萄糖 25 g,酵母浸粉 2 g,$(NH_4)_2SO_4$ 2 g,KH_2PO_4 5 g,$MgSO_4 \cdot 7H_2O$ 0.4 g,$CaCl_2$ 0.2 g,溶于 1 000 mL 蒸馏水中,自然 pH 值。

培养基Ⅱ:葡萄糖 10 g,酵母浸粉 2 g,$(NH_4)_2SO_4$ 2 g,KH_2PO_4 5 g,$MgSO_4 \cdot 7H_2O$ 0.4 g,$CaCl_2$ 0.2 g,溶于 1 000 mL 蒸馏水中,自然 pH 值。

上述两种培养基中的葡萄糖在 115 ℃下单独灭菌 15 min,再混合。

四、实验方法

1. 活化。取适量的酵母菌体,接入含 50 mL 活化培养基(培养基Ⅰ)的摇瓶中,于 30 ℃在 150 r/min 摇床中活化培养 24 h,使菌体密度达到$(3\sim5)\times10^7$ 个/mL。

2. 蔗糖梯度制备。于 15 mL 离心管(长 11 cm,内径 1.4 cm)中,自下而上铺加 40%的蔗糖溶液 1. 5 mL,再加 20%、10%及 2%的蔗糖溶液各 3 mL,制成不连续梯度。

3. 离心筛选。收集活化菌液,在 800*g*(*g* 为重力加速度)离心力下离心 5 min,收集菌体重悬于 1.5 mL 无菌水中,将菌体小心铺在已制好的蔗糖梯度溶液顶层,在

60g 离心力下离心 5 min，收集最上层清液（占总体积的 5%～10%），菌体密度为 $(2\sim5)\times10^7$ 个/mL，可直接转入 50 mL 的同步生长培养基（培养基Ⅱ），于 30 ℃下 150 r/min 摇床培养，观察其同步生长，亦可将收集的菌体离心浓缩，然后高密度接种培养。

实验四　乳酸杆菌与酵母菌的透析培养

一、实验目的

掌握透析培养技术培养细菌的方法；学习观察细菌在培养过程中的生长情况。

二、实验原理

透析培养是在由透析膜隔开的相邻两液之间，通过透析膜调节物质转移而进行的微生物培养的方法。在培养单种菌时，只在两液相的一方培养微生物，另一方则作为培养基储槽，在两者之间进行营养物和产物的扩散及交换。用这种方法可以进行生长细胞的浓缩，改善孢子形成和毒素产生的条件等。同时在培养两种微生物的实验中，可以分别在透析膜隔开的两个液相中接种不同的微生物进行培养，以研究两种微生物间的相互关系。

透析培养装置有以下两种：

1. 透析纸袋法，伊藤（Ito）等为了混合培养清酒酵母和清酒乳酸菌，曾采用如图 3.5 所示的用透析膜隔开的双层培养管装置。由于透析袋是由内外管间的棉花来固定的，因此，本法只适用于静置培养，无法进行振荡培养或通气培养。

2. Gerhardt 透析瓶法，装置如图 3.6 所示。由于本法可以用于振荡培养，因此对装液量有一定的限制。此法的优点是可以同时研究透析膜、菌种或培养基的组成

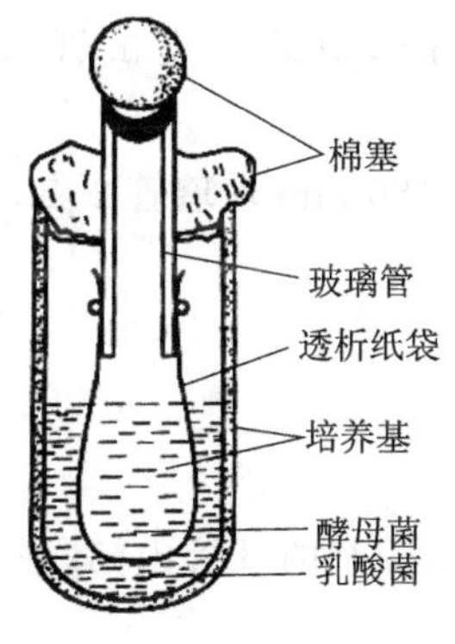

图 3.5　Ito 采用的透析袋装置

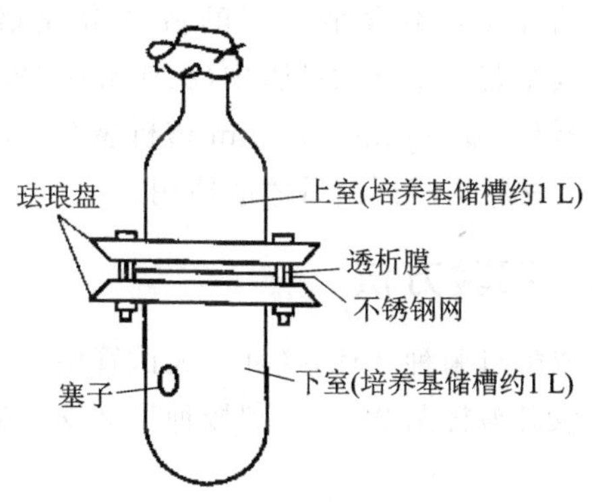

图 3.6　Gerhardt 透析瓶

以及其他条件等多个因素的相互关系。相田氏(Gerhardt)曾采用小型的透析瓶,它的下室容量约65 mL,上室装液量约5 mL。在下室装入少于限定体积的培养基后,与未装液的上室装配在一起。为了在加压灭菌时能使空气排出,珐琅盘在灭菌时不要上紧,用无菌注射器由下室小孔抽出下室内的空气,同时注入无菌培养基把下室装满。上室用无菌操作添加100 mL无菌蒸馏水。待上下室培养液达到平衡后,在上室接入菌种,然后进行振荡培养。对照瓶用橡胶膜代替透析膜,上室加入与下室相同的培养基体积,为100 mL。

生长量的数据处理:透析培养和非透析培养时菌的生长浓度之比可用下式表示,即

$$\frac{X_d}{X_{nd}}=\frac{S_d}{S_{nd}}\cdot\frac{V_T}{V_t}$$

式中:X_d、X_{nd}分别为透析培养和非透析培养时(即对照培养)的细胞浓度(g/mL);在透析培养装置的上室中加入V_T(mL)体积的蒸馏水,下室(即培养基储槽)用限制底物浓度为S_d(g/mL)的培养基V_t(mL)装满。在非透析培养中,所用培养基的底物浓度一般用S_{nd}来表示。当用前述橡胶膜进行对照培养时与S_d相同。如果假定相当于一定量限制底物的细胞收获量在透析培养和非透析培养中没有变化,而且限制底物顺利地透过膜供给,那么,上式所列的X_d/X_{nd}之比就表示生长的理想浓缩效果(理论值)。由于用橡胶膜作对照进行透析培养时$S_d=S_{nd}$,所以上式可以改写成

$$\frac{X_d}{X_{nd}}=\frac{V_T}{V_t}$$

由此可见,此时的生长浓缩率取决于上下室液量之比。

三、实验材料

1. 菌种:乳酸杆菌、酵母菌新鲜斜面菌种各1支。

2. 培养基:不含维生素的液体合成培养基50 mL,分装2支试管,每管约10 mL,其余装入1支大试管中(ϕ30 mm×200 mm)。

3. 器材:ϕ16 mm×50 mm透析袋2个,ϕ15 mm×180 mm玻璃管2支,橡皮塞2个,以上材料均需灭菌后才能使用。

四、实验方法

1. 取酵母菌种2环,接种于大试管中。

2. 取乳酸杆菌2环,分别接种于2支内盛10 mL培养基的试管内,其中1支作对照。

3. 在无菌玻璃管的一端装上透析袋并固定,将透析袋下口封严,将其插入大试管中。大试管口用无菌棉花围封好,并将小试管固定住,然后将接好乳酸菌的10 mL

培养液注入透析纸袋内，塞好棉塞。整个实验装置如图 3.7 所示。

4. 将大试管及对照管置于 30 ℃恒温箱中，培养 3～5 d。取透析纸袋内的菌液对照管内的菌液做镜检，比较两者的细胞数量和菌体生长发育情况。

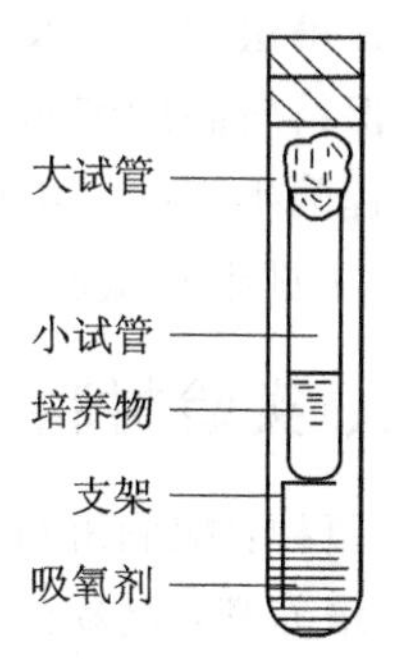

图 3.7　乳酸杆菌透析培养装置

五、注意事项

一般在透析袋内加入食盐水或蒸馏水，而培养基则完全加在袋外。因此，在接种前需放置一定时间，室内外液扩散而达到平衡。所需放置时间随所用透析膜的不同而不同，可以从 4 h 到 24 h。

实验五　酿酒酵母酒精发酵的原位分离培养技术

一、实验目的

了解原位分离培养技术的培养方法。

二、实验原理

原位分离培养是指将生物细胞的代谢产物快速移走的培养方法。这样可防止代谢产物抑制细胞生长。乳酸发酵中，乳酸在发酵液中的积累对发酵有明显的反馈抑制作用。乳酸发酵最合适的 pH 值为 5.5～6.0；pH 值小于 5.0 时发酵被抑制，乳酸产率仅为 1.6%左右。发酵过程中随着乳酸的不断产生，发酵液的 pH 值不断降低，使乳酸菌的生长和产酸受到抑制，乳酸产率降低。为了提高乳酸的产率，需要控制发酵液的 pH 值，传统的方法是使用 $CaCO_3$、NaOH、NH_4OH 来中和产生的乳酸，以维持最佳 pH 值。而乳酸钙浓度大，大约有 30%的乳酸钙残留在结晶母液中，不能结晶出来。另外过高的乳酸盐对乳酸菌的代谢也有抑制作用，在发酵液中造成乳酸菌活力下降，从而使发酵周期延长等。为了克服这些缺点，近十几年来，原位分离技术(In Situ Product Removal，ISPR)引起了世界范围内的广泛关注，而且取得了很大进展。采用 ISPR 技术后，由于产物被及时移走，可以强化三个方面的生产过程：① 克服产物抑制，使产物以最大速率连续合成；② 将产物在转化过程中的损失降到最低；③ 能减少下游分离步骤。

近年来常采用溶剂萃取法(以油酸、叔胺等为萃取剂)、吸附法(离子交换树脂、液膜法、活性炭、高分子树脂等)、膜发酵法(渗析、电渗析、中空纤维超滤膜、反渗透膜等)等实现乳酸发酵过程的原位分离。通过从发酵液中及时移走乳酸达到减少产物抑制、控制 pH 值的目的，对于连续过程的实现具有重要的意义。

膜发酵法利用膜及细胞循环生物反应器可将发酵和分离过程耦合起来,使发酵过程中保持较高的细胞浓度,细胞可循环使用,乳酸从发酵罐中连续移走,显著提高发酵过程的生产率。细胞循环可以使用不同类型的膜:渗析(依靠扩散排阻)、电渗析(依靠离子排阻)、微滤和超滤(依靠分子排阻)等。

三、实验材料

1. 菌种:酿酒酵母(*Saccharomyces cerevisiae*)。

2. 培养基:淀粉经酶法水解获得可发酵性糖,浓度为10 °Bx左右,流加糖液与发酵培养基相同。

3. 分离膜:RO分离膜为聚丙烯酰胺合成膜(No:SU－800),PV分离膜为无机硅沸石(Silicalite)膜,膜厚度为272 μm,有效膜面积为12.57 cm^2。

四、实验方法

1. 在5 L发酵罐里发酵16 h以后,酒精浓度达到大约7%(体积分数),开始对发酵液进行循环,边分离边发酵。

2. 利用泵将发酵液通过RO膜进行发酵液中酒精的分离,分离后的乙醇浓度达50%左右。

3. 再利用PV膜对RO膜的透过液进行酒精分离,分离后的酒精浓度达到98%以上。

4. 当发酵液中可发酵性糖降到3～4 °Bx以下时,放空30%左右的循环发酵液。

5. 添加等量的新鲜培养液,以继续进行发酵和分离。

五、结果统计

1. 乙醇浓度:发酵液(需要先进行过滤处理)和透过液的乙醇浓度由日本岛津气相色谱仪进行测定。

2. 细胞数:用血球计数板计数。

实验六　豆腐乳制作的固体发酵技术

一、实验目的

熟悉豆腐乳发酵的工艺过程;观察豆腐乳在发酵过程中的变化。

二、实验原理

豆腐乳是用豆腐发酵制成的,其发酵过程一般可分为前期发酵与后期发酵两个阶段。前期发酵是指豆腐坯上长满毛霉,后期发酵是指腌制在厌氧条件下,由细菌和

酵母等协同作用产生各种生物物理化学反应形成细腻、鲜香、营养丰富的风味物质。

三、实验材料

1. 菌种：毛霉。

2. 其他材料：豆腐坯（含水量控制在60%～65%），红曲，面曲，白酒（酒精体积分数为50%），黄酒，甜酒酿，无菌水，食盐，麸皮，PDA培养基。

3. 器材：培养皿，250 mL锥形瓶，镊子，接种针，无菌纱布，竹筛，喷壶，小刀，牛皮纸，带盖大广口瓶，恒温培养箱，灭菌锅和显微镜等。

四、实验方法

1. 菌种的活化。将斜面中的毛霉菌种转接到新鲜的PDA培养基上，在25 ℃下培养，待菌落生长旺盛。

2. 毛霉菌悬液的制备。按麸皮∶水为1∶1，将麸皮拌匀后装入250 mL摇瓶中，盖满底部0.5 cm厚，塞上棉塞，高压蒸汽灭菌30 min，趁热摇散，冷却至室温后，接入已经活化的毛霉，25 ℃下培养2 d，待毛霉生长旺盛时加入无菌水100 mL，充分摇动，过滤制得孢子悬液。

3. 制坯。将水含量在60%～65%的新鲜豆腐，用小刀切成2 cm×2 cm×2 cm大小的方块，置于事先消毒过的竹筛内，均匀排列，块间距为1 cm左右。

4. 接种培养。将制备好的毛霉菌悬液用喷壶均匀地喷洒到豆腐坯上，注意喷到前、后、左、右、上5个面上，用牛皮纸包扎，放入黑暗的恒温、恒湿培养箱中，15～20 ℃下培养，2～3 d后豆腐坯上长满白色的菌丝。

5. 晾花。随着菌丝的生长和代谢作用，物料温度开始上升，当菌丝顶尖有明显的水珠时，将竹筛整个从培养箱中取出，放置在阴凉处2～4 h，使豆腐坯迅速冷却，菌丝也会随之老熟，增加酶的分泌，并使霉味散发。这个周期一般为2 d左右。

6. 搓毛。用手指轻轻地将晾花后的每块毛坯表面的菌丝分开、抹倒，使毛坯块上形成一层“皮衣”，然后将毛坯逐渐拆开，并合拢到一起，使块与块之间不相粘连。

7. 腌坯。将豆腐坯装入圆形的大广口瓶中，沿着壁以同心圆方式一圈一圈向内侧放置，注意，未长菌丝的一面靠边放置，不能朝下，以防成品变形；圈与圈之间要紧靠。每放置一层后，用手压平坯面，撒一层盐，每层加盐量逐渐增大，装满后再撒一层盐封顶（总加盐量为每100块豆腐坯用盐约400 g，使平均含盐量约为16%）。腌制过程中，盐分会渗入毛坯，水分析出，腌坯收缩。为使上下层含盐量均匀，腌坯3～4 d时需加入16%的盐水淹没坯面，待2～3 d后取出沥干。整个腌坯周期为5～7 d。

8. 装坛发酵。将沥干盐水的毛坯装入坛子或瓶子内，装坛时先将每块坯子的各个面蘸上预先调制好的汤料，然后立即码入坛子，随后把剩余的汤料加入坛子，直至漫过豆腐坯。豆腐乳汤料的配制因品种不同而有所区别。

青方：豆腐乳装坛时不用灌汤料，每1 000块豆腐坯加25 g花椒，再灌入7%左右的盐水(可用豆腐黄浆水掺盐或腌渍毛坯时流出的咸汤调制)。加盖密封，常温下一般3～5个月成熟。

红方：一般用红曲醪1.45 kg、面酱0.5 kg，混合后磨成糊状，再加入黄酒2.5 kg，调成10%左右的汤料，再加15 g酒精度数为60%的白酒，搅拌均匀，即为红方汤料。加盖密封，常温下贮藏6个月成熟，或于25 ℃下恒温发酵，一个月即可成熟。

白方：将腌制的豆腐坯沥干，待坯块稍有收缩后，将按甜酒酿0.5 kg、黄酒1 kg、白酒0.75 kg、盐0.25 kg的配方配制汤料注入坛子中，淹没腐乳。加盖密封，常温下2～4个月成熟。

9. 质量鉴定。将腐乳坛子打开，从腐乳的表面及断面的色泽、组织形态(块形、质地)、气味以及味道、有无杂质等方面进行多感官的质量鉴定和评价。

实验七　乳酸乳球菌的膜过滤培养——高密度培养

一、实验目的

了解高密度培养的原理和方法。

二、实验原理

高密度培养技术是指用一定的培养技术或装置提高菌体的密度，使菌体密度较分批培养有显著的提高，最终提高特定产物的比生产率。在几种高密度培养方法中，补料分批技术研究得最广泛，将先进的控制技术应用于补料分批培养的研究也很活跃，如模糊控制、神经网络和遗传方法用于更精确的控制和模拟发酵过程，但是补料分批技术只有在产物(或副产物)不会对菌体生长和产物合成造成强烈抑制时才有应用价值。现在，膜细胞循环技术已被用于生物反应器内保持高的细胞密度培养中。在配有膜过滤器的细胞循环反应器中，由于抑制性产物不断被排除，所以产物抑制现象不会太明显，菌体可以达到很高的密度。此法的特点是，在进行连续培养的同时，利用过滤装置把微生物细胞保留在反应体系内并得到浓缩。

三、实验材料

1. 菌种：乳酸乳球菌斜面菌种1支。

2. 培养基：

(1) 菌种培养基：蛋白胨0.8%，酵母膏0.25%，牛肉膏0.5%，蔗糖0.5%，$Na_2HPO_4 \cdot 12H_2O$ 1.0%，L-抗坏血酸0.05%，$MgSO_4 \cdot 7H_2O$ 0.012%，琼脂1.5%，自然pH值，培养温度30 ℃。

(2) 种子培养基：同上，不加琼脂。

(3) 发酵培养基：蛋白胨1.0%，蔗糖1.0%，$Na_2HPO_4 \cdot 12H_2O$ 1.8%，$MgSO_4 \cdot 7H_2O$ 0.012%。

四、实验方法

1. 种子培养。取斜面菌种1环接于三角瓶液体培养基中，30 ℃静置培养24 h。

2. 发酵培养。将培养好的种子以5%的接种量接入发酵培养基中，在30 ℃条件下发酵，流加10%的NaOH溶液以维持发酵液的pH值始终保持在6.5以上。起始4 h为静止培养，4 h后开始过滤培养。

如图3.8所示，将发酵全液泵入中孔纤维过滤装置中，滤液通过阀不断流出，被浓缩的菌体返回生物反应器中，同时从储存罐向生物反应器内补料，来维持发酵液料量的恒定。中空纤维过滤装置截留相对分子质量为60 000，过滤面积为2 m^2，使用前用1 mol/L NaOH和蒸馏水冲洗。

3. 分析检测。在发酵过程中不断检测菌体浓度，测定OD_{600}，以接种前的培养基作空白。

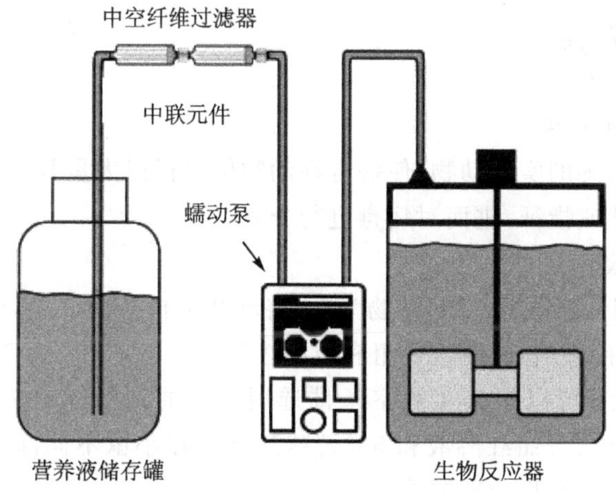

图3.8 过滤培养简图

实验八 病毒培养——动物接种技术

一、实验目的

掌握病毒的动物接种技术以及从不同的感染组织器官和血液中分离病毒的方法；熟悉实验动物分组的方法和动物实验常用的组织、器官的取材方法。

二、实验原理

病毒缺乏完整的酶系统,又无核糖体等细胞器,所以不能在任何无生命的培养液内生长。因此,实验动物就成为人工分离、增殖病毒的基本工具,也是培养病毒最早应用的方法。尽管简便适用的细胞培养广泛应用于病毒培养以来,动物接种方法已降到次要地位,但至今仍有部分病毒的分离鉴定还离不开实验动物,特别是在免疫血清制备以及病毒致病性、免疫性、发病机制和药物效检等方面。

三、实验材料

1. 病毒及动物:1型单纯疱疹病毒(2×10^4 PFU/mL),雌性小鼠(16～18 g)。

2. 试剂:2.5%碘酊,75%乙醇,3%～5%苦味酸溶液,0. 5%品红溶液,消毒液,小鼠饲养笼及水瓶若干,小鼠饲料等。

3. 器材:0.2 mL/1 mL 无菌注射器,无菌解剖剪刀,镊子,5 mL 离心管,标本冻存盒,消毒缸,污物缸,小鼠固定器,无菌玻璃毛细吸管,吸头,固定针,解剖蜡台,低温离心机,无菌棉棒,吸头固定针,标签,标记笔,Ⅱ级生物安全柜,高压蒸汽灭菌锅等。

四、实验方法

(一) 动物感染方法

选择对病毒敏感的实验动物,使病毒在动物体内得以大量复制,并产生可观察和检测到的相关症状或指征,进而对病毒进行分离。

1. 接种前准备。

(1) 动物分组:以每组10只动物为例,将动物随机分为5组,即颅内接种组、尾静脉接种组、皮下接种组、腹腔接种组和肌肉接种组。

(2) 动物标记:可以根据实验室条件选用合适的动物标记法。化学染料涂染法:抓取动物,用0.5%品红溶液和5%苦味酸溶液在小鼠不同部位涂染皮毛,并对小鼠依次编号。各组动物分别饲养。

2. 接种方法。

(1) 颅内接种法:用右手抓取小鼠尾巴,借小鼠向前爬行顺势用左手拇指和食指捏住其双耳及颈部皮肤,手心朝下将小鼠下颌俯卧固定于台面,消毒皮肤。注射器在无菌条件下吸取单纯疱疹病毒液,手持注射器,避开小鼠颅骨中线,选取耳和眼睛连线的中点垂直进针,待注射针进入颅骨,注射病毒悬液 0.02 mL。

(2) 尾静脉接种法:用右手抓取小鼠尾巴,借小鼠向前爬行之机顺势将其固定在可暴露小鼠尾部的固定器中,75%乙醇棉球反复擦拭小鼠尾巴使血管扩张,左手拇指和食指捏住鼠尾两侧,使静脉充盈。注射时以针头与尾部平行的角度进针。接种初始少量缓慢,如无阻力,则可解除鼠尾两侧的压力,手指将针和尾一同固定,接种病

毒 0.2 mL。

(3) 皮下接种法：消毒注射部位后，用左手拇指及食指将小鼠背部或前肢腋下的皮肤轻轻捏起，刺入注射器针头，固定后接种病毒，每只小鼠注射病毒 0.5 mL。如果实验目的是制备抗病毒血清，则可间隔一定时间重复接种 2～3 次。

(4) 腹腔内接种法：抓取并固定动物，消毒皮肤，在小鼠左或右下腹部将针头刺入皮下，沿皮下略向前推进，再使针头与皮肤成 45°角进入腹腔，若回抽无肠液、尿液，则接种病毒 0.5 mL。

(5) 肌肉接种法：将小鼠放于笼上，拉住后肢，这时肌肉成伸展状态，在小鼠后肢肌肉部位，斜 30°～45°进针，小鼠一侧接种量不超过 0.1 mL。

(二) 感染动物的解剖观察

动物感染病毒后可出现生理特征的异常，出现局部及全身病理反应，观察动物感染病毒后的一般情况。根据实验的目的，采集相应的标本或组织。

1. 动物一般状况观察。每日观察感染实验组和对照组动物的进食、活动情况、动物的被毛外观、体重及相关感染症状和体征，记录观察结果。

2. 动物标本的采集。

(1) 血清的采集。① 眼眶后静脉丛采血：左手拇指及食指抓住小鼠两耳之间的皮肤，轻轻压迫颈部两侧，使眼球充分外突。取血管在眼角与眼球之间向眼底方向刺入，旋转切开静脉丛，血液即流入取血管中。小鼠一次可采血 0.2～0.3 mL，短期内可重复采血。② 摘眼球采血：采血时，用左手固定动物，压迫眼球，尽量使眼球突出，右手用镊子或止血钳迅速摘除眼球，迅速采集流出的血液。采集的血液置无菌离心管中，在室温或 4 ℃下血清析出，必要时经低温离心，10 000 r/min 离心 3 min，分离血清，−20 ℃或−80 ℃保存备用。

(2) 组织的采集。① 脑组织解剖：左手抓取小鼠尾巴，右手将小鼠脱臼处死。在Ⅱ级生物安全柜内将小鼠俯卧固定在解剖台上，消毒，用无菌解剖器械依次切开小鼠皮肤、打开颅骨。观察脑组织的外观有无异常。② 脑组织的处理：取脑组织，用甲醛固定后切片，进行组织病理学观察和免疫组织化学染色；或者取脑组织，放入标本冻存盒中，−80 ℃保存。可进一步做单层细胞接种，或提取病毒核酸或蛋白进一步检测。另外，也可以取脑组织，戊二醛固定，包埋，超薄切片，负染，电镜观察组织的超微病理学和病毒的结构。③ 其他组织的解剖：左手抓取小鼠尾巴，右手将小鼠颈椎脱臼处死。在Ⅱ级生物安全柜内将小鼠俯卧固定在解剖台上，消毒，用无菌解剖器械依次切开小鼠皮肤取出所需要的组织或器官。观察组织或器官的外观有无异常。

(三) 实验记录

1. 记录接种完毕后动物的一般情况，以及是否出现死亡。按阴性对照和实验组分别记录动物的进食、活动情况，以及动物的被毛外观、体重及相关感染症状和体征等。

2. 记录动物接种的过程,观察动物接种病毒后的生理学指征及异常反应。

3. 记录不同标本采样的结果。一般25 g左右的小鼠能取血0.8~1 mL,分离血清0.2~0.3 mL。

(四) 实验动物的处理

实验完毕后,感染动物尸体要统一焚烧。病毒污染的物品要及时消毒。

五、注意事项

1. 静脉接种时,可用酒精擦拭或加热的方法使尾静脉扩张,进针不必太深,确保扎入静脉后,再进行接种。

2. 颅内接种时,进针要适度,否则会导致动物死亡。

3. 采血时要将小鼠固定牢固,眼球要突出,摘眼球取血时,要用镊子将小鼠眼球底部的血管丛撕开摘下眼球,这样采集的血液会更多。

第四章　微生物的生长

实验一　细菌大小的测定

一、实验目的

学会测微尺的使用和计算方法及对球菌和杆菌的测量。

二、实验原理

微生物细胞的大小是其重要的形态特征，是细菌分类鉴定的重要依据之一。由于微生物菌体很小，只能借助显微镜利用特殊的测量工具——显微镜测微尺进行测量。显微镜测微尺是由镜台测微尺和目镜测微尺组成的，镜台测微尺为一中央有精细等分线的专用载玻片，一般 1 mm 的直线分成 100 个小格，每小格长 10 μm，是专用于校正目镜测微尺每格长度的；目镜测微尺是一块可放入目镜内的圆形玻璃片，在玻片中央把 5 mm 长度等分 50 份。测量时将其放入目镜的隔板上，用于测量经显微镜放大后的细胞物像。由于目镜测微尺每格所代表的长度随目镜、物镜的放大倍数而改变，同一显微镜在不同的目镜、物镜组合下其放大倍数是不一样的，目镜测微尺上的刻度只代表相对长度，因此使用前须用镜台测微尺进行标定，以求得一定放大倍数条件下，实际测量的目镜测微尺每格所代表的相对长度。然后根据细菌细胞相对于目镜测微尺的格数，计算出细胞的实际大小。

三、实验材料

1. 菌种：金黄色葡萄球菌，大肠杆菌的玻片标本。
2. 试剂：香柏油，二甲苯。
3. 器材：显微镜，目镜测微尺，镜台测微尺，擦镜纸。

四、实验方法

1. 测微尺的构造。目镜测微尺是一块圆形玻璃片，其中有精确的等分刻度，在 5 mm 刻尺上分 50 份（见图 4.1(a)）。目镜测微尺每格实际代表的长度随使用接目镜和接物镜的放大倍数而改变，在使用前必须用镜台测微尺进行标定。镜台测微尺为一专用的中央有精确等分线的载玻片（见图 4.1），一般将长为 1 mm 的直线等分成 100 个小格，每格长 0.01 mm 即 10 μm，是专用于校正目镜测微尺每格长度的。

2. 目镜测微尺的标定。把目镜的上透镜旋开，将目镜测微尺轻轻放在目镜的隔板上,使有刻度的一面朝下。将镜台测微尺放在显微镜的载物台上,使有刻度的一面朝上。先用低倍镜观察,调焦距,待看清镜台测微尺的刻度后,转动目镜,使目镜测微尺的刻度与镜台测微尺的刻度相平行,并使两尺左边的一条线重合,向右寻找另外一条两尺相重合的直线(见图 4.1(b))。

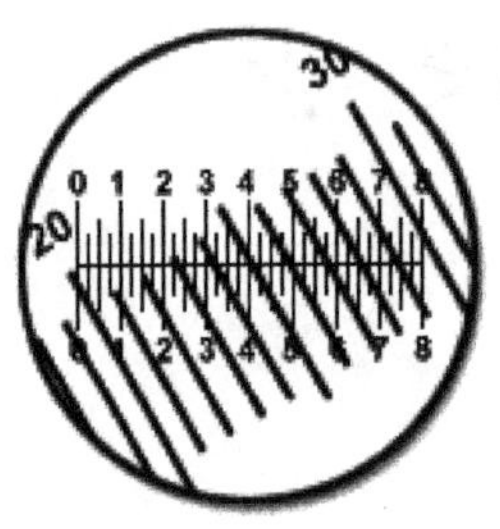

(a) 小格是镜台测微尺,大格是目镜测微尺

(b) 将两种测微尺的左端对齐,进行目镜测微尺的校正

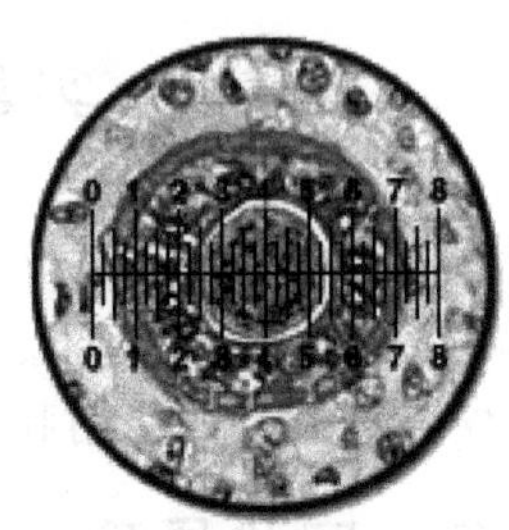

(c) 用镜台测微尺对样品大小进行测定

图 4.1 目镜测微尺的使用示意图

3. 计算方法如下:

目镜测微尺每格长度(μm)=两条重合线间镜台测微尺的格数×10÷两条重合线间目镜测微尺的格数。

例如,目镜测微尺 20 个小格等于镜台测微尺 3 个小格,已知镜台测微尺每格为 10 μm,则 3 小格的长度为 3×10 μm=30 μm,那么相应地在目镜测微尺上每小格的长度为 3×10 μm÷20=1.5 μm。用以上计算方法分别校正低倍镜、高倍镜及油镜下目镜测微尺每格的实际长度。

4. 菌体大小的测定。将镜台测微尺取下,分别换上大肠杆菌及金黄色葡萄球菌玻片标本,先在低倍镜和高倍镜下找到目的物,然后在油镜下用目镜测微尺测量菌体的大小。先量出菌体的长和宽占目镜测微尺的格数,再以目镜测微尺每格的长度计算出菌体的长和宽,并详细记录实验结果。

例如,目镜测微尺在这架显微镜下,每格相当于 1.5 μm,测量的结果,若菌体的平均长度相当于目镜测微尺的 2 格,则菌体长应为 3×1.5 μm=3.0 μm。

一般测量菌体的大小,应测定 10～20 个菌体,求出平均值,才能代表该菌的大小。

五、注意事项

1. 镜台测微尺的玻片很薄,在标定油镜头时,要格外注意,以免压碎镜台测微尺或损坏镜头。

2. 标定目镜测微尺时要注意准确对正目镜测微尺与镜台测微尺的重合线。

实验二　微生物的显微计数法

一、实验目的

明确血细胞计数板计数的原理；掌握使用血细胞计数板进行微生物计数的方法。

二、实验原理

显微镜直接计数法是将少数量待测样品的悬浮液置于一种特别的具有确定面积和容积的载玻片上，在显微镜下直接计数的一种简便、快速、直观的方法。目前国内外常用的计菌器有：血细胞计数板、Peteroff－Hauser 计菌器以及 Hawksley 计菌器等，它们都可用于酵母、细菌、霉菌孢子等悬液的计数，基本原理相同。后两种计菌器由于盖上盖玻片后，总容积为 0.02 mm^3，而且盖玻片和载玻片之间的距离只有 0.02 mm，因此可用油浸物镜对细菌等较小的细胞进行观察和计数。除了用这些计菌器外，还有在显微镜下直接观察涂片面积与视野面积之比的估算法，此法一般用于牛乳的细菌学检查。显微镜直接计数法的优点是直观、快速、操作简单。但此法的缺点是所测得的结果通常是死菌体和活菌体的总和。目前已有一些方法可以克服这一缺点，如结合活菌染色微室培养(短时间)以及加细胞分裂抑制剂等方法来达到只计数活菌体的目的。本实验以血球计数板为例进行显微镜直接计数。另外两种计菌器的使用方法可参看各厂商的说明书。

用血细胞计数板在显微镜下直接计数是一种常用的微生物计数方法。血细胞计数板的构造如图 4.2 所示。该计数板是一块特制的载玻片，其上由四条槽形成三个平台；中间较宽的平台又被一短横槽隔成两半，每一边的平台上各列有一个方格网，每个方格网共分为 9 个大方格，中间的大方格即为计数室。计数室的刻度一般有两种规格，一种是一个大方格分成 25 个中方格，而每个中方格又分成 16 个小方格(见图 4.3)；另一种是一个大方格分成 16 个中方格，而每个中方格又分成 25 个小方格，但无论是哪一种规格的计数板，每一个大方格中的小方格都是 400 个。每一个大方格边长为 1 mm，则每一个大方格的面积为 1 mm^2，盖上盖玻片后，盖玻片与载玻片之间的高度为 0.1 mm，所以计数室的容积为 0.1 mm^3(万分之一毫升)。

计数时，通常数 5 个中方格的总菌数，然后求得每个中方格的平均值，再乘以 25 或 16，就得出一个大方格中的总菌数，然后再换算成 1 mL 菌液中的总菌数。

设 5 个中方格中的总菌数为 A，菌液稀释倍数为 B，如果是 25 个中方格的计数板，则

$$1\ \text{mL 菌液中的总菌数} = A/5 \times 25 \times 10^4 \times B = 50\ 000A \times B \quad (\text{个})$$

同理，如果是 16 个中方格的计数板，则

$$1\ \text{mL 菌液中的总菌数} = A/5 \times 16 \times 10^4 \times B = 32\ 000A \times B \quad (\text{个})$$

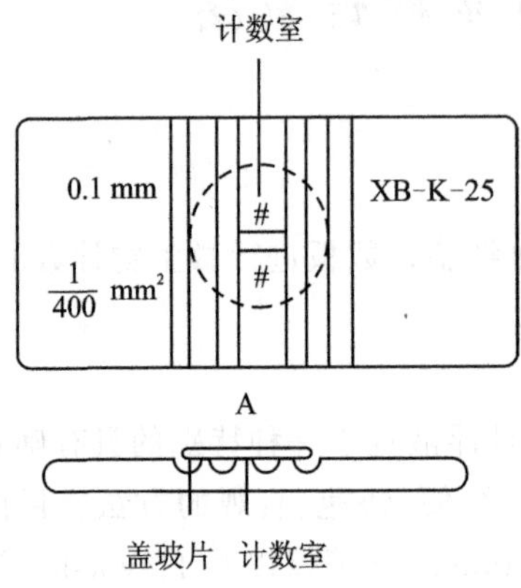

图4.2　血细胞计数板构造

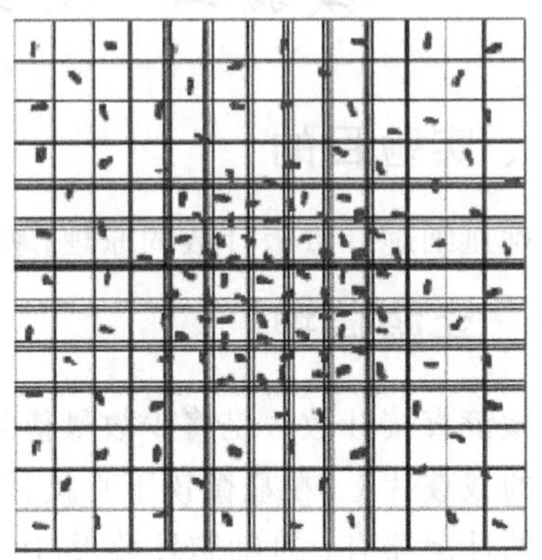
图4.3　血细胞计数板放大后的方格网

三、实验材料

1. 菌种：酿酒酵母。

2. 器材：血细胞计数板，盖玻片，移液器，微量移液器，显微镜。

四、实验方法

1. 菌悬液制备。以无菌生理盐水将酿酒酵母制成浓度适当的菌悬液。

2. 镜检计数室。在加样前，先对计数板的计数室进行镜检。若有污物，则需清洗，吹干后才能进行计数。

3. 加样品。将清洁干燥的血细胞计数板盖上盖玻片，再用无菌的移液器将摇匀的酿酒酵母菌悬液由盖玻片边缘滴一小滴，让菌液沿缝隙靠毛细渗透作用自动进入计数室，一般计数室均能充满菌液。也可以先在两个计数区各滴一滴样品，然后将盖玻片的一边放在血球计数板上，轻轻放下，把样品区全部盖上。注意：取样时先要摇匀菌液；加样时计数室不可有气泡产生。

4. 显微镜计数。加样后静止5 min，然后将血细胞计数板置于显微镜载物台上，先用低倍镜找到计数室所在位置，然后换成高倍镜进行计数。用油浸镜可以观察放大1 000倍的视野(见图4.4)，为了看清楚格子的边线，注意适当调节显微镜光线的强弱。

在计数前若发现菌液太浓或太稀，需重新调节稀释度后再计数。一般样品稀释度要求每小格内有5～10个菌体为宜。每个计数室选5个中格(可选4个角和中央的一个中格)中的菌体进行计数(见图4.4)。位于格线上的菌体一般只数上方和右边线上的。如遇酵母出芽，芽体大小达到母细胞的一半时，即作为两个菌体计数。计数一个样品要从两个计数室中计得的平均数值来计算样品的含菌量。

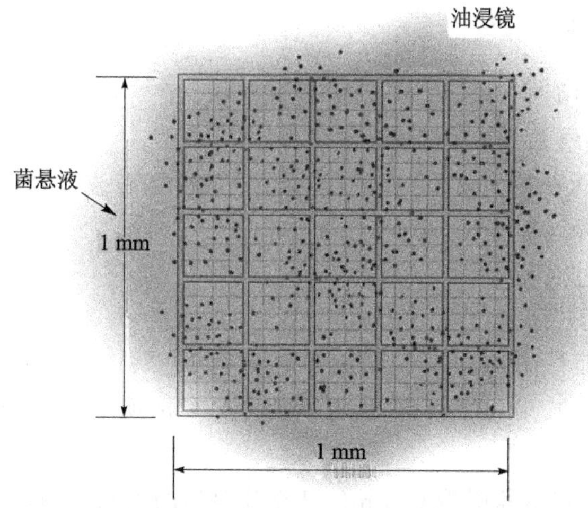

图 4.4 油浸镜下对中间大格中的细菌计数

5. 清洗血细胞计数板。使用完毕后，将血细胞计数板用水龙头冲洗干净，切勿用硬物洗刷，洗完后自行晾干或用吹风机吹干。镜检，观察每小格内是否有残留菌体或其他沉淀物。若不干净，则必须重复洗涤至干净为止。

实验三 微生物的平板菌落计数法

一、实验目的

学习平板菌落计数的基本原理和方法。

二、实验原理

平板菌落计数法是将待测样品经适当稀释后，使微生物充分分散成单个细胞，取一定量的稀释样液接种到平板上，经过培养，由每个单细胞生长繁殖而形成肉眼可见的菌落，即一个单菌落应代表原样品中的一个单细胞。统计菌落数，根据其稀释倍数和取样接种量即可换算出样品中的含菌数。但是，由于待测样品往往不易完全分散成单个细胞，所以，长成的一个单菌落也可来自样品中的 2～3 个或更多个细胞。因此平板菌落计数的结果往往偏低。为了清楚地阐述平板菌落计数的结果，现在已倾向使用菌落形成单位(Colony - Forming Units，CFU)而不以绝对菌落数来表示样品的活菌含量。

平板菌落计数法虽然操作较繁，结果需要培养一段时间才能取得，而且测定结果易受多种因素的影响，但是，其最大的优点是可以获得活菌的信息，所以被广泛用于生物制品检验，以及食品、饮料和水等的含菌指数或污染程度的检测。

三、实验材料

1. 菌种：大肠杆菌菌悬液。

2. 培养基：牛肉膏蛋白胨培养基。

3. 器材：1 mL无菌枪头，微量移液器，无菌平皿，盛有4.5 mL无菌水的试管，试管架，恒温培养箱等。

四、实验方法

1. 编号。取无菌平皿9套，分别用记号笔标明10^{-4}、10^{-5}、10^{-6}，每种稀释度取3套。另取6支盛有4.5 mL无菌水的试管，依次标明10^{-1}、10^{-2}、10^{-3}、10^{-4}、10^{-5}、10^{-6}。

2. 稀释。用微量移液器吸取0.5 mL已充分混匀的大肠杆菌菌悬液(待测样品)至10^{-1}的试管中，此即为10倍稀释。将10^{-1}试管置于试管振荡器上振荡，使菌液充分混匀。另取一支1 mL吸管插入10^{-1}试管中来回吹吸菌悬液3次，进一步将菌体分散、混匀。吹吸菌液时不要太猛太快，吸时吸管伸入管底，吹时离开液面，以免将吸管中的过滤棉花浸湿或使试管内液体外溢。用此1 mL枪头吸取10^{-1}菌液0.5 mL至10^{-2}试管中，此即为100倍稀释。其余依次类推，整个过程如图4.5所示。放菌液时枪头不要碰到液面，即每一支吸管只能接触一个稀释度的菌悬液，否则稀释不精确，结果误差较大。

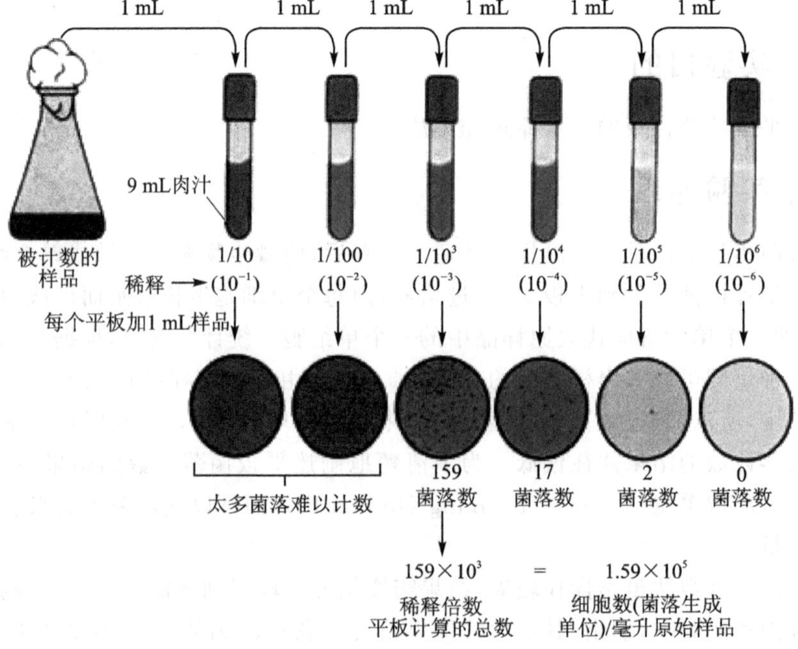

图4.5 涂布平板计数法操作和计算方法总图

3. 取样。用 3 支 1 mL 无菌吸管分别吸取 10^{-4}、10^{-5} 和 10^{-6} 的稀释菌悬液各 1 mL，对号放入无菌平皿中，每皿放 0.2 mL。

4. 倒平板。尽快向上述盛有不同稀释度菌液的平皿中倒入溶化后冷却至 45 ℃左右的牛肉膏蛋白胨培养基约 15 mL/平皿，置水平位置迅速旋动平皿，使培养基与菌液混合均匀，而又不使培养基荡出平皿或溅到平皿盖上。由于细菌易吸附到玻璃器皿表面，所以菌液加入到培养皿后，应尽快倒入溶化并已冷却至 45 ℃左右的培养基中，立即摇匀，否则细菌将不易分散或长成的菌落连在一起，影响计数。

5. 待培养基凝固后，将平板倒置于 37 ℃恒温培养箱中培养。

6. 计数。培养 48 h 后，取出培养平板，算出同一稀释度 3 个平板上的菌落平均数，并按下列公式进行计算：

每毫升中菌落形成单位(CFU)＝同一稀释度 3 次重复的平均菌落数×稀释倍数×5

一般选择每个平板上长有 30～300 个菌落的稀释度计算每毫升的含菌量较为合适。同一稀释度的 3 个重复对照的菌落数不应相差很大，否则表示试验不精确。实际工作中同一稀释度重复对照平板不能少于 3 个，这样便于数据统计，减少误差。由 10^{-4}、10^{-5}、10^{-6} 三个稀释度计算出的每毫升菌液中菌落形成的单位数也不应相差太大。

平板菌落计数法中，所选倒平板的稀释度是非常重要的。一般以三个连续稀释度中的第二个稀释度倒平板培养后所出现的平均菌落数在 50 个左右为好，否则要适当增加或减少稀释度加以调整。

平板菌落计数法的操作除上述倾注倒平板的方式以外，还可以用涂布平板的方式进行。二者操作基本相同，所不同的是后者先将牛肉膏蛋白胨培养基溶化后倒平板，待凝固后，在超静工作台上适当吹干，然后用无菌吸管吸取稀释好的菌液对号接种于不同稀释度编号的平板上，并尽快用无菌玻璃涂棒将菌液在平板上涂布均匀，平放于实验台上 20～30 min，使菌液渗入培养基表层内，然后倒置 37 ℃的恒温箱中培养 24～48 h。

涂布平板用的菌悬液量一般以 0.1 mL 为宜，如果过少则菌液不易涂布开，过多则在涂布完后或在培养时菌液仍会在平板表面流动，不易形成单菌落。

实验四　光电比浊法测定大肠杆菌生长曲线

一、实验目的

通过细菌数量的测量了解大肠杆菌的生物特征和规律，绘制生长线；学习光电比浊法测量细菌数量的方法。

二、实验原理

将一定量的细菌转入新鲜液体培养基中，在适宜的条件下培养细胞要经历延迟期、对数期、稳定期和衰亡期四个阶段。以培养时间为横坐标，以细菌数目的对数或生长速率为纵坐标作图所绘制的曲线称为该细菌的生长曲线。不同的细菌在相同的培养条件下其生长曲线不同，同样的细菌在不同的培养条件下所绘制的生长曲线也不相同。测定细菌的生长曲线，了解其生长繁殖规律，这对人们根据不同的需要，有效地利用和控制细菌的生长具有重要意义。

用于测定细菌细胞数量的方法已在上述实验作了介绍。本实验用分光光度计进行光电比浊测定不同培养时间细菌悬浮液的OD值，绘制生长曲线。也可以直接用试管或带有测定管的三角瓶和测定“klett units”值的光度计。只要接种1支试管或1个带测定管的三角瓶，在不同的培养时间取样测定，以测得的klett units为纵坐标，便可很方便地绘制出细菌的生长曲线。如果需要，则可根据公式1 klett units＝OD/0.002换算出所测菌悬液的OD值。

三、实验材料

1. 菌种：大肠杆菌(*E. coli*)。

2. 培养基：LB液体培养基70 mL，分装2支大试管(5 mL/支)，剩余60 mL装入250 mL的三角瓶。

3. 器材：分光光度计，水浴振荡摇床，无菌试管，无菌吸管等。

四、实验方法

1. 标记。取11支无菌大试管，分别标明培养时间，即0 h、1.5 h、3 h、4 h、6 h、8 h、10 h、12 h、14 h、16 h和20 h。

2. 接种。分别用5 mL无菌吸管吸取2.5 mL大肠杆菌过夜培养，转入盛有50 mL LB液的三角瓶内，混合均匀后分别取5 mL混合液放入上述标记的11支无菌大试管中。

3. 培养。将已接种的试管置摇床在37 ℃、振荡速率250 r/min下分别振荡培养0 h、1.5 h、3 h、4 h、6 h、8 h、10 h、12 h、14 h、16 h和20 h，将标有相应时间的试管取出，立即放冰箱中储存，最后一同比浊测定其光密度值。

4. 比浊测定。用未接种的LB液体培养基作空白对照，选用600 nm波长进行光电比浊测定。按取出顺序依次测定，对细胞密度大的培养液用LB液体培养基适当稀释后测定，使其光密度值在0.1～0.65之间。注意：测定OD值前，将待测定的培养液进行振荡，使细胞均匀分布。

实验五　核酸检测法绘制生长曲线

一、实验目的

学习核酸测定法绘制微生物生长曲线的原理和方法。

二、实验原理

核酸是微生物生活所必需的细胞成分，细菌生活所必需的全部遗传信息都储存在其中，而每个细胞的DNA含量相对恒定，平均为8.4×10^{-5} mg。同时，由于核酸分子所含的碱基中都有共轭双键，故具有吸收紫外线的性质。核酸的最大紫外线吸收波长在260 nm，而蛋白质的最大吸收波长在280 nm，利用这一特性可鉴别核酸样品中的蛋白质杂质对核酸进行定性、定量分析。因此可以通过从一定体积的微生物细胞悬液中提取DNA，测定样品在260 nm和280 nm下的紫外吸收而求得DNA含量，再计算相应的细胞总量。

三、实验材料

1. 菌种：地衣芽孢杆菌749/C菌株(*Baclicus lincheniformis* 749/C)，其遗传标记为红霉素抗性(Ery)，氨苄青霉素抗性(Amp)。

2. 培养基：肉汤培养基。

3. 试剂：TE缓冲液(1 mol/L Tris－HCl，pH值7.8，0.5 mol/L EDTA，pH值7.8)；重熏酚液：苯酚重熏后，用0.02 mol/L Tris－HCl 0.01 mol/L EDTA缓冲液(pH值7.8)饱和)；10% SDS；SSC溶液(在800 mL水中溶解175.3 g NaCl和88.2 g柠檬酸钠，加入数滴10 mol/L NaOH溶液调节pH值至7.0，加水定容至1 L，分装后高压灭菌)。

4. 器材：水浴振荡摇床，无菌三角瓶，无菌吸管，金属浴，NanoDrop超微量分光光度计或者紫外分光光度计。

四、实验方法

1. 标记。取11个无菌三角瓶，用记号笔分别标明培养时间，即0 h、1.5 h、3 h、4 h、6 h、8 h、10 h、12 h、14 h、16 h和20 h，并向每个三角瓶中加入45 mL肉汤培养基。

2. 接种。吸取5 mL地衣芽孢杆菌过夜培养液，或培养10～12 h，转入上述标记的11个无菌三角瓶中，为抑制杂菌而获得纯培养物，在上述培养物中加入终浓度为1 μg/mL的红霉素和10 μg/mL的氨苄青霉素。

3. 培养。将已接种的三角瓶置摇床在 37 ℃、振荡速率 250 r/min 下分别振荡培养 0 h、1.5 h、3 h、4 h、6 h、8 h、10 h、12 h、14 h、16 h 和 20 h，将标有相应时间的三角瓶取出，立即放冰箱中储存，待测。

4. 生长量测定。下面以培养 20 h 的培养物为例说明通过核酸测定法进行生长量测定的方法。

(1) 6 000 r/min 离心 10 min 收集菌体，用 TE 缓冲液洗涤细胞 1 次，将菌体充分悬浮于 4 mL TE 缓冲液中。

(2) 加入 0.1 mL 浓度为 2 mg/mL 的溶菌酶，使终浓度为 50 μg/mL，37 ℃保温 30 min。

(3) RNase 事先在 80 ℃加热 10 min，使可能混入的 DNase 失活。加入 0.1 mL 浓度为 2 mg/mL 的 RNase，37 ℃保温 30 min。

(4) 加入 0.5 mL 10%的 SDS 溶液，加入 0.1 mL 浓度 2 mg/mL 的蛋白酶 K，使终浓度为 100 μg/mL，37 ℃保存 30 min 或更长时间，直至混浊的溶液颜色变清为止。

(5) 加入 0.5 mL 重熏酚，轻轻摇动 2～5 min，使其混合。5 000 r/min 离心 10 min，小心地取水相移入透析袋，用 100 倍体积的 0.1×SSC 液透析 1 次，4 ℃过夜。再用 1×SSC 液透析 3 次。

(6) 将透析后的 DNA 样品置于烧杯中，加入 2.5 倍体积的 95%冰冷乙醇，用玻璃棒慢慢搅动，把 DNA 沉淀在棒上。把棒上的 DNA 溶于 1×SSC 液中直至饱和。如果在 SSC 液中有少量 DNA 不能完全溶解，则可置于 4 ℃的冰箱中过夜，使其溶解。此阶段制备的 DNA 样品可以直接用于细菌转化实验。

(7) 用 NanoDrop 超微量分光光度计测定 DNA 纯度和浓度。DNA 吸收高峰为 260 nm，蛋白质的吸收高峰为 280 nm，OD_{260}∶OD_{280} 的值应接近于 2；如果该比值小于 1.8，则说明样品不纯，蛋白质未去净，需用重熏酚再次处理。

5. 将不同时间的培养物均按步骤 4 进行生长量的测定，并记录测定结果。DNA 浓度的计算：260 nm 处的一个 OD 单位相当于 50 μg DNA。

6. 绘制地衣芽孢杆菌生长曲线。以培养时间为横坐标，以 OD_{260} 值为纵坐标，绘制生长曲线。

第五章　微生物的控制

实验一　湿热灭菌法

一、实验目的

了解湿热灭菌法的基本原理;掌握流通蒸汽灭菌法、间歇蒸汽灭菌法和高压蒸汽灭菌法,并比较不同方法的优缺点。

二、实验原理

湿热灭菌法是指用饱和水蒸气、沸水或流通蒸汽进行灭菌的方法,以高温高压水蒸气为介质,由于蒸汽潜热大,穿透力强,容易使蛋白质和核酸变性而凝固,最终导致微生物的死亡。具体机制是蒸汽使分子中的氢键分裂,当氢键断裂时,蛋白质及核酸内部结构被破坏,进而丧失了原有功能。蛋白质及核酸的这种变性可以是可逆的,也可以是不可逆的。若氢键破裂的数量未达到微生物死亡的临界值,则其分子很可能恢复到它原有的形式,微生物就没有被杀死。为有效地使蛋白质变性,就需要水蒸气有足够的温度和持续时间,这对灭菌效果十分重要。湿热灭菌法可分为:高压蒸汽灭菌法、流通蒸汽灭菌法和间歇蒸汽灭菌法等。

由于温度过高会使明胶丧失凝固能力,所以明胶培养基以采用间歇蒸汽灭菌法为宜,而马铃薯中含有抵抗能力甚强的马铃薯杆菌,所以使用间歇蒸汽灭菌法时需连续灭菌 4～5 次,或者在 121 ℃下灭菌 30 min。

三、实验材料

1. 器材:半自动高压灭菌锅,Arnold 消毒器(或普通蒸笼),恒温培养箱。
2. 培养基:选择马铃薯培养基,一种明胶培养基,一种琼脂固体培养基。

四、实验方法

1. 将准备好的三种培养基分别用下面三种湿热灭菌方法进行灭菌。
2. 具体灭菌方法如下:

(1) 流通蒸汽消毒法。在常压条件下,采用 100 ℃流通蒸汽加热杀灭微生物,灭菌时间通常为 30～60 min。

(2) 间歇蒸汽灭菌法。利用反复多次的流通蒸汽加热,杀灭所有微生物,包括芽孢。其方法同流通蒸汽灭菌法,但要重复 3 次以上,每次间歇是将要灭菌的物体放到

37 ℃孵箱过夜,目的是使芽孢萌发。若被灭菌物不耐100 ℃高温,则可将温度降至75～80 ℃,加热延长为30～60 min,并增加次数。

(3) 高压蒸汽灭菌法。

① 首先将内层灭菌桶取出,再向外层锅内加入适量的水,使水面与三角搁架相平为宜。

② 放回灭菌桶,并装入待灭菌物品。注意不要装得太挤,以免妨碍蒸汽流通而影响灭菌效果。三角烧瓶与试管口端均不要与桶壁接触,以免冷凝水淋湿包口的纸而透入棉塞。

③ 加盖,注意盖子上的胶圈位置,旋紧螺栓的时候要均匀用力,要求盖得平而严实。

④ 通电,打开排气阀,排除锅内的冷空气。待冷空气完全排尽后,或者水开后,继续放冷空气10 min,关上排气阀,让锅内的温度随蒸汽压力增加而逐渐上升。当锅内压力升到所需压力时,即121.3 ℃,灭菌15～30 min。

⑤ 灭菌所需时间到后,切断电源,让灭菌锅内温度自然下降,当压力表的压力降至0时,打开排气阀,旋松螺栓,打开盖子,留一个小缝隙,待锅内水的余温把包扎用的报纸等烤干,再取出灭菌物品。

⑥ 将取出的灭菌培养基放入37 ℃温箱放置24 h,经检查若无杂菌生长,即可待用。

注意:现在有条件的实验室都开始使用全自动高压灭菌锅,操作比较简单。

实验二　干热灭菌法

一、实验目的

了解干热灭菌法的基本原理;掌握火焰灭菌法、干热空气灭菌法等一些常用的干热灭菌法。

二、实验原理

干热灭菌法是指在干燥环境(如火焰或干热空气)下进行灭菌的技术。高温能破坏菌体蛋白质与核酸中的氢键,使蛋白质变性或凝固、核酸破坏、酶失去活性,直至微生物死亡。在干热状态下,由于热穿透力较差,微生物的耐热性较强,必须长时间受高温的作用才能达到灭菌的目的。因此,干热空气灭菌法采用的温度一般比湿热灭菌法高。为了保证灭菌效果,一般规定:135～140 ℃灭菌3～5 h;160～170 ℃灭菌2～4 h;180～200 ℃灭菌0.5～1 h。

细菌的繁殖体在干燥状态下,80～100 ℃、1 h可被杀死;芽孢需要加热至160～170 ℃、2 h才能被杀灭。干热灭菌的方法有:① 焚烧,用火焚烧是一种彻底的灭菌

方法，破坏性大，仅适用于废弃物品或动物尸体等。② 烧灼，直接用火焰灭菌，适用于实验室的金属器械（镊子、剪子、接种环等）、玻璃试管口和瓶口等的灭菌。③ 干烤，在干烤箱内进行，加热至 160～170 ℃维持 2 h，可杀灭包括芽孢在内的所有微生物，适用于耐高温的玻璃器皿、瓷器、玻璃注射器等。④ 红外线，以 1～10 μm 波长的热效应最强，红外线的热效应只能在照射到的表面产生，不能使物体均匀加热，常用于碗、筷等食具和医疗器具的灭菌。⑤ 微波，波长为 1～1 000 mm 的电磁波统称为微波，可穿透玻璃、塑料薄膜与陶瓷等物质，但不能穿透金属表面。一般认为其杀菌机理除热效应以外，还有电磁共振效应、场致力效应等的作用。微波炉的热效应分布不均匀，灭菌效果不可靠，常用于非金属器械及食具消毒。红外线接种环灭菌仪如图 5.1 所示。

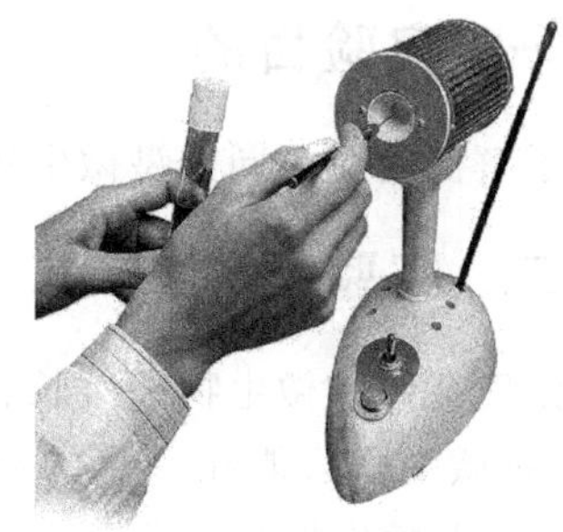

图 5.1 红外线接种环灭菌仪

三、实验材料

器材：烘箱，红外线烤箱，红外线接种环灭菌仪，紫外灯，微波炉，酒精灯。

四、实验方法

1. 干烤。将玻璃器皿、瓷器等放入烘箱内，加热至箱内温度达到 160～180 ℃，灭菌 2 h。待温度冷却后，便可取出。

2. 烧灼。将接种针、试管口、瓶口或一些不怕热的金属直接放到酒精灯火焰上烧灼。

3. 红外线。将医疗器械放入红外线烤箱内，灭菌所需的温度和时间为 160～180 ℃，灭菌 2 h。

4. 紫外线。适合于实验室空气、地面、操作台面灭菌。灭菌时间为 30 min。用紫外线杀菌时应注意，不能边照射边进行实验操作。

5. 微波。消毒中常用的微波有 2 450 MHz 与 915 MHz 两种。微波照射多用于食品加工。在医院中可用于检验室用品、非金属器械的消毒。

注意：人长时间受红外线照射会感觉眼睛疲劳及头疼；长期照射会造成眼内损伤。因此，工作人员至少应戴能防红外线伤害的防护镜。紫外线不仅对人体皮肤有伤害，而且对培养物及一些试剂等也会产生不良影响。微波长期照射可引起眼睛的晶状体混浊、睾丸损伤和神经功能紊乱等全身性反应，因此必须关好门后才开始操作。

实验三　温度对微生物的影响

一、实验目的

了解温度对不同类型微生物生长的影响;学习测定微生物最适生长温度的方法。

二、实验原理

温度能影响微生物的生长、繁殖和新陈代谢,每种微生物都有它的生长温度范围,每种微生物只能在一定的温度范围内生长。低温微生物最高生长温度不超过20 ℃,中温微生物的最高生长温度不超过45 ℃,而高温微生物能在45～100 ℃的温度条件下正常生长,在深海中一些微生物甚至能在100 ℃以上的热泉中生存。

三、实验材料

1. 菌种:培养24 h的枯草杆菌和大肠杆菌,培养72 h的黑曲霉或青霉。
2. 培养基:牛肉膏蛋白胨琼脂斜面培养基,马铃薯葡萄糖斜面培养基。
3. 器材:酒精灯,接种针,冰箱,恒温箱。

四、实验方法

1. 接种。

(1) 在5支牛肉膏蛋白胨琼脂培养基上都接种上枯草杆菌,接种时用画线法。

(2) 在5支牛肉膏蛋白胨琼脂斜面上都接种上大肠杆菌,接种时用画线法。

(3) 在5支马铃薯葡萄糖培养基斜面上接种曲霉或青霉,接种时用点接法。

2. 培养与观察。

(1) 培养。将上述接种好的菌种,分别放入0 ℃、15 ℃、30 ℃、37 ℃、50 ℃五种温度下培养。

(2) 观察。培养48 h后观察,记录实验结果。一般用“－”表示不生长,“＋”表示生长一般,“＋＋”表示生长良好。

实验四　紫外线对微生物的影响

一、实验目的

学习紫外线的杀菌作用原理;掌握紫外线杀菌实验方法。

二、实验原理

紫外线对微生物有强烈的致死作用,波长 260 nm 的紫外线杀菌能力很强。其杀菌机制是短波的紫外线引起细胞核酸变性导致微生物死亡。微生物对紫外线的吸收与剂量有关,剂量的高低取决于紫外灯的功率、照射距离与照射时间。在本实验中采取了 15 W 紫外灯,在距灯 30 cm 处通过改变照射时间来处理微生物。紫外线虽有较强的杀菌能力,但其穿透力很弱,普通玻璃、薄纸、水层等均能阻止其透过。

三、实验材料

1. 菌种:培养 24～48 h 的金色葡萄球菌,粘质沙雷氏菌。

2. 培养基:牛肉膏蛋白胨培养基。

3. 器材:无菌水,无菌培养皿,微量移液器,灭菌五角星图案纸(牛皮纸或黑纸),玻璃刮铲,紫外灯箱。

四、实验方法

1. 制平板。取 6 套无菌培养皿,将已融化并冷却至 45 ℃左右的牛肉膏蛋白胨琼脂培养基倒入平皿中,制成平板。

2. 菌悬液制备。取 2 支装有无菌水的试管,以无菌操作的方法分别取金黄色葡萄球菌和粘质沙雷氏菌各 2 环,接入无菌水中充分摇匀,制成菌悬液。

3. 接种。将已倒入培养基的平皿分为 2 组,每组 3 个,一组接金黄色葡萄球菌,一组接沙雷氏菌,用无菌吸管吸取已制好的菌悬液各 0.1 mL,分别接种于 2 组平板上,用无菌玻璃刮铲均匀涂布,随即用无菌镊子夹取无菌图案纸一张,小心放在接种好的平皿中央(见图 5.2)。

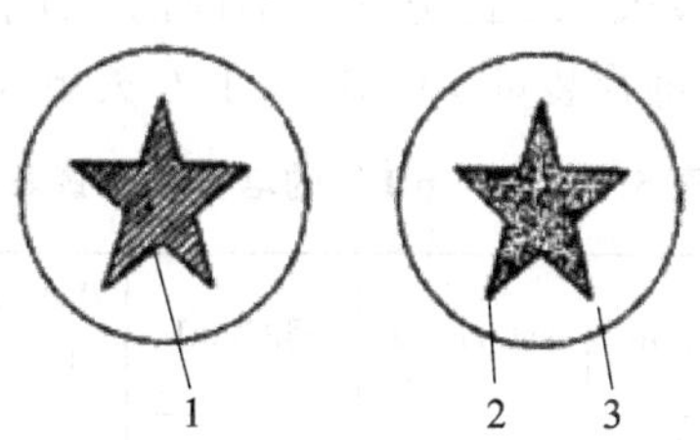

1—图案纸;2—细菌生长圈;3—无菌生长区

图 5.2 检查紫外线对微生物生长影响的实验方法

4. 分组。将接种的 6 个平皿分为 3 组,每组一个粘质沙雷氏菌、一个金黄色葡萄球菌。

5. 紫外线处理。将紫外灯打开预热 2～3 min,再将上述平皿置于紫外灯下,打开皿盖,在 30 cm 距离处照射。第一组照 1 min,第二组照 5 min,第三组照 10 min,小心地取下图案纸,盖上皿盖。用黑布或厚纸遮盖,送入培养箱。

6. 培养。将平皿于 28～30 ℃温度下培养 48 h。

实验五　氢离子浓度对微生物的影响

一、实验目的

了解氢离子浓度对微生物生长发育的影响;学习测定微生物生长最适pH值的方法。

二、实验原理

微生物生长繁殖需要一定的酸碱度即pH值环境,H^+浓度影响微生物对营养物质的吸收和生化反应。一般细菌适于中性环境,放线菌适于偏碱性环境,酵母菌和霉菌则适于在微酸性环境中生长,若超出其适应的pH值范围,微生物生长将受到抑制或不能生长。

三、实验材料

1. 菌种:培养24 h大肠杆菌斜面菌种,培养5 d的吸水链霉菌5102斜面菌种,培养3 d的黑曲霉斜面菌种。
2. 培养基:牛肉膏蛋白胨培养液。
3. 试剂:4.14% K_2HPO_4,1.22%硼酸,0.8% NaOH,1.92%柠檬酸,无菌水。
4. 器材:1 mL无菌吸管,接种环,15 mL试管,pH计。

四、实验方法

1. 培养基制备。分组按表5.1配方配置不同的pH值培养基,并用pH计校正pH值,然后分装入试管中,每管装量10 mL,121 ℃灭菌30 min,备用。

表5.1　不同pH值的培养基配置表

试管序号	K_2HPO_4/mL	柠檬酸/mL	NaOH/mL	硼酸/mL	牛肉膏蛋白胨培养液/mL	总量/mL	pH值(近似值)
1	0.3	1.7	—	—	8	10	2.8
2	0.9	1.1	—	—	8	10	4.4
3	1.1	0.9	—	—	8	10	5.2
4	1.3	0.7	—	—	8	10	6.0
5	1.5	0.5	—	—	8	10	6.8
6	1.9	0.1	—	—	8	10	7.6
7	—	—	0.3	1.7	8	10	8.4
8	—	—	0.7	1.3	8	10	9.2
9	—	—	1.0	1.0	8	10	10.0

2. 接种培养。取3组不同的pH值培养基,用接种环向试管中分别接入大肠杆菌、吸水链霉菌、黑曲霉,在37 ℃下培养48 h。

3. 检查结果。取出培养物,观察并记录结果。用“－”表示不生长,“＋”表示生长一般,“＋＋”表示生长良好。

实验六　化学药剂对微生物的影响

一、实验目的

了解化学药剂的杀菌和消毒作用;掌握常用消毒剂的浓度和使用方法。

二、实验原理

一些化学药剂对微生物的生长有抑制或杀死作用。因此,在实验室和生产上常用某些化学药剂进行杀菌或消毒。不同药剂或同一药剂对不同微生物的杀菌能力不同。此外,药剂浓度、作用时间及环境条件不同,其效果也不一样。

三、实验材料

1. 菌种:培养24～28 h的大肠杆菌,枯草杆菌,金黄色葡萄球菌斜面菌种。

2. 培养基:蛋白胨琼脂培养基。

3. 试剂:1 g/L $HgCl_2$,50 g/L 石碳酸,200 g/L 链霉素,200 g/L 青霉素,无菌水。

4. 器材:无菌平皿,1 mL无菌吸管,直径0.6 cm的无菌圆形滤纸片。

四、实验方法

1. 制平板。取无菌平皿3套,将已熔化并冷却至45 ℃左右的牛肉膏蛋白胨琼脂培养基倒入平皿中,制成平板。

2. 制备菌悬液。取装有无菌水的3支试管,用接种环分别取大肠杆菌、枯草杆菌和金黄色葡萄球菌各1～2环接入无菌水中,充分混匀,制成菌悬液。

3. 接种。用无菌吸管分别吸取已制好的菌悬液0.1 mL接种于平板上,用无菌玻璃刮铲涂匀。注意做好标记。

4. 浸药。将灭菌滤纸片分别浸入4种供试药剂中。

5. 加药剂。用无菌镊子夹取浸药滤纸片,注意把药液沥干,分别平铺于同一含菌平板上,注意药剂之间勿互相沾染,并在平皿背面做好标记。

6. 培养。将平皿置于28 ℃下培养48～72 h后观察结果。观察滤纸片周围有无抑菌圈产生,并测量抑菌圈直径。

实验七　控制微生物的化学方法

一、实验目的

学习控制微生物的化学方法的基本原理;掌握多种试剂的消毒、灭菌以及抑制微生物的实验方法。

二、实验原理

化学方法中主要有营养物质控制和化学物质抑制两种。微生物没有必需的营养物质就无法生长繁殖,如控制碳源、氮源、微量元素或必需的维生素等,都可以抑制或控制微生物的生长繁殖。某些化学物质能抑制微生物生长甚至杀灭微生物,如砷、铅等有毒元素,氰化钾、氰化钠等有毒化合物,抗生素等。其原理是破坏微生物中大分子物质的结构,使这些物质失去活性或正常的生理功能,抑制微生物生长或致微生物死亡,达到控制微生物的最终目的。

三、实验材料

1. 菌种:细菌,真菌,结核杆菌,细胞芽孢及各种病毒等。

2. 试剂:70%～75%乙醇,0.05%～0.1%新洁尔灭,0.2%～0.3%过氧乙酸,2%汞溴红,二氯化汞。

3. 溶液的配制:

2%来苏尔:甲酚 500 g,植物油 173 g,NaOH 27 g,蒸馏水1 000 mL。

四、实验方法

1. 来苏尔。通过损伤细胞膜灭活酶类,使蛋白质变性等机制发挥杀菌作用。配制 2%的来苏尔,用于对地面、桌面、皮肤等的消毒。该消毒法可有效杀灭细菌繁殖体、真菌、结核杆菌和灭活大部分病毒,但不能杀灭细菌芽孢;对乙肝病毒的灭活效果不肯定。

2. 新洁尔灭。通过损伤细胞膜、灭活氧化酶等活性,沉淀蛋白质等机制发挥杀菌作用。消毒浓度为 0.05%～0.10%,用于外科手术洗手、浸泡手术器械、皮肤黏膜消毒、伤口冲洗消毒等。新洁尔灭的抑菌作用强而杀菌作用弱,对多种细菌具有抑制或杀灭作用,对结核杆菌和细菌芽孢无杀灭作用;对流感病毒、牛痘病毒、疱疹病毒等具有灭活作用,但对多数肠道病毒灭活效果较差,不能灭活乙肝病毒。

3. 过氧乙酸。通过氧化作用,破坏细菌酶系统及酸化作用等机制发挥杀菌效果。消毒浓度为 0.2%～0.3%,用于被排泄物污染的物品和体温计、压舌板、透析器、餐具、塑料、玻璃器材、房间空气等的消毒。对细菌繁殖体、真菌、结核杆菌、细菌

芽孢、各种病毒等具有高效、快速的杀灭作用。

4. 乙醇。通过蛋白质变性、凝固、干扰代谢等机制发挥杀菌作用。消毒浓度为70%～75%，用于手、皮肤、光滑物体表面的消毒和皮肤消毒脱碘。对细菌繁殖体、真菌、多数病毒都具有较强的杀灭作用，但不能杀灭细菌芽孢。

5. 重金属。高浓度的重金属及其化合物都是有效的杀菌剂或防腐剂，常用汞及其衍生物。二氯化汞又称升汞1∶(500～2 000)溶液可杀灭大多数细菌，腐蚀金属，对动物有剧毒，常用于组织分离时外表消毒和器皿消毒。汞溴红又称红汞，2%红汞水溶液即红药水常用于消毒皮肤、黏膜及小创伤，不可与碘酒共用。

第六章　微生物的代谢、生理生化反应

实验一　糖类发酵试验

一、实验目的

学习细菌发酵糖类测定的方法，了解各类细菌发酵糖类后如何进行鉴别。

二、实验原理

糖类是各类化能有机营养微生物生长良好的碳源和能源。糖的种类很多，结构差别较大，不同的微生物对各种糖的利用情况差别较大，这可能和微生物产生的不同酶系有关，当在培养基中加入一些鉴别性的化学试剂时，从外观颜色和其他物理性状的变化，就可以直观地观察到微生物对糖类的利用情况。例如，一些微生物利用糖类可产酸、产气，有些只产酸不产气，还有一些微生物对某些糖类根本就不能利用。产酸可以通过加入酸碱指示剂予以鉴别，而产气则可以在发酵管中倒置一小杜氏管，观察小管顶部是否有气体产生，气体多时，小管在液体中上浮。

三、实验材料

1. 菌种：大肠杆菌，枯草芽孢杆菌等斜面菌种，培养 24～48 h 备用。

2. 培养基：糖发酵基础培养基，蛋白胨 10.0 g，NaCl 5.0 g，各种糖类（如葡萄糖、蔗糖、乳糖、甘露糖等）10 g（注意：一种培养基中只加一种糖，使糖的终浓度约为 1%），水 1 000 mL，调节 pH 值为 7.4，每 1 000 mL 培养基中再加入 1 mL 1.6% 溴甲酚紫（BCP，pH 值在 6.8 以上时，呈紫色；pH 值在 5.2 以下时，呈黄色），常规灭菌即可。

3. 器材：接种杯，酒精灯，试管，三角瓶，烧杯，水浴锅，恒温振荡培养箱，杜氏管。

四、实验方法

1. 接种与培养。取含 4 种糖发酵液的杜氏发酵管各 6 支，按照无菌操作的要求分别接入大肠杆菌和枯草芽孢杆菌，设置两次重复，并以两支不接种的试管为对照。做好标记，置于 37 ℃保温箱培养 24 h、48 h、72 h 后观察，有时培养时间还可延长到 5～7 d。

2. 结果观察。定期观察实验现象，并做好记录，分析该菌对各种糖类的利用情况。

实验二　乙醇发酵试验

一、实验目的

掌握乙醇发酵的基本原理和乙醇含量的测定方法。

二、实验原理

在无氧条件下，酵母菌利用己糖发酵生成乙醇和 CO_2，称为乙醇发酵。生成的乙醇可以在有硫酸的情况下与重铬酸钾反应，颜色从红色变为绿色。

三、实验材料

1. 菌种：酿酒酵母。
2. 培养基：酵母斜面培养基(YDP)，酵母液体培养基。
3. 试剂：1% $K_2Cr_2O_7$ 溶液，10% H_2SO_4 溶液，10% NaOH 溶液。
4. 器材：接种杯，酒精灯，试管，三角瓶，烧杯，水浴锅，恒温振荡培养箱，杜氏管。

四、实验方法

1. 液体种子的制备和发酵液的接种培养。

(1) 活化酿酒酵母，培养 18～24 h，取菌种一环接入 150 mL 三角瓶中，28～30 ℃振荡培养 24 h，作为液体种子。

(2) 以 5%的接种量接种于 250 mL 三角瓶和 ϕ18 mm×180 mm 试管，28～30 ℃培养 24～36 h 后观察结果。

(3) 生成 CO_2 的检测。先观察三角瓶中的发酵液有无泡沫或气泡逸出，再观察发酵试管中的杜氏管有无气体聚集，试管是否上浮等现象。

(4) 取 10% NaOH 溶液 1 mL 注入发酵试管内，轻轻搓动发酵管，观察液面是否上升。

2. 乙醇生成的检验。

(1) 打开 250 mL 三角烧瓶棉塞，闻闻有无乙醇气味。

(2) 从 250 mL 三角瓶中取出发酵液 5 mL，注入空试管中，再加 10% H_2SO_4 溶液 2 mL，接着向试管中滴加 1% $K_2Cr_2O_7$ 溶液 10～20 滴，观察试管溶液颜色变化。

实验三　乳酸发酵试验

一、实验目的

学习乳酸发酵的原理、条件、产物和作用。

二、实验原理

在厌氧条件下,微生物分解己糖产生乳酸的过程称为乳酸发酵。引起乳酸发酵的微生物种类很多,其中主要是细菌,能利用可发酵糖产生乳酸的细菌通称为乳酸细菌。常见的乳酸细菌有乳酸链球菌(*Streptococcus lactis*)、乳酸菌(*Lactobacterium*)等。乳酸发酵累积的乳酸使环境的 pH 值降低,从而抑制了腐败细菌的生长。酿造生产中,大都不同程度地存在乳酸发酵过程,它对增进酿造调味品风味有一定的帮助。

三、实验材料

1. 发酵原料:萝卜,甘蓝或其他含糖分多且质地较硬的蔬菜。

2. 试剂:NaCl,正丁醇,苯甲醇,甲酸,0.04%溴酚蓝乙醇溶液,0.1 mol/L NaOH,10% H_2SO_4,20 g/L $KMnO_4$,2%乳酸溶液,含氨硝酸银溶液,革兰氏染色液等。

3. 器材:发酵栓,三角瓶,量筒,10 mL 吸管,小刀,菜板,pH 试纸,白色反应盘,电子天平,层析缸,喉头喷雾器,吹风机,玻璃毛细管,大头针,新华 1 号滤纸(4 cm×15 cm),显微镜,振荡器。

四、实验方法

1. 发酵装置。量取自来水 100 mL,称取食盐 6～8 g,放入 150 mL 三角瓶中。将萝卜或甘蓝洗净、切块,投入三角瓶所装 NaCl 溶液中,至瓶高 2/3 处,摇匀后,用 pH 试纸测试溶液的 pH 值,记录。在三角瓶口加发酵栓塞紧,发酵栓侧管盛水至淹没内层小管口,以隔绝空气,制造厌氧环境。

2. 培养。做好标记,置 28 ℃条件下培养 1 周后,检查发酵结果。

3. 发酵液酸度检查。打开发酵栓,先嗅闻瓶内有无酸气味散出,再以 pH 试纸测 pH 值,与开始的 pH 值做比较,记录。

4. 乳酸定性检查。

(1) 高锰酸钾反应法:取发酵液 10 mL 放入试管中,加 10% H_2SO_4 1 mL,煮沸后再加入 20 g/L $KMnO_4$ 数滴,取滤纸一条,在含氨硝酸银溶液中浸湿后盖住管口,继续加热使有气体产生。若滤纸变黑,则证明有乳酸生成。其反应原理如下:

$$2KMnO_4 + 3H_2SO_4 \rightarrow K_2SO_4 + 2MnSO_4 + 3H_2O + 5[O]$$

$$CH_3CHOHCOOH + [O] \rightarrow CH_3CHO + CO_2 + H_2O$$

$$CH_3CHO + 2Ag(NH_3)_2OH \rightarrow CH_3COONH_4 + 2Ag\downarrow + H_2O + 3NH_3$$

(2) 纸层析法如下:

① 点样。将新华 1 号滤纸裁成 4 cm 宽的纸条。在滤纸下方 3 cm 处用铅笔画一条直线,标出样品点与对照点(两点间距离约 2 cm)。取粗细近似的毛细管两根,

一根取 2% 乳酸溶液点在对照点上，每点一次用吹风机冷风吹干，连续点 3 次，每次点样直径为 0.3 cm 左右。另一根毛细管取发酵液点在样品点上，同样连续点 3 次。

② 展层。将点好样品的滤纸放入装有展开剂的层析缸中饱和 2～4 h，注意不要让纸粘上展开剂，然后将滤纸下端浸入展开剂约 1.5 cm，注意样点不能浸入展开剂，在室温下展开层析，展开距离为 8～12 cm，待溶剂走至距滤纸顶端约 2 cm 处时，取出滤纸。

③ 展开剂。水∶苯甲醇∶正丁醇以1∶5∶5的量混合后，再加入 1%的甲酸，在振荡器上充分混合。

④ 滤纸干燥。取出滤纸，自然风干或用吹风机冷风吹干滤纸至无甲酸气味。

⑤ 显色。用大头针将吹干的滤纸条钉在木板上，用喷雾器将 0.04%的溴酚蓝乙醇溶液（注意喷前用 0.1 mol/L NaOH 调至微碱性）喷在纸条上，观察样品上行位置上是否有黄色斑点，并与对照点比较产生黄色斑点的位置，用铅笔画好，根据 Rf 值可确定是否含乳酸。Rf＝样品点到层析点中心距离/溶剂原点到溶剂前沿距离。在本实验条件下，按同样方法应用标准乳酸点样 2～3 点，求其 Rf 平均值，以进行对比。

5. 镜检。取发酵液涂片，革兰氏染色，镜检，观察乳酸菌、乳酸链球菌的形态特征。

实验四　TTC 试验

一、实验目的

学习 TTC 试验的反应原理、操作步骤和用途。

二、实验原理

某些细菌菌体内含有脱氢酶，能将相应的作用物进行氧化，TTC（氯化三苯基四氮唑盐酸盐）为无色化合物，它可以接受来自脱氢酶的氢，形成红色的甲臜。通过红色的有无和深浅，可以判断脱氢酶的有无和多少，而且甲臜不再被氧气所氧化，所以实验不必在无氧或密闭的条件下进行。

三、实验材料

1. 菌种：肠道弯曲菌（*Campylobacter intestinalis*）和空肠弯曲菌（*Capylobacter jejuni*）。

2. 培养基：TTC 琼脂平板培养基。

3. 器材：酒精灯，接种环，酒精棉球，凡士林，镊子，小段蜡烛，小层析缸，恒温箱等。

四、实验方法

1. 将TTC琼脂培养基加热融化后倒入无菌平板中,待其冷却后,将保存好的肠道弯曲菌和空肠弯曲菌分别以画线法接种于平板上。

2. 将平板倒放于干净的层析缸内。

3. 在平板的上面放置一个空的培养皿,将小段蜡烛点燃,用蜡油粘到空皿上。

4. 立即盖严层析缸盖,并用凡士林封口。

5. 将层析缸放入43 ℃恒温箱中培养48 h。

6. 观察结果,在TTC平板上生长为红色菌落者为TTC试验阳性,而非红色菌落者为阴性。

实验五　石蕊牛奶试验

一、实验目的

了解石蕊牛奶产生变化的原理,学习细菌鉴定的方法。

二、实验原理

牛奶中主要含有乳糖和酪蛋白等,它们不仅是细菌生长发育的良好培养基,而且可用于测定细菌的生理生化特性。不同的细菌对牛奶各成分的分解利用是不同的,常用石蕊作为酸碱指示剂和氧化还原指示剂。石蕊在中性时呈淡紫色,酸性时呈红色,碱性时呈蓝色,还原时自下而上褪色变白,可以此特征来鉴定细菌的种类。

三、实验材料

1. 菌种:培养24 h的大肠杆菌,枯草芽孢杆菌斜面菌种。

2. 试剂:石蕊牛奶培养基。

3. 器材:接种环,试管,恒温培养箱等。

四、实验方法

取石蕊牛奶培养基6管,除2管不接种作对照外,其余4管用接种环分别接入大肠杆菌和枯草芽孢杆菌,每菌重复2管。接种完毕,置30 ℃条件下保温培养。

五、结果观察

于1 d、3 d、5 d、7 d、14 d分别观察一次,记录结果。细菌对牛奶的作用有6种情况:① 产酸,细菌发酵乳糖产酸,使石蕊变红;② 产碱,细菌分解酪蛋白产生氨等碱性物质,使石蕊变蓝;③ 胨化,细菌产生蛋白酶,使酪蛋白分解,故牛奶变得比较澄清

而稍微透明;④ 酸凝固,细菌发酵乳糖产酸,使石蕊变红,当酸度很高时,可使牛奶凝固;⑤ 凝乳酶凝固,有些细菌能产生凝乳酶,使牛奶中的酪蛋白凝固,此时牛奶常呈蓝色或不变色;⑥ 还原,细菌生长旺盛,使培养基氧化还原电位降低,因而石蕊还原褪色。

实验六 明胶水解试验

一、实验目的

学习明胶水解的原理,掌握穿刺接种的方法。

二、实验原理

明胶是一种动物性蛋白质,以其为凝固剂制作的培养基具有低于 20 ℃凝固为固体,高于 24 ℃液化的特性。某些细菌可代谢产生明胶液化酶,也叫类蛋白水解酶,其将明胶首先降解为多肽,进而水解为氨基酸,失去明胶原有的凝胶作用而液化。明胶水解为氨基酸后分子变小,即使在低于 20 ℃条件下也不再凝固。利用此特点,可鉴定某些微生物是否能产生明胶液化酶,产生此酶的微生物能使明胶液化,无此酶的微生物则不能使明胶液化,利用此特性可鉴定细菌的生理生化特性。

三、实验材料

1. 菌种:培养 24 h 的大肠杆菌,枯草芽孢杆菌和灵杆菌斜面菌种。

2. 培养基:明胶柱培养基(4.5 mL),明胶琼脂高层培养基(每管装 15～20 mL)。

3. 试剂:酸性升汞液。

4. 器材:无菌培养皿,接种针,冰箱或制冰机等。

四、实验方法

(一) 穿刺接种法

1. 接种培养。取明胶柱培养基 8 支,其中 6 支用于接种。在培养基的中央分别穿刺接种大肠杆菌、枯草芽孢杆菌和灵杆菌,每种菌重复 2 支,其余 2 支不接种作为对照。在 20 ℃条件下培养 2 d、7 d、15 d 后,观察明胶的液化情况。若几种菌 20 ℃生长不好,则可于 25 ℃培养相应的时间,然后将该培养物放入 4 ℃冰箱或冰浴中一定时间,观察明胶的水解,判断该菌的产酶情况。

2. 结果检查。培养结束后,轻轻拿出培养物,切勿剧烈摇动,在 20 ℃以下的室温或经低温(4 ℃冰箱或冰浴)处理后,观察菌种的生长状况与液化明胶的凝固程度。如接种管细菌生长良好,明胶株表面无凹陷痕迹且整个明胶柱为稳定均一的凝块,则为明胶水解阴性,表示该菌不产生水解明胶的酶。如接种管细菌已生长,明胶凝块部分或全部在20 ℃以下变为可流动的液体,则为明胶水解阳性。如接种管细菌已生长,明胶液化不明显,但与对照管相比,明胶柱表面菌苔下形成凹陷小窝,为明胶轻度水解,则可按阳性结果记录。注意:对照管也可能会有凹陷,这是由于水分蒸发引起的。

(二) 明胶平板法

1. 制作明胶培养基平板。配制明胶琼脂高层培养基,按常规方法制4副平板,使其冷却凝固。

2. 接种、培养。用接种针挑取待测菌,在2副平板表面进行等距离点接种,每个平板可接种5～7种菌,记录各接种菌的位置。另外2皿不接种,用作对照。接种完毕,置28 ℃条件下培养2～3 d。

3. 结果检查。待有明显的菌落形成后,取出平板,于培养基表面滴加1～2 mL酸性升汞溶液,十字线方向轻轻上下摇晃几次,使酸性升汞溶液均匀覆盖整个培养基,放置10～15 min后观察结果。若菌落周围出现透明圈,则表明该菌能产生蛋白酶,可液化明胶。透明圈越大,表明该菌产生蛋白酶的能力越强,反之则越弱。如菌落周围未出现透明圈而出现白色浑浊,则表明明胶未被水解,与汞盐作用形成沉淀,即明胶液化阴性,表明该菌不能产生蛋白酶。注意:升汞试剂有剧毒,使用时应特别小心。

实验七　油脂水解试验

一、实验目的

通过实验证明不同微生物对油脂的分解能力;掌握进行微生物油脂水解试验的原理和方法。

二、实验原理

脂肪被脂肪酶水解后可产生脂肪酸,导致培养基的pH值降低,在培养基中加入中性红色指示剂会使培养基从淡红色变成深红色。

三、实验材料

1. 菌种:大肠杆菌,枯草芽孢杆菌,金黄色葡萄球菌等。

2. 培养基:油脂培养基。

3. 器材:大锥形瓶,接种针,接种环,无菌平板,无菌试管,试管架,水浴锅,振荡器等。

四、实验方法

1. 将装油脂培养基的锥形瓶置于沸水浴中溶化，取出并充分振荡使油脂分布均匀，倾入培养皿中，待凝固成平板。

2. 用记号笔在平板底部画成四部分，做好记号。

3. 将上述菌种分别用无菌操作画十字接种于平板的相对应部分的中心。

4. 将平板倒置于 37 ℃恒温箱中培养 24 h。

5. 取出平板，观察菌苔颜色，若出现红色斑点，则说明脂肪水解，为阳性反应。

实验八　V-P 试验、甲基红试验、吲哚试验、硫化氢试验、三糖铁琼脂试验

一、实验目的

了解细菌生理生化反应原理；掌握细菌鉴定中常用的生理生化反应方法。

二、实验原理

各种细菌所具有的酶系统不尽相同，不同细菌分解、利用营养基质（糖类、脂肪类和蛋白质类物质）的能力不同，因而代谢产物存在差别，是代谢组学的研究内容，因此即使在分子生物学技术和手段不断发展的今天，细菌的生理生化反应在细菌的分类鉴定中仍有很大作用，有人将之称为代谢组学。

1. V-P 试验。某些细菌能使葡萄糖发酵产生丙酮酸，丙酮酸再变为乙酰甲基甲醇，乙酰甲基甲醇又变成 2,3-丁二烯醇，2,3-丁二烯醇在有碱存在时氧化成二乙酰，二乙酰和胨中的胍基化合物起作用产生粉红色化合物，称 V-P 阳性反应。

2. 甲基红（MR）试验。当细菌分解培养基中葡萄糖产生丙酮酸时，酸性物质进一步增多，使培养基的 pH 值下降至 4.5 以下，甲基红指示剂变红色为阳性（pH 值 4.4 为红色，至 pH 值 6.2 为黄色）。通常 MR 和 V-P 试验是密切相关的，如果一个微生物 MR 是阳性，则 V-P 是阴性；或者相反。这个试验对区别大肠埃希菌与肠杆菌是特别有用的。

3. 吲哚（靛基质）试验。有些细菌（如大肠埃希菌）能分解蛋白质中的色氨酸生成吲哚，后者与对位二甲基氨基苯甲醛作用，形成玫瑰吲哚而呈红色。

4. 硫化氢试验。某些能分解胱氨酸的细菌产生硫化氢，其与醋酸铅或硫酸亚铁结合形成黑色的硫化铅或硫化铁。

5. 三糖铁琼脂试验。细菌只分解葡萄糖而不分解乳糖和蔗糖，分解葡萄糖产酸使 pH 值降低，因此斜面和底层均先呈黄色，但因葡萄糖量较少，所生成的少量酸可因接触空气而氧化，并因细菌生长繁殖利用含氮物质生成碱性化合物，使斜面部分又

变成红色,底层由于处于缺氧状态,细菌分解葡萄糖所生成的酸类一时不被氧化而仍然保持黄色。细菌分解葡萄糖、乳糖或蔗糖产酸产气,使斜面与底层均呈黄色,且有气泡。细菌产生硫化氢时与培养基中的硫酸亚铁作用,形成黑色的硫化铁。

三、实验材料

1. 菌种:大肠杆菌,产气肠杆菌,沙门氏菌的斜面菌种。

2. 试剂:葡萄糖蛋白胨水溶液,6% α-萘酚溶液,40% KOH溶液,甲基红试剂,吲哚试剂,乙醚。

3. 培养基:葡萄糖发酵培养基,乳糖发酵培养基,蛋白胨水培养基,醋酸铅培养基,三糖铁琼脂斜面等。

四、实验方法

1. V-P试验。用琼脂培养物将被检细菌接种于葡萄糖蛋白胨水培养后,于37 ℃培养48~96 h;向2 mL培养液内加入1 mL 6%的α-萘酚溶液和0.4 mL 40%的KOH溶液,振摇混合;试验时强阳性者约在5 min后显现粉红色反应,如无反应,则应放在37 ℃下培养4 h再进行观察。若长时间无反应,则可置室温过夜,至次日不变者确定为阴性。

2. MR试验。接种细菌于培养基中,在37 ℃培养24~48 h后,于培养物中加入甲基红试剂3~5滴,变红色者为阳性反应,黄色则为阴性。大肠杆菌为阳性反应,产气杆菌为阴性反应。

3. 吲哚试验。以接种环接种待试细菌的新鲜斜面培养物于蛋白胨溶液中,37 ℃培养24~48 h后(可延长4~5 d);向培养液中加入乙醚2~3 mL,充分振荡摇匀,静置片刻后,有机相位于上层,沿试管壁缓慢地加入吲哚试剂2 mL,在乙醚下面的液体变红色者为阳性反应。

4. 硫化氢试验。将待检菌穿刺接种于醋酸铅培养基,于37 ℃培养24~48 h观察结果。大肠杆菌为阴性,产气杆菌为阳性。

5. 三糖铁琼脂试验。用接种针挑取待检菌的菌落,先穿刺接种到克氏双糖铁琼脂培养基或三糖铁琼脂培养基深层,距管底3~5 mm为止,再从原路退回,在斜面上自下而上画线,置37 ℃培养18~24 h,观察结果。

第七章　微生物的免疫

实验一　抗原的制备

一、实验目的

掌握抗原制备的一般方法。

二、实验原理

抗原分为颗粒性抗原、可溶性抗原。颗粒性抗原主要是指人、动物、微生物或寄生虫的细胞。可溶性抗原主要包括蛋白质、糖蛋白、脂蛋白、酶类、补体、脂多糖、细菌外毒素和核酸，它们有相当部分来源于组织和细胞，成分复杂。制备这类免疫原时，首先需将组织和细胞破碎，然后再从组织和细胞匀浆中提取目的蛋白或其他抗原，提纯的抗原需鉴定后才能用作免疫原。抗体的产生通常与抗原的质和量、动物种类及接种途径有密切关系。因此在制备免疫血清时要根据抗原的不同选择适宜的动物种类和免疫方法。

三、实验材料

1. 生物材料：鸡白痢沙门菌，健康鸡。

2. 试剂：琼脂培养基，0.5%无菌甲醛生理盐水，Alsever 液，牛血清蛋白，灭菌的生理盐水。

3. 器材：离心机，大试管，培养皿，培养箱，超声波清洗机，电磁炉，超声波细胞破碎仪等。

四、实验方法

（一）颗粒性抗原的制备——细菌性颗粒抗原

1. 标准菌株的选择。所用的菌种鸡白痢沙门菌应具有典型形态菌落及生化反应，在生理盐水中不发生自身凝集，与特异血清有高度凝集者可作为菌种。

2. 菌液的制备。将合格的鸡白痢沙门菌菌株接种于普通琼脂平板，在 37 ℃下培养 24 h。肉眼观察有无杂菌生长，必要时做镜检。用无菌甲醛生理盐水洗菌苔，将洗完后的液体装入无菌试管内，置 37 ℃下，18～24 h 以杀菌，得到原液；用作无菌试验即将菌液接种琼脂培养基培养 4 d，无活菌生长者方可使用。

(二) 颗粒性抗原的制备——细胞性颗粒抗原

10%~20%鸡红细胞制备。采健康鸡的颈静脉血与Alsever液1:2充分混合(Alsever液起到抗凝与保护作用),置4 ℃保存(可保质3周左右)。取适量抗凝血于离心管中,用无菌生理盐水洗细胞2~3次(每次2 000 r/min,离心5 min)。取压积红细胞,用无菌生理盐水稀释至10%~20%,即可用于免疫注射。

(三) 可溶性抗原的制备——1.5 mg/mL牛血清白蛋白

取0.15 g牛血清白蛋白溶解于100 mL无菌蒸馏水中,彻底溶解即成。

(四) 可溶性抗原的制备——菌脂多糖的制备

脂多糖是革兰氏阴性细菌细胞壁的组成成分,所以抗脂多糖抗体的制备可用革兰氏阴性细菌菌体抗原来制备,这里介绍2种菌脂多糖提取的方法。

1. 超声波处理法。

(1) 将菌液经2 500 r/min离心20 min,洗涤1~2次,将沉淀的无菌生理盐水配成2倍于湿菌浓度的浓菌液。

(2) 用超声波发生器的中频,相当于12 000 r/min,处理20 min。

(3) 处理液经3 000 r/min离心30 min,吸取上清液即为脂多糖抗原,置4 ℃冰箱保存备用。

2. 煮沸法。将培养得到的浓菌液煮沸2 h。于4 ℃冰箱中静置2周以上,使菌残渣自由下沉。3 000 r/min离心30 min,取上清液即为粗脂多糖抗原,置冰箱中保存备用。

实验二　免疫血清的制备及效价的测定

免疫血清的制备是一项常用的免疫学实验技术。高效价、高特异性的免疫血清可作为免疫学诊断的试剂(如用于制备免疫标记抗体等),也可供特异性免疫治疗用。免疫血清的效价高低取决于实验动物的免疫反应性及抗原的免疫原性。如以免疫原性强的抗原刺激高应答性的机体,则常可获得高效价的免疫血清;而使用免疫原性弱的抗原免疫时,则需同时加佐剂以增强抗原的免疫原性。免疫血清的特异性主要取决于免疫用的抗原的纯度。因此,如欲获得高特异性的免疫血清,则必须预先纯化抗原。免疫方案中抗原的剂量、免疫途径、免疫次数及注射抗原的间隔时间等,也是影响血清效价的重要因素,因此要获得高质量的免疫血清需先通过预实验摸索确定最佳免疫方法。

一、实验目的

学习免疫血清的制备技术。

二、实验原理

具有免疫原性的抗原可刺激机体相应 B 细胞增殖、分化形成浆细胞并分泌特异性抗体。由于抗原分子表面的不同抗原决定簇为不同特异性的 B 细胞克隆所识别，因此由某一抗原刺激机体后产生的抗体，实际上为针对该抗原分子表面不同抗原决定簇的抗体混合物（多克隆抗体）。另外，抗体的产生具有回忆应答的特点，这是由记忆性 B 细胞及记忆性 T 细胞参与再次应答所致。在初次免疫的基础上，多次重复注射免疫原，不仅可获得高效价抗体，同时抗体的亲和力可明显提高。

三、实验材料

1. 动物：健康成年家兔，雄性，体重 2～3 kg。

2. 试剂：纯化人 IgG(10 mg/mL)，羊毛脂，液状石蜡，活卡介苗(BCG)(75 mg/mL)，消毒用碘酒及乙醇溶液，弗氏不完全佐剂，弗氏完全佐剂乳化抗原，硫酸汞。

3. 器材：剪刀，镊子，注射器，12～16 号针头，动物固定架，动脉夹，细线，塑料放血管等。

四、实验方法

1. 免疫方案。根据抗原的性质不同而异。下面以制备兔抗人 IgG 免疫血清为例做简要叙述。

(1) 剪去家兔两后脚掌的部分兔毛，用碘酒和乙醇溶液消毒皮肤。

(2) 第一次免疫。用注射器吸取弗氏完全佐剂(FCA)乳化的抗原液(人 IgG) 1 mL，每侧脚掌皮下各注射 0.5 mL。

(3) 第二次免疫。间隔 10～14 d 后，于两侧腘窝及鼠蹊部肿大的淋巴结内注入弗氏不完全佐剂乳化抗原(FIA - IgG)，每个淋巴结注入 0.1 mL，其余注入淋巴结附近的皮下共 1 mL。如果淋巴结未肿大或肿大不明显时，则直接注射于两侧腘窝及鼠蹊部皮下。

(4) 间隔 7～10 d 后，从耳静脉采血 0.5 mL，分离血清，用琼脂双扩散试验来测定免疫血清的抗体效价(试血)，效价在 1:16 以上时才能放血；也可采用其他方法，如 ELISA，检测抗体效价。

(5) 如果效价未达到要求，可用不加佐剂的抗原液(人 IgG)耳静脉注射免疫，即于 1 周内注射 3 次分别为 0.1 mL、0.3 mL、0.5 mL。间隔 1 周后再试血。如效价已达到要求则应立即放血。可在第二次免疫后，以 FIA - IgG 再免疫 1～2 次，注射部位、剂量以及间隔时间均同第二次，再试血测定抗体效价，如效价达到要求则立即放血。

2. 放血。

(1) 心脏采血法如下：

① 将家兔仰面，四肢缚于动物固定架上。

② 剪去左胸部兔毛,用碘酒或乙醇消毒皮肤。

③ 用左手拇指和中指分别摸胸骨上窝及剑突处,食指在其两者连线的中点向左1～2 cm处触摸,确定心脏搏动最强的部位。

④ 将50 mL注射器连好针头,倾斜45°,对准心脏搏动最强处刺入、抽血直至死亡。

⑤ 将抽取的血液立即注入无菌的三角烧瓶内,待凝固后分离血清。

(2) 颈动脉放血法如下:

① 将家兔仰卧,四肢缚于动物固定架上;暴露颈部,剪毛并消毒皮肤。

② 沿颈部中线切开皮肤约10 cm,分离皮下组织,直至暴露出气管两侧的胸锁乳突肌。

③ 分离胸锁乳突肌与气管间的颈三角疏松组织,暴露出颈动脉后并游离。

④ 在动脉下套入两根丝线,分别置于远心及近心端。结扎远心端,近心端的动脉用动脉夹夹住。用眼科小剪在两根丝线间的动脉壁上剪一小口,插入塑料放血管,再将近心端的丝线结扎固定于放血管上,以防止放血管滑脱。

⑤ 松开动脉夹,使血液流入无菌的三角烧瓶内。一般一只家兔可放血80～100 mL。

3. 分离血清。将三角烧瓶内的血液置37 ℃温箱1 h,再置4 ℃冰箱内3～4 h。待血液凝固、血块收缩后,用毛细滴管吸取血清,加入离心管内,3 000 r/min离心15 min,取上清液,加入防腐剂(终浓度0.01%硫酸汞或0.02%叠氮化钠),分装后置于−20 ℃冰箱中保存备用。注意硫酸汞有毒,使用时要小心。

实验三　血清中IgG的分离和纯化

一、实验目的

学习分离和纯化抗体的原理,实践IgG的分离纯化过程。

二、实验原理

免疫球蛋白的分离和纯化有两个方面的含义:其一是从理化性质上提取均质的免疫球蛋白,使免疫球蛋白和其他蛋白质分离,去除杂质,浓缩并提高各类免疫球蛋白的含量;其二是从免疫学上提取对某种特定抗原的特异性抗体,这种特异性抗体可以是几类免疫球蛋白的混合物。为了去除各类免疫球蛋白中与相应抗原无关的抗体成分,可用相应抗原特异性的沉淀或亲和吸附等方法进行纯化。

IgG是血清免疫球蛋白的主要成分,约占全部免疫球蛋白的75%,因此,抗体的分离纯化主要是分离纯化IgG,一般pH值为7.0时,50%硫酸铵饱和度可将所有的5种Ig沉淀出来。33%饱和度时,大部分IgG可沉淀出来。40%饱和度时,沉淀物得率最高,但含有IgM、IgA等β球蛋白增多。

利用盐析法提取的免疫球蛋白往往不够纯净,要获得较纯的产品,必须同时结合

其他方法比如凝胶过滤、离子交换、亲和层析、区带电泳等。

三、实验材料

1. 试剂：抗血清 10 mL，DEAE -纤维素（DE - 52），1%氯化钡溶液，pH 值为 7.4 的 0.01 mol/L 磷酸盐缓冲溶液，pH 值为 8.0 的 0.005 mol/L 磷酸盐缓冲溶液，饱和硫酸铵溶液，奈氏试剂。

2. 器材：透析袋，玻璃棒，烧杯，离心管，层析柱，铁架台，高速冷冻离心机，自动收集器等。

四、实验方法

1. 将 10 mL 抗血清与等体积的 pH 值为 7.4 的 0.01 mol/L 磷酸盐缓冲溶液混合，对血清进行稀释，缓慢摇动避免形成泡沫。

2. 在冰浴中逐滴加入 20 mL 饱和硫酸铵溶液，边加边搅拌，以防止形成团块，减少沉淀，此时会有大量的 γ 球蛋白（主要是 IgG）沉淀出来。

3. 将样品在 4 ℃冰箱静置 30 min 以上，然后冷冻离心（4 ℃，3 000～4 000 r/min，15 min），弃上清，沉淀用 10 mL 0.01 mol/L 磷酸盐缓冲液溶解。

4. 逐滴加入 5 mL 饱和硫酸铵溶液，边加边搅拌，使饱和度为 33%，置于 4 ℃冰箱 30～60 min，离心收集沉淀，重复步骤 3、4 数次，可得到较纯的 IgG。

5. 透析除盐：将沉淀物溶于少量 pH 值为 7.4 的 0.01 mol/L 磷酸盐缓冲溶液中，装入透析袋中透析，先用蒸馏水透析 2～10 min，再用 pH 值为 7.4 的 0.01 mol/L 磷酸盐缓冲溶液，4 ℃下恒定振荡透析袋外液，每天换外液 3～5 次。一般透析 2～3 d，直至全部 SO_4^{2-} 或 NH_4^+ 被除去为止（SO_4^{2-} 的存在可用 1%氯化钡检测，观察是否产生白色沉淀；NH_4^+ 的存在可用奈氏试剂检测，观察是否产生黄色沉淀）。也可用 Sephadex G - 50 凝胶层析柱除盐。此阶段得到的 IgG 抗体可用于制备荧光标记抗体。

6. 如需进一步纯化 IgG，需将上述粗制的 IgG 装入透析袋中，用 pH 值为 8.0 的 0.005 mol/L 磷酸盐缓冲溶液平衡后，用 DEAE -纤维素（DE - 52）层析柱分步洗脱（柱子预先用 pH 值为 8.0 的 0.005 mol/L 磷酸盐缓冲溶液平衡）。IgG 可从 pH 值为 8.0 的 0.005 mol/L 磷酸盐缓冲溶液中洗脱出来，洗脱液再经浓缩即得成品。注意：经DEAE 层析柱后制得的 IgG 纯度高，但是得率较少，且效价明显降低。

注意：硫酸铵浓度可按下列公式进行调整。

$$V = V_0(S_2 - S_1)/(1 - S_2)$$

式中：V——所需使用的饱和硫酸铵体积；

V_0——调整前的原溶液体积；

S_1——原溶液中硫酸铵饱和度（用百分饱和度标识）；

S_2——所需达到的饱和度（用百分饱和度标识）。

第八章　微生物检测

微生物基本检测中包括了微生物的菌落形态结构鉴定、微生物染色及显微形态观察鉴定、生化反应的检测鉴定、血清学检测鉴定等，但是只通过以上方法还不能够准确地对微生物进行检测鉴定，尤其是对很多未知的微生物的鉴定。本章主要针对细菌、真菌、病毒的检测展开实验，同时还介绍了分子生物学水平上一些对微生物检测的新型检测技术。

实验一　细菌血清学鉴定基本技术

一、实验目的

掌握玻片凝集试验的原理、方法及实验结果；熟悉荚膜肿胀试验的方法和结果判断。

二、实验原理

血清学鉴定是细菌学检验的常规方法之一，是利用已知的特异性抗体对分离的可疑细菌进行进一步的鉴定，还可以对细菌进行群和型的鉴别。临床上对感染性病原体的诊断以及对食品中微生物的检验，常用血清学试验来鉴定分离到的细菌，最终确认细菌鉴定结果。本实验以玻片凝集试验及荚膜肿胀试验为例，学习血清学鉴定方法。

三、实验材料

1. 菌种：伤寒沙门菌，肺炎链球菌 18～24 h 纯培养物。

2. 试剂：沙门菌多价 O（A～F 多价）诊断血清，沙门菌 D 群单价因子血清（O9、O12），鞭毛因子血清（Hd），抗肺炎链球菌荚膜血清，正常兔血清，1％亚甲蓝水溶液，生理盐水等。

3. 器材：接种环，载玻片，盖玻片等。

四、实验方法

（一）玻片凝集试验

1. 原理。颗粒型抗原（细菌菌体、红细胞等）与相应抗体混合时，在一定浓度电解质条件下，可出现肉眼可见的凝集现象，称凝集试验。

2. 方法。分别取沙门菌多价 O 诊断血清和生理盐水各一滴，滴于载玻片两端，

取伤寒沙门菌的菌落少许分别与之混合，数分钟后，观察是否出现凝集反应。多价血清玻片凝集阳性菌落，再按同样方法作单价因子玻片凝集，可作 O9、O12、Hd 因子血清凝集。

3. 实验结果。玻片凝集试验观察结果时，需先观察到生理盐水中不出现凝集颗粒，诊断血清中的颗粒凝集才有阳性意义。若生理盐水对照侧无颗粒出现，而试验侧出现肉眼可见颗粒状凝集物，则为阳性反应。伤寒沙门菌均为阳性反应。在临床鉴定过程中，若细菌生化反应符合沙门菌，而沙门菌多价 O(A～F)诊断血清与 S 细菌不产生凝集现象，则首先应考虑是否有表面抗原(Vi)存在，应加热或传代去除 Vi 抗原后再进行；若去除后凝集试验阳性，则应进一步用 O 单价因子血清继续分群；若去除 Vi 后仍不凝集，则此时应考虑是否为 A～F 以外的菌群。

(二) 荚膜肿胀试验

1. 原理。特异性抗血清与相应细菌的荚膜抗原特异性结合形成复合物时，可使细菌荚膜显著增大出现肿胀，细菌的周围有一宽阔的环状带。其常用于肺炎链球、流感嗜血杆菌、炭疽芽孢杆菌等有荚膜细菌的检测和荚膜分型。

2. 方法。取洁净载玻片一片，玻片两侧各加肺炎链球菌液 1～2 接种环，于一侧加抗肺炎链球菌荚膜血清 1～2 接种环作为试验侧，另一侧加正常兔血清 1～2 接种环作为对照侧，混匀；再于两侧各加 1% 亚甲蓝水溶液 1 接种环，混匀，分别加盖玻片，室温放置于湿盒中 5～10 min 后镜检。

3. 实验结果。若试验侧在蓝色细菌周围可见厚薄不等、边界清晰的无色环状物而对照侧无此现象，则为荚膜肿胀试验阳性；若试验侧与对照侧均不产生无色环状物，则为荚膜肿胀试验阴性。

注意事项：做玻片凝集时，取菌量不可过多且菌必须抹匀。

实验二　细菌的药物敏感试验

一、实验目的

掌握细菌药物敏感性试验纸片扩散法及肉汤稀释法的原理、操作方法；学习药敏试验结果对临床用药的指导意义。

二、实验原理

对于细菌性感染疾病的治疗，临床医生在常规治疗基础上，需要根据患者所感染的细菌类型及药物敏感性试验结果调整用药。本实验以纸片扩散法(K－B 法)和肉汤稀释法为例，介绍细菌的药物敏感性试验操作方法，并应用美国临床和实验室标准化学会(CLSI)标准对实验结果进行判断，为指导临床医生合理选择抗生素提供科学的依据。

纸片扩散法的原理是将含有定量抗菌药物的纸片贴在已接种测试菌的M-H平板上,纸片中所含的药物吸收琼脂中的水分溶解后不断向纸片周围扩散形成递减的梯度浓度,在纸片周围抑菌浓度范围内测试菌的生长被抑制,从而形成无菌生长的透明圈即为抑菌圈。抑菌圈的大小反映测试菌对测定药物的敏感程度,并与该药对测试菌的最低抑菌浓度(Minimal Inhibitory Concentration, MIC)呈负相关。肉汤稀释法的原理是在试管或微孔内加入各种稀释度递减的抗菌药物,试验时加入一定浓度的菌液,经一定温度和时间培养后观察结果。以试管或微孔内完全抑制细菌生长的最低抗菌药物浓度为该抗菌药物对细菌的最小抑菌浓度(MIC)。

三、实验材料

1. 菌种:18~24 h琼脂平板纯培养物。试验菌用金黄色葡萄球菌时,选用ATCC 25923作为质控菌株;试验菌用大肠埃希菌时,选用ATCC 25922作为质控菌株;试验菌用铜绿假单胞菌时,选用ATCC 27853作为质控菌株。

2. 试剂:水解酪蛋白(M-H)平板,M-H肉汤,M-H琼脂,血琼脂平板,药敏纸(根据实验菌种的选择与鉴定初步了解,至少准备4~5种药敏纸片),无菌生理盐水。

3. 器材:酒精灯或红外电热灭菌器,接种环,0.5麦氏浊度管,无菌棉签,无菌镊子,游标卡尺(或最小刻度为1 mm的直尺),无菌试管,无菌96孔聚乙烯微量板,微量加样器和吸头,无菌平皿,多点接种器,高压蒸汽灭菌器,旋涡振荡器,恒温培养箱,天平等。

四、实验方法

(一) 纸片扩散法

1. 菌液的制备。取无菌试管加入约3 mL无菌生理盐水,然后从平板上挑取1~2个菌落,置于试管内壁液面上方研磨后制成菌悬液,用旋涡振荡器振荡数秒,将浊度调至0.5麦氏浊度。制备的菌悬液在15 min内必须完成M-H琼脂平板的接种。

2. 接种。用无菌棉签蘸取菌液,在试管内壁液面上方紧压并旋转,挤去多余菌液,然后在M-H平板琼脂表面均匀涂布3次,每次旋转平板60°以确保均匀接种,最后沿平板内缘涂抹一周。接种好的平板盖上盖子,在室温下干燥3~5 min。

3. 贴药敏纸片。用无菌镊子将纸片贴于已接种菌的琼脂表面并轻压,使纸片与琼脂表面完全接触。各纸片中心相距应大于24 mm,纸片距平板内缘大于15 mm。药敏纸片一旦接触琼脂平板便不可再移动。

4. 孵育。纸片贴好后,将平板倒置放入35 ℃恒温培养箱中,平板最多2只叠放在一起,以保证整个平板受热均匀。通常于35 ℃培养16~18 h后读取结果。

5. 结果判读。用游标卡尺或直尺量取抑菌圈直径。根据美国CLSI标准,报告细菌对该抗菌药物的结果是耐药(R)、敏感(S)还是中介(I)。

(二) 肉汤稀释法

1. 抗菌药物的稀释。将无菌试管在试管架上排成一排，将抗菌药物储存液用M-H肉汤进行倍比稀释(含药肉汤系列的浓度范围应覆盖该药的敏感和耐药折点，以及质控菌的MIC范围)。常量稀释法每支试管加1 mL含药肉汤；微量稀释法每孔加入100 μL。抗菌药物溶剂及各种浓度抗菌药物的配制按照CLSI指南进行。部分抗菌药物溶剂见表8.1，各种浓度抗菌药物的配制见表8.2。

表8.1　配制抗菌药物原液的溶剂和稀释度

抗菌药物	溶　剂	稀释液
青霉素	蒸馏水	蒸馏水
哌拉西林	蒸馏水	蒸馏水
哌拉西林/他唑巴坦	蒸馏水	蒸馏水
头孢西丁	蒸馏水	蒸馏水
美罗培南	蒸馏水	蒸馏水
庆大霉素	蒸馏水	蒸馏水
阿米卡星	蒸馏水	蒸馏水
环丙沙星	蒸馏水	蒸馏水
万古霉素	蒸馏水	蒸馏水
阿莫西林	磷酸盐缓冲液，pH 6.0，0.1 mol/L	磷酸盐缓冲液，pH 6.0，0.1 mol/L
氨苄西林	磷酸盐缓冲液，pH 6.0，0.1 mol/L	磷酸盐缓冲液，pH 6.0，0.1 mol/L
阿莫西林/克拉维酸	磷酸盐缓冲液，pH 6.0，0.1 mol/L	磷酸盐缓冲液，pH 6.0，0.1 mol/L
替卡西林/棒酸	磷酸盐缓冲液，pH 6.0，0.1 mol/L	磷酸盐缓冲液，pH 6.0，0.1 mol/L
头孢唑啉	磷酸盐缓冲液，pH 6.0，0.1 mol/L	磷酸盐缓冲液，pH 6.0，0.1 mol/L
头孢噻吩	磷酸盐缓冲液，pH 6.0，0.1 mol/L	蒸馏水
头孢呋辛	磷酸盐缓冲液，pH 6.0，0.1 mol/L	磷酸盐缓冲液，pH 6.0，0.1 mol/L
头孢他啶	无水碳酸钠的量应是所用头孢他啶的10%	蒸馏水
头孢吡肟	磷酸盐缓冲液，pH 6.0，0.1 mol/L	磷酸盐缓冲液，pH 6.0，0.1 mol/L
氨曲南	饱和碳酸氢钠溶液	蒸馏水
亚胺培南	磷酸盐缓冲液，pH 6.0，0.1 mol/L	磷酸盐缓冲液，pH 6.0，0.1 mol/L
阿奇霉素	95%乙醇	肉汤培养基
红霉素	95%乙醇	蒸馏水
氯霉素	95%乙醇	蒸馏水
左氧氟沙星	1/2体积水，然后逐滴加入0.1 mol/L NaOH至溶解	蒸馏水
磺胺类	1/2体积热水，加少量2.5 mol/L NaOH至溶解	蒸馏水

表 8.2 稀释法药敏试验的抗菌药物溶液稀释方案

抗菌药物				CAMHB		
管　号	浓度/($\mu g \cdot mL^{-1}$)	来源管号	体积/mL	体积/mL	最终浓度/($\mu g \cdot mL^{-1}$)	$\log_2 X$
1	5 120	原液	1	0	512	9
2	5 120	1	1	1	256	8
3	5 120	2	1	3	128	7
4	1 280	3	1	1	64	6
5	1 280	4	1	3	32	5
6	1 280	5	1	7	16	4
7	160	6	1	1	8	3
8	160	7	1	3	4	2
9	160	8	1	7	2	1
10	20	9	1	1	1	0
11	20	10	1	3	0.5	−1
12	20	11	1	7	0.25	−2
13	2.5	12	1	1	0.125	−3

注：1. CAMHB 为调节阳离子浓度的 M－H 肉汤。

2. X 为最终浓度。

2. 接种菌液。首先制备 0.5 麦氏浊度菌悬液，再用 M－H 肉汤或无菌生理盐水将上述菌液进行 1∶100 稀释(浓度约 10^6 CFU/mL)，分别取 1 mL(微量 100 μL)该稀释菌液加入到上述含药肉汤中。混匀，抗菌药浓度被 1∶2稀释，最终菌液浓度约为 5×10^5 CFU/mL。

3. 设置对照管(或孔)。生长对照：不含抗菌药物的肉汤 1 mL(微量 100 μL)和 1 mL(微量 100 μL)稀释菌液；阴性对照：只加抗菌药物的肉汤 2 mL(微量 200 μL)以及不含抗菌药物的肉汤 2 mL(微量 200 μL)。

4. 接种菌纯度检查。用接种环取上述稀释菌液画线接种在血琼脂平板上，置 35 ℃下培养以检查接种物的纯度。

五、结果统计

1. 纸片扩散法。首先记录质控菌株的抑菌圈直径，根据 CLSI 标准判定是否在可接受范围内，然后记录试验菌株抑菌圈直径，根据 CLSI 标准判定是否敏感、耐药还是中介。

2. 肉汤稀释法。首先判定质控菌株的 MIC 值是否在可接受范围内，然后读取各种药物的 MIC 值，根据 CLSI 标准判定是否敏感、耐药还是介于二者之间。

实验三 酵母菌 DNA 的提取及检测

一、实验目的

掌握提取基因组 DNA 的原理和步骤；了解真菌基因组检测的概念。

二、实验原理

制备基因组 DNA 是进行基因结构和功能研究的重要步骤，通常要求得到的片段的长度不小于 100～200 kb。在 DNA 提取过程中应尽量避免产生使 DNA 断裂和降解的各种因素，以保证 DNA 的完整性，为后续的检测实验打下基础。一般真核细胞基因组 DNA 有 10^7～10^9 bp，可以从新鲜组织、培养细胞或低温保存的组织细胞中提取，原理是在 EDTA 以及 SDS 等试剂存在下，用蛋白酶 K 消化细胞，随后用酚抽提而实现。

三、实验材料

1. 菌种：甲醇毕赤酵母。
2. 培养基：BMDY 培养基。
3. 试剂：SCED 缓冲液(1 mol/L 山梨醇，10 mmol/L 柠檬酸钠(pH 值为 7.5)，10 mmol/L EDTA，10 mmol/L DTT)，1%SDS，饱和酚，氯仿/异戊醇，70%及无水的乙醇，7.5 mol/L 醋酸铵，TE 缓冲液，Zymolyase。
4. 器材：高速冷冻离心机，电泳仪，水平电泳槽，台式离心机，紫外观测仪，移液器。

四、实验方法

1. 接种甲醇毕赤酵母单菌落到装有 10 mL BMDY 培养基的 250 mL 三角瓶中，30 ℃培养至 OD_{600}＝2～10。
2. 室温下 3 000 r/min 离心 5 min 收集菌体。
3. 用 10 mL 无菌水洗涤菌体，室温下 3 000 r/min 离心 5 min 收集菌体。
4. 细胞悬浮在 2 mL SCED 缓冲液(pH 值为 7.5) 中。
5. 加入 0.1～0.3 mg Zymolyase，37 ℃温育 50 min。
6. 加入 2 mL 1% SDS，轻柔混匀，冰浴 5 min。
7. 加入 1.5 mL 5mol/L 醋酸钾(pH 值为 8.9)，轻柔混匀。
8. 4 ℃，10 000 r/min 离心 5 min，收集上清液。
9. 将上清液转入另一支离心管，加入等体积的无水乙醇，室温作用 15 min。
10. 4 ℃，10 000 r/min 离心 20 min。

11. 沉淀悬浮在0.7 mL的TE缓冲液(pH值为7.4)中，转入1.5 mL离心管中。

12. 小心加入等体积的苯酚∶氯仿(1∶1，体积比)混合液，4 ℃，10 000 r/min离心5 min。

13. 上清液移入另一支离心管中，再加入等体积的氯仿∶异戊醇(24∶1，体积比)，4 ℃，10 000 r/min离心5 min。

14. 上清液移入另一支离心管中，加入1/2体积7.5 mol/L醋酸铵(pH值为7.5)，2倍体积无水乙醇。于冰中放置10 min或−20 ℃放置60 min。

15. 4 ℃、10 000 r/min离心20 min，用1 mL 70%乙醇洗涤沉淀两次。

16. 迅速干燥空气，每支管中加入50 μL TE缓冲液(pH值为7.5)溶解沉淀。

17. 所提DNA进行琼脂糖凝胶分析，紫外观测仪观测，凝胶成像系统拍摄。

五、实验结果

(一) DNA定量

DNA在260 nm处有最大的吸收峰，蛋白质在280 mn处有最大的吸收峰，盐和小分子则集中在230 nm处。因此，可以用260 nm波长进行分光测定DNA浓度，OD_{260}值为1相当于大约50 μg/mL双链DNA。如用1 cm光径，H_2O稀释DNA样品n倍并以H_2O为空白对照，则根据此时读出的OD_{260}值即可计算出样品稀释前的浓度：

$$\text{DNA (mg/mL)} = 50 \times OD_{260}\text{读数} \times \text{稀释倍数}/1\,000$$

DNA纯品的OD_{260}/OD_{280}为1.8，故根据OD_{260}/OD_{280}的值可以估计DNA的纯度。若比值较高则说明含有RNA，若比值较低则说明有残余蛋白质存在。OD_{230}/OD_{260}的比值应在0.4～0.5之间，若比值较高则说明有残余的盐存在。

(二) 电泳检测

取1 μg基因组DNA在0.8%琼脂糖凝胶中电泳，检测DNA的完整性或多个样品的浓度是否相同。电泳结束后在点样孔附近应有单一的高相对分子质量的条带。

六、注意事项

1. 所有用品均需要高温高压，以灭活残余的DNA酶。
2. 所有试剂均用高压灭菌双蒸水配制。
3. 用大口滴管或吸头操作，以尽量减少打断DNA的可能性。
4. 用上述方法提取的DNA纯度可以满足一般实验(如Southern杂交、PCR等)目的。如要求更高，可参考有关资料进行DNA纯化。

实验四　丝状真菌总RNA的提取及检测

一、实验目的

掌握提取真核生物RNA的原理和步骤；掌握真菌用RNA检测的原理和方法。

二、实验原理

完整RNA的提取和纯化是进行RNA方面的研究工作，如Nothern杂交、mRNA分离、RT-PCR、定量PCR、cDNA合成及体外翻译等的前提。所有RNA的提取过程中都有五个关键点：① 有效地破碎样品细胞或组织；② 有效地使核蛋白复合体变性；③ 有效地抑制内源RNA酶；④ 有效地将RNA从DNA和蛋白混合物中分离；⑤ 有效地除去多糖含量高的样品中的多糖杂质。

本实验最关键的是抑制RNA酶活性，因为RNA酶极为稳定且广泛存在，因而在提取过程中要严格防止RNA酶的污染，并设法抑制其活性，这是本实验成败的关键。所有的组织中均存在RNA酶，人的皮肤、手指、试剂、容器等均可能被污染，因此在全部实验过程中实验者均需戴手套操作并经常更换。所用的玻璃器皿需置于干燥烘箱中200 ℃烘烤2 h以上。凡是不能用高温烘烤的材料如塑料容器等皆可用0.1%的焦碳酸二乙酯（DEPC）水溶液处理，再用蒸馏水冲净。DEPC是RNA酶的化学修饰剂，它和RNA酶的活性基团组氨酸的咪唑环反应而抑制酶活性。DEPC与氨水溶液混合会产生致癌物，因而使用时需小心。试验所用试剂也可用DEPC处理，加入DEPC至0.1%浓度，然后剧烈振荡10 min，再煮沸15 min或高压灭菌以消除残存的DEPC，否则DEPC也能和腺嘌呤作用而破坏活性。DEPC能与胺和巯基反应，因而含Tris和DTT的试剂不能用DEPC处理。Tris溶液可用DEPC处理的水配制，然后高压灭菌。配制的溶液如不能高压灭菌，可用DEPC处理水配制，并尽可能用未曾开封的试剂；也可用异硫氰酸胍、钒氧核苷酸复合物、RNA酶抑制蛋白等代替DEPC。此外，为了避免mRNA或cDNA吸附在玻璃或塑料器皿管壁上，所有器皿需一律经硅烷化处理，即以有机硅烷水溶液为主要成分对金属或非金属材料进行表面处理的过程。一般工艺流程为预脱脂—脱脂—水清洗—硅烷化—水清洗—烘干或晾干—后处理。常用的硅烷试剂有N,O-双(三甲基硅烷基)乙酰胺(N,O-Bis(trimethylsiyl)acetamide,BSA)、双(三甲基硅烷基)三氟乙酰胺(Bis(trimethylsilyl)trifluoroacetamide,BSTFA)和二甲基二氯硅烷(Dimethyldichlorosilane,DMDCS)。硅烷处理的优点包括无渣、消耗低、能在常温下进行。

细胞内总RNA的制备方法很多，如异硫氰酸胍、热苯酚法等。许多公司有现成的总RNA提取试剂盒，其中Trizol法可快速有效地提取高质量的总RNA，适用于人类、动物和植物组织以及微生物细胞，样品量从几十毫克至几克。用Trizol法提取的总RNA绝无蛋白和DNA污染。RNA可直接用于Northern斑点分析、斑点杂交、Poly (A)$^+$分离、体外翻译、RNase封阻分析和分子克隆。

三、实验材料

1. 菌种：黄孢原毛平革菌(*Phanerochaete chrysosporium* 5.766)。

2. 培养基：

黄孢原毛平革菌限氮培养基：葡萄糖0.2 g，糊精1.8 g，酒石酸铵24 mmol，藜芦醇3 mmol，吐温801 g，醋酸缓冲液10 mmol(pH值为4.5)，KH_2PO_4 4 g，$MgSO_4 \cdot 7H_2O$ 0.2 g，$CaCl_2 \cdot 2H_2O$ 0.4 g，维生素B1 0.001 g，微量元素混合液70 mL，溶于1 L水中。其中微量元素混合液包括氨基乙酸0.5 g，$MgSO_4 \cdot 7H_2O$ 3 g，NaCl 1 g，$FeSO_4 \cdot 7H_2O$ 0.1 g，$CoSO_4$ 0.1 g，$CaCl_2 \cdot 2H_2O$ 0.1 g，$ZnSO_4 \cdot 7H_2O$ 0.1 g，$CuSO_4 \cdot 5H_2O$ 0.01 g，$AlK(SO_4)_2 \cdot 12H_2O$ 0.01 g，H_3BO_3 0.01 g，$Na_2MoO_4 \cdot 2H_2O$ 0.01 g，$MnSO_4 \cdot H_2O$ 0.1 g，溶于1 L水中，维生素A经过滤除菌后加入。

3. 试剂：

(1) 无RNase灭菌水：用高温烘烤的玻璃瓶(180 ℃，2 h)装蒸馏水，然后加入1 mL 0.01% DEPC水于1 L水中，处理过夜后高压灭菌。

(2) 75%乙醇：用DEPC处理水配制，盛装于高温灭菌器皿，后分装入高温烘烤的玻璃瓶中，存放于低温冰箱中。

(3) Trizol试剂，异丙醇，氯仿。

4. 器材：研钵，移液器，高速冷冻离心机，台式离心机，电泳仪，水平电泳槽，紫外观测仪。

四、实验方法

1. 接种黄孢原毛平革菌5.776在限氮培养基中，34 ℃静置培养以诱导木素过氧化物酶基因(*lipH*8)的表达。

2. 6 d后，过滤收集菌丝，菌丝用预先冷却的DEPC水洗涤数次。一般来说从新鲜的样本中总是能够得到预期质量的RNA，但是没有保存在液氮或−80 ℃冰箱中的样品是不可靠的。即使是保存在液氮或−80 ℃冰箱中的样品，如果储存时间过长，或者取材时处理不得当，那么RNA质量也会显著降低。

3. 取400 mg菌丝，加入含有4 mL Trizol试剂的预冷匀浆管中，于冰浴中迅速匀浆，以充分破碎组织，然后将样品分装到4个1.5 mL的离心管中。

4. 在15～30 ℃放置5 min，加入0.2 mL氯仿，加盖，剧烈振荡15 s，然后在15～30 ℃放置2～3 min。2～8 ℃、12 000 r/min离心15 min。

5. 将上部水相转至一个新管中，加入0.5 mL异丙醇，沉淀RNA，15～30 ℃放10 min。然后2～8 ℃、12 000 r/min离心10 min，凝胶样沉淀物为RNA。

6. 吸出上清液，向原管中加入1 mL 75%乙醇，旋涡振荡器混匀，2～8 ℃、

7 500 r/min 离心 5 min。

7. 自然干燥 5～10 min，用微量移液器反复吸取溶解 RNA 于无 RNase 的水中，55～60 ℃保温 10 min，－70 ℃保存。

五、实验结果

（一）总 RNA 样本质检的前处理

从冰箱中取出，对于溶于水的 RNA 样本，直接溶化后进行质检，对于 75%乙醇保存的 RNA 样本，37 ℃使样本迅速溶化。在样本管中加入 1/10 体积的 3 mol/L NaAc（pH 值为 5.2）混匀，－20 ℃放置 2 h，4 ℃、12 000 r/min 离心 20 min。小心弃去上清液，加入 1 mL 75%乙醇洗一次，将乙醇快速挥发，加适量水于 50 ℃水浴 10 min 溶解 RNA。

（二）总 RNA 的吸光度分析（定量分析）

RNA 定量方法与 DNA 定量相似。RNA 在 260 nm 波长处有最大的吸收峰，因此，可以用 260 nm 波长分光测定 RNA 浓度，OD_{260} 值为 1 相当于大约 40 μg/mL 的单链 RNA。如用 1 cm 光径，用 ddH_2O 稀释 DNA 样品 72 倍并以 ddH_2O 为空白对照，根据此时读出的 OD_{260} 值即可计算出样品稀释前的浓度：

$$RNA\ (mg/mL) = 40 \times 读数 \times 稀释倍数(n)/1\ 000$$

RNA 纯品的 OD_{260}/OD_{280} 的比值为 2.0，故根据 OD_{260}/OD_{280} 的比值可以估计 RNA 的纯度。若比值较低，则说明有残余蛋白质存在；若比值太高，则提示 RNA 有降解。

（三）RNA 的电泳图谱

一般的 RNA 电泳都是用变性胶进行的，如果仅仅是为了检测 RNA 的质量，则没有必要进行如此麻烦的实验，用普通的琼脂糖凝胶就可以了。但是用于 RNA 电泳的电泳槽需做如下处理：先用 2% SDS 水溶液洗净，用双蒸水冲洗，再用无水乙醇干燥，灌满 3% H_2O_2 溶液，室温静置 10 min 后，用 DEPC 处理过的水彻底冲洗电泳槽。电泳的目的是在于检测 28S 和 18S 条带的完整性和它们的比值，或者是 mRNA smear 的完整性。一般的，如果 28S 和 18S 条带明亮、清晰、锐利（指条带的边缘清晰），并且 28S 的亮度在 18S 条带的 2 倍以上，则认为 RNA 的质量是好的。

（四）总 RNA 的保温实验（完整性分析）

以上两种方法都无法明确指示 RNA 溶液中有没有残留的 RNA 酶。如果溶液中有非常微量的 RNA 酶，则用上述方法很难察觉。由于后续的酶反应多数在 37 ℃以上并且长时间进行，如果 RNA 溶液中存在非常微量的 RNA 酶，则在后续的实验中仍然会有水解 RNA。下面介绍一个可以确认 RNA 溶液中是否残留 RNA 酶的方法。

按照样品浓度,从 RNA 溶液中吸取两份 1 000 ng 的 RNA 加入至 0.5 mL 的离心管中,并且用 pH 值为 7.0 的 Tris 缓冲液补充到 10 μL 的总体积,然后密闭管盖。把其中一份放入 70 ℃的恒温水浴中,保温 1 h,另一份放置在 -20 ℃冰箱中保存 1 h。之后,取出两份样本进行电泳,比较两者的电泳条带。如果两者的条带一致或者无明显差别(当然,它们的条带也要符合“(三) RNA 的电泳图谱”中的条件),则说明 RNA 溶液中没有残留的 RNA 酶污染;相反,如果 70 ℃保温的样本有明显的降解,则说明 RNA 溶液中有 RNA 酶污染。

六、注意事项

1. 整个操作要戴口罩,最好使用一次性手套,并尽可能在低温下操作。

2. 加氯仿前的匀浆液可在 -70 ℃保存一个月以上,RNA 沉淀在 75%乙醇中可于 4 ℃保存一周,-20 ℃保存一年。

实验五　真菌的生化及血清鉴定技术

一、实验目的

学习新型隐球菌循环荚膜抗原测定原理、方法;掌握糖发酵及同化试验的原理及方法;了解 API 试纸条鉴定念珠菌等其他的真菌生化及血清鉴定技术。

二、实验原理

深部真菌感染的诊断往往因缺乏特异性症状或体征而需借助辅助检查,如真菌镜检和培养、病理检查等。但由于取材困难、耗时长、阳性率低,难以满足临床需要。真菌生化及血清学鉴定实验具有简便、快速,以及敏感性和特异性相对较高的优点,检测真菌抗原、抗体及代谢产物等常用于临床深部真菌的实验室诊断。本实验以新型隐球菌循环荚膜抗原测定、糖发酵和同化试验、API 32 CAUX 酵母菌鉴定实验为代表,学习应用不同的生化及血清鉴定技术来鉴定真菌。

三、实验材料

1. 菌株和标本:白假丝酵母菌,热带假丝酵母菌,克柔假丝酵母菌 18~24 h 培养物;模拟新型隐球菌脑膜炎患者血清或脑脊液标本。

2. 试剂:酵母菌糖同化培养基,酵母菌糖(葡萄糖、麦芽糖、蔗糖)发酵管(带小倒管),葡萄糖,麦芽糖,蔗糖含糖纸片,新型隐球菌循环荚膜抗原测定试剂盒,API 32 CAUX 酵母菌鉴定试剂盒(BioMerieux),无菌生理盐水,API 悬浮培养基等。

3. 培养基:API C 培养基。

4. 器材:酒精灯,接种针,麦氏浊度管,无菌滴管,培养盒,带塞密封试管,恒温

培养箱,恒温水浴箱,水平摇床,吸管或 PSI 吸管,安瓿架,安瓿保护套,密封盒,比浊计,ATB 电子加样枪和 Tip 头,ATB Expression 仪或 miniAPI 仪或 apiweb TM 鉴定软件(生物梅里埃公司)。

四、实验方法

(一) 新型隐球菌循环荚膜抗原测定

1. 原理。采用免疫凝集原理用红色乳胶颗粒包被抗葡萄糖醛酰木糖基甘露聚糖(Gly－curonoxylomannan,GXM)单克隆抗体,定性或半定量测定血清、脑脊液、支气管肺泡灌洗液或尿液中隐球菌可溶性 GXM 抗原。

2. 步骤和方法按试剂盒说明书操作。

(1) 样品处理。取 120 μL 模拟标本加入到合适的带塞密封试管中,加 200 μL 酶稀释液,混合均匀,密封管口,于 56 ℃水浴加热 30 min,将试管从水浴中取出,滴 1 滴终止液(酶抑制剂)。如果样品为脑脊液,则以 100 ℃水浴加热 5 min 终止反应,不加终止液,恢复室温后再做凝集反应。

(2) 凝集反应。用 40 μL 稀释液稀释 1 滴乳胶,做阴性对照。将已处理好的样本 40 μL 加到凝集卡上,然后滴 1 滴乳胶试剂,用搅拌棒彻底混匀。放置在水平摇床上室温(18～30 ℃)下,160 r/min 摇 5 min,产生肉眼可见的凝集现象为阳性。阳性样本可稀释后做滴度测试。

(二) 真菌糖发酵和同化试验

1. 原理。发酵又称无氧代谢,是酵母菌或细菌在无氧条件下分解糖类,最终产物为乙醇和二氧化碳;同化又称有氧呼吸,是在有氧条件下,真菌分解利用碳源进行代谢,将糖类分解至最终产物二氧化碳和水。

2. 步骤和方法。

(1) 糖发酵试验。用接种针取白色假丝酵母菌、热带假丝酵母菌、克柔假丝酵母菌,分别接种到葡萄糖、麦芽糖、蔗糖发酵管,置 25～28 ℃培养 24～48 h,观察结果。

(2) 糖同化试验。将酵母菌制成菌悬液(1 mL 无菌生理盐水接入一接种环的新培养的酵母菌制成悬液),将此悬液全部倒入经溶化并冷却至 45 ℃左右的 20 mL 基础培养基中,倾入培养皿,使菌体在培养基中混合均匀,静置,凝固后在 28 ℃把培养皿倒置几小时,使表面不致太湿。然后在培养皿底部做上碳源名称的标记,分别用无菌不锈钢匙或无菌药匙,按标记加糖少许(约米粒大),如果结果不明显则可于第二天再补加一次糖。观察结果时以葡萄糖作对照,一般是 25～28 ℃培养 1～2 d 观察结果,凡在所加碳源的周围形成生长圈的为能同化者。生长缓慢的酵母或是在测半乳糖同化时,可适当采用液体培养法,即在含某种碳源的液体培养基中接入酵母,25～28 ℃培养 1～2 周,以含葡萄糖的液体培养基作对照,观察酵母生长情况,看是否更加浑浊或形成环、岛等,必要时可延长观察时间至三周。

(三) API 32 CAUX 酵母菌鉴定系统(按试剂盒操作说明进行)

1. 接种物的制备。按说明书"警告和注意事项"中的要求打开一支 API 悬浮培养基安瓿瓶(2 mL)或含 2 mL 无任何添加剂的无菌蒸馏水试管。从培养皿上取一个或几个 24～48 h 菌龄的新鲜待测菌落,建议用 ATB 比浊仪或其他比浊仪制备浊度相当于 2 个麦氏单位的菌悬液,或与麦氏标准比浊管比较。麦氏标准管配制如表 8.3 所列。

表 8.3 麦氏标准管配制

管号(McFarland)	0.5	1	2	3	4	5
0.25% $BaCl_2$/mL	0.2	0.4	0.8	1.2	1.6	2.0
1% H_2SO_4/mL	9.8	9.6	9.2	8.8	8.4	8.0
10^{-8} · 细菌的近似浓度/(mL^{-1})	1	3	6	9	12	15

具体方法:轻摇标准试管。以无菌操作将被测定的肉汤培养物加到与标准管相同直径(大小)的无菌试管中。以无菌操作向被测定试管加入无菌生理盐水(NaCl),直到浓度与所要求的标准管的浓度相同。找张白纸,打上平行直线,直接用眼睛观察,如图 8.1 所示,利用光在不同浓度液体折射不同做出判断。这需要经验,误差较大。

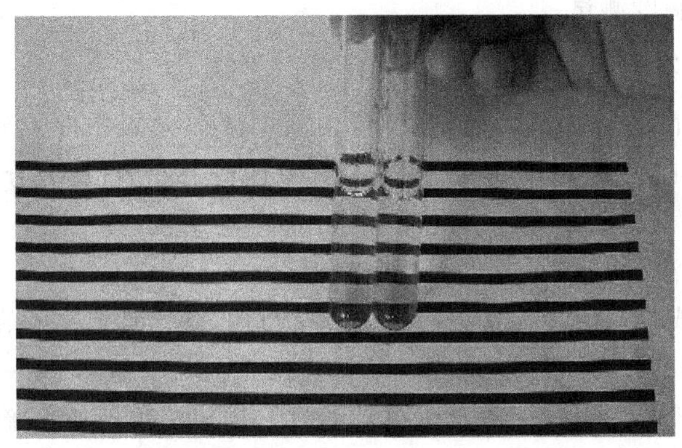

图 8.1 在黑白线条的纸上观察试管内样品的浊度

注意:若鉴定试条由仪器自动判读,则必须用 ATB 比浊仪或其他浊度仪准确调节真菌菌悬液的浊度。按说明书"警告和注意事项"中的要求打开一支 API C 培养基安瓿瓶,转移大约 250 μL 的菌悬液到该安瓿瓶中。菌悬液配好后应立即使用。

2. 试条的准备。从包装袋中取出鉴定试条,弃去干燥剂,盖上试条盖子,在鉴定试条的长端记录菌株的编号(见表 8.4),不要记录在盖子上。

3. 接种试条。混匀已接种的 API C 培养基,用 ATB 电子加样枪在鉴定试条上的每个试验杯中定量加入 135 μL 此培养基,盖上试条的盖子,29 ℃±2 ℃需氧培养

24～48 h。注意：有些通气式培养箱会挥发掉试验杯内所有的菌悬液，应将鉴定试条放在一个盛有少量水的密封盒中，形成潮湿环境以避免干燥。

4. 试条判读。使用 ATB Expression TM 仪或 miniAPI 仪自动判读：检查试剂条中间部分是否干净，以保证读数器可以识别试条的代码。检查印在试条上的试条名称和软件中显示的名称是否一致。读数器将检测每个试验杯中的细菌的生长情况，并将数据传输给计算机。人工判读结果：每个试验杯的生长与对照杯比较，若浊度大于对照杯则判为阳性，将结果记录在报告单上。另外，说明书中的真菌鉴定表中列出了该试条中各种生化反应预期结果可能出现的范围，可作为参考值。

表 8.4　ID 32 C 试条的成分

杯　号	试　验	底物名称	含量/(mg・杯$^{-1}$)	杯　号	试　验	底物名称	含量/(mg・杯$^{-1}$)
1.0	GAL	D-半乳糖	0.70	0.0	SOR	D-山梨醇	2.72
1.1	ACT	放线酮	0.014	0.1	XYL	D-木糖	0.70
1.2	SAC	蔗糖	0.66	0.2	RIB	D-核糖	0.70
1.3	NAG	N-乙酰葡萄糖胺	0.64	0.3	GLY	甘油	0.82
1.4	LAT	乳酸	0.64	0.4	RHA	L-鼠李糖	0.68
1.5	ARA	L-阿拉伯糖	0.70	0.5	PLE	PaLatinosE	0.66
1.6	CEL	D-纤维二糖	0.66	0.6	ERY	赤藓糖醇	1.44
1.7	RAF	D-棉子糖	2.34	0.7	MEL	D-蜜二糖	0.66
1.8	MAL	D-麦芽糖	0.70	0.8	GRT	葡萄糖醛酸钠	0.76
1.9	TRE	D-海藻糖	0.66	0.9	MLZ	D-松三糖	0.66
1.A	2KG	2-酮基葡萄糖酸钾	1.09	0.A	GNT	葡萄糖酸钾	0.92
1.B	MDG	甲基 α-D-吡喃葡萄糖苷	1.92	0.B	LVT	乙酰丙酸盐	0.48
1.C	MAN	D-甘露醇	0.68	0.C	GLU	D-葡萄糖	0.72
1.D	LAC	D-乳糖	0.70	0.D	SBE	L-山梨糖	0.70
1.E	INO	肌醇	0.70	0.E	GLN	葡萄糖胺	0.68
1.F	0	对照	—	0.F	ESC	七叶灵 柠檬酸铁	0.28 0.069

5. 检验结果的解释。人工读取结果后，将所得的反应转换成数字编码。在结果报告单上，每 3 个试验为一组，每组的阳性反应分别被赋予 1、2 或 4 的数值，然后将各组中 3 个试验值相加。使用 apiwebTM 鉴定软件判读结果时手工输入 10 位数的

编码：上排的4个数值（1.0～1.B杯）后跟下排的4个数值(0.0～0.B杯)，后面2个数值由下面的补充试验组成，即第9位数值是试验MAN、LAC、INO的编码(1.C、1.D、1.E孔)，第10位数值是GLU、SBE、GLN的编码(0.C、0.D、0.E孔)。例如土生隐球菌(*Cryptococcus humicolus*) ATCC 64676的实验结果(见表8.5)。ESC试验不被编码，只有在两个菌株难以分辨时，软件才需要读取ESC的结果。

表8.5 以土生隐球菌(*Cryptococcus humicolus*)ATCC 64676为例的转码表

GAL	ACT	SAC	NAG	LAT	ARA	CEL	RAF	MAL	TRE	2KG	MDG	MAN	LAC	INO	0
+	+	+	+	+	—	+	—	+	+	+	+	+	+	+	—
1	2	4	1	2	4	1	2	4	1	2	4	1	2	4	
7			3			5			7			7			
SOR	XYL	RIB	GLY	RHA	P LE	ERY	MEL	GRT	MLZ	GNT	LVT	G LU	SBE	GLN	ESC
+	+	+	—	+	+	+	+	+	—	+	+	+	+	+	—
1	2	4	1	2	4	1	2	4	1	2	4	1	2	4	
7			6			7			6			7			

注：土生隐球菌的数字编码为7357 7676 77，将其输入数据库(V3.0)进行比对得到鉴定结果。

五、结果统计

1. 检测新型隐球菌循环荚膜抗原时，出现肉眼可见的凝集者为阳性，阳性样本可稀释后做滴度测试。另外可能会因为抗原过高而出现假阴性，此时应做倍比稀释。类风湿因子(RF)与隐球菌抗原可能存在交叉反应，可采用EDTA或蛋白酶处理，或煮沸5 min，去除RF。

2. 比较白假丝酵母菌、热带假丝酵母菌和克柔假丝酵母菌的糖发酵和同化试验的结果。注意：凡是发酵某种碳水化合物的真菌都同化相应的碳水化合物，但同化某种碳水化合物的就未必能发酵该碳水化合物。

3. API 32 C AUX真菌鉴定与数据库比对，或查找对应生化百分率表得出结论和鉴定百分率，百分率越高，可信度越高。检验方法还存在一定的局限性。对保存的和各种不同来源的属于该数据库范围的共2 697株细菌进行了鉴定：89.4%的菌株可正确鉴定（需要或不需要补充试验）；7.8%的菌株不能鉴定；2.9%的菌株鉴定错误。遇到以下几种情况，有必要再孵育试条：① 分辨率很低；② 生化谱不能接受或可疑；③ 有以下信息提示：孵育时间少于48 h的鉴定结果不可靠。另外ID 32 C试条只能用于对含在该数据库以内的酵母菌进行自动鉴定，超出其范围的细菌，本试剂条不能鉴定。此方法只能用于单个细菌的纯培养物的鉴定，ID 32 C鉴定试条不能直接用于临床或其他标本。

实验六　梅毒螺旋体的检测

一、实验目的

熟悉钩端螺旋体的显微镜凝集试验和梅毒螺旋体的筛选试验与确证试验。

二、实验原理

梅毒螺旋体(*T. pallidum*)是引起人类梅毒的病原体,人是梅毒的唯一传染源,梅毒分为先天性和获得性两种,前者通过胎盘由母亲传染给胎儿,后者主要经性传播。实验室检测方法主要有暗视野镜检和血清学试验。后者大致分为非特异性类脂质抗原试验和特异性密螺旋体抗原试验两大类。前者又包括 VDRL、USR、RPR 和 TRUST 等,用于筛选性检测;后者包括 FTA - ABS 和 TPHA 试验,用于确证性试验。

三、实验材料

1. 样品：梅毒患者血清。

2. 试剂：Nichols 株梅毒螺旋体抗原悬液,USR 试剂盒,RPR 试剂盒,TRUST 试剂盒。

3. 器材：96 孔板,移液器等。

四、实验方法

(一) 不加热血清反应素试验(USR)

1. 性病研究实验室试验(Venereal Disease Research Laboratory Test,VDRL)所用的抗原是从牛心肌中提取的有效成分——心磷脂、卵磷脂及胆固醇,它们会和梅毒患者血清中的反应素在体外发生抗原抗体反应。USR 试剂盒中的抗原已进行了改良,将其用稀释液稀释后经离心沉淀,于沉淀中加入 EDTA、氯化胆碱和防腐剂。

2. 玻片定性试验。

(1) 吸取待测血清样品 0.05 mL,滴于玻片的圆圈中央,轻轻摇晃玻片使血清均匀分散到整个圆圈。用 200 μL 移液器吸取抗原,加一滴到血清样品上,摇动玻片 4 min。

(2) 结果判定。先用肉眼观察,再用 100 倍显微镜观察抗原颗粒或凝集沉淀。

“—”：颗粒细小,分布均匀。“±”：颗粒分布不规则,成为细小的凝集物。“+”：在显微镜下可见小块状凝集物,均匀分布。“++”：肉眼可见小块状凝集物,在显微镜下可见较大的块状凝集物,悬液清亮。“+++”：肉眼可见大片絮状凝集物。

3. 玻片半定量试验。

玻片定性试验阳性"++"以上者,可做半定量试验,以进一步诊断。先将待检测血清样品用生理盐水稀释6个稀释度,即血清原液、1∶2、1∶4、1∶8、1∶16、1∶32。各取0.05 mL稀释血清加到玻片的圆圈中,按定性试验方法操作和判定结果。

(二)快速血浆反应素环状卡片试验(Rapid Plasma Regain Circle Card Test, RPR)

1. 先在卡片的圆圈中加0.05 mL血清样品,轻轻扩散至整个圆圈,再用200 μL移液枪加一滴RPR抗原(RPR抗原是吸附于未经处理的活性炭颗粒上的类脂质抗原),旋转摇动8 min,速度约100 r/min,立即用肉眼观察结果。

2. 结果判定:在RPR白色纸卡片上,阴性样品的反应圈中没有黑色炭颗粒凝集,阳性样品反应圈中则可见明显黑色炭颗粒凝集。为了更好地区别阴性和弱阳性结果,可将纸卡片做30°倾斜并旋转,使血清与抗原在圆圈中流动。根据颗粒和絮状凝集的大小,依次用符号"+"记录结果。梅毒螺旋体RPR试验结果图如图8.2所示。

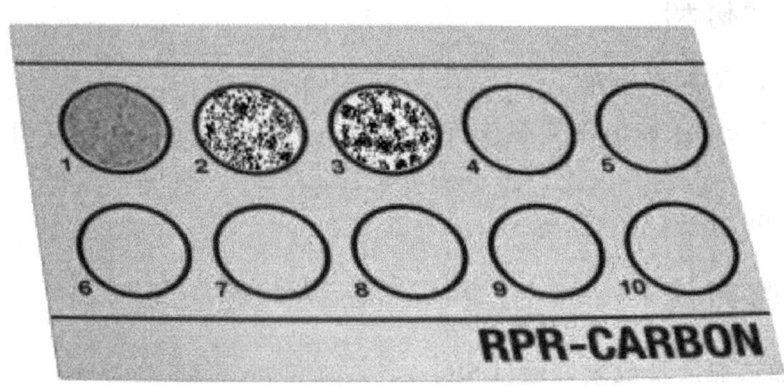

图8.2 梅毒螺旋体RPR试验结果图

(三)甲苯胺红不加热血清试验(Toluidine Red Unheated Serum Test, TRUST)

1. 将VDRL抗原加特制的甲苯胺红溶液制成混悬液。

2. 将待测血清及抗原悬液于试验前置于室温(23~29 ℃)中平衡片刻。

3. 分别吸取阴性和阳性血清各50 μL,加到反应卡片段2个圆圈内并铺匀;吸取待测血清样品一滴,加到其余圆圈内并铺匀。

4. 轻轻摇匀抗原,用专用滴管针头垂直滴加抗原一滴于血清圈内。

5. 摇动卡片8 min,立即用肉眼观察结果。

6. 结果判定:阴性——呈粉红色均匀分散的沉淀物;阳性——出现粉红色凝集块,根据凝集程度用"+"进行记录。

实验七　病毒的血凝抑制试验

一、实验目的

掌握血凝抑制试验的原理及应用;熟悉血凝抑制试验的方法及结果的判断。

二、实验原理

特异性抗体与病毒结合后,阻止病毒表面血凝素与红细胞结合,从而抑制了病毒的血凝作用,即为血凝抑制试验。血凝抑制试验常用于正黏病毒、副黏病毒抗体的快速检测,也可用于鉴定病毒型与亚型。若病毒的抗血清是已知的,则可鉴定该病毒的型与亚型;相反,若病毒是已知的,则可鉴定血清中有无特异的抗体。

血凝抑制试验使用的病毒量为 4 个血凝单位,首先要测定流感病毒血凝滴度。流感病毒的型与亚型标准诊断血清与流感病毒结合后,相对应的型、亚型发生血凝抑制作用,据此判断流感病毒的型与亚型。将流感病毒与倍比稀释的待检血清孵育后,加入鸡红细胞,根据红细胞的凝集情况,判断血清中血凝抑制抗体的效价。

三、实验材料

1. 病毒：流感病毒悬液(收获的鸡胚尿囊液)。

2. 试剂：流感病人血清(待检血清),0.5%鸡红细胞悬液,流感病毒(A、B、C 型)及甲型流感病毒亚型(抗 A_1、抗 A_2、抗 A_3)诊断血清,阴性血清,生理盐水。

3. 器材：100 μL 移液器及吸头,96 孔 V 形微量血凝板,恒温培养箱等。

四、实验方法

(一) 病毒血凝滴度的测定

1. 加生理盐水。血凝板从第 1～12 孔,用微量移液器加入生理盐水 50 μL/孔。

2. 稀释病毒。向血凝板第 1 孔中加入病毒悬液,换新吸头,混匀;从第 1 孔中取 50 μL 病毒稀释液加入第 2 孔中,换新吸头,混匀;依次倍比稀释,第 11 孔弃去 50 μL,第 12 孔为阴性对照,不加病毒悬液。病毒稀释倍数依次为 2,4,8,16,32,64,128,256,512,1 024,2 048。

3. 加鸡红细胞。从第 12 孔到第 1 孔逐孔加入 0.5%鸡红细胞悬液 50 μL,轻轻摇动血凝板混匀。37 ℃下静置 40 min 后观察结果。

4. 观察结果。观察血红细胞的凝集程度。

(二) 血凝抑制试验——定性试验

1. 4 个血凝单位病毒的调制：以血凝滴度除以 4,如病毒的血凝滴度为 256,那么 256÷4=64,1∶64 就是 4 个血凝单位。按此稀释度用生理盐水调制 4 个血凝单位病毒。

2. 先在 V 形血凝板上选择 7 个孔并排好序号。

3. 将 4 个血凝单位的流感病毒悬液分别加入上述 7 孔内,50 μL/孔。然后在 1、2 号孔上分别加入流感病毒 A 型、B 型的诊断血清,3、4、5 号孔分别加入抗 A_1、抗 A_2、抗 A_3 的诊断血清,6 号孔加阴性血清,7 号孔加生理盐水,以上各孔加量均为 50 μL/孔,加完后轻轻晃动,使所加试剂充分混匀,放置 5 min 后再进行下面的操作。

4. 上述 7 孔中分别加入 0.5%鸡红细胞,50 μL/孔轻轻摇动反应板使之混匀,室温静置 50 min 左右后观察结果。

(三) 血凝抑制试验——定量试验

1. 4 个血凝单位病毒的调制:以血凝滴度除以 4,如病毒的血凝滴度为 256,那么 256÷4=64,1∶64 就是 4 个血凝单位。按此稀释度用生理盐水调制 4 个血凝单位病毒。

2. 稀释血清:先将待检血清 56 ℃、30 min 灭活或用 10%鸡红细胞处理。血凝板从第 1~12 孔,用微量移液器加入生理盐水 50 μL/孔,向血凝板第 1 孔中加入待检血清 50 μL,换新吸头,混匀;从第 1 孔中取 50 μL 血清稀释液加入第 2 孔中,换新吸头,混匀;依次倍比稀释,第 10 孔弃去 50 μL,第 11,12 孔分别为病毒、生理盐水对照。待检血清稀释倍数依次为 2,4,8,16,32,64,128,256,512,1 024。

3. 向第 1~11 孔中分别加入 4 个血凝单位的流感病毒悬液 50 μL,第 12 孔为生理盐水对照,混匀后置 37 ℃,作用 1 h。

4. 从第 12~1 孔,在每孔中加入 0.5%鸡红细胞,50 μL/孔,轻轻摇动后,置 37 ℃,45 min 后观察结果。

五、结果统计

1. 记录病毒血凝滴度。

2. 根据标准诊断血清,报告流感病毒的型及亚型。

3. 根据血凝抑制结果,报告待检血清的血凝抑制效价。

六、注意事项

1. 病毒悬液和待检血清的稀释一定要准确,避免产生气泡。

2. 鸡红细胞应该新鲜配制。

实验八 实时荧光定量PCR法检测病毒的核酸

一、实验目的

学习PCR技术的原理、反应体系及反应条件；掌握PCR技术的操作步骤及结果判断。

二、实验原理

聚合酶链反应(Polymerase Chain Reaction,PCR)具有较高的敏感性和特异性。PCR反应体系主要包括DNA(模板)、引物、4种三磷酸脱氧核苷酸(dNTP)、耐热DNA聚合酶以及合适的缓冲液体系。PCR反应包括DNA模板解链(病毒DNA变性)、引物与模板DNA结合(退火)、DNA聚合酶催化合成新DNA链(延伸)三个过程，通过控制反应体系的温度来实现DNA的扩增，一般要达到分析所需的DNA的量，至少要进行30个循环。它不仅可以检测正在增殖的病毒，也能检测出潜伏的病毒，对于不能或难以在体外培养的细菌、病毒，均可用PCR进行检测。核酸是病毒的遗传物质，每一种病毒只含有一种核酸：DNA或RNA。检测病毒的核酸可以确定病毒的种类，对病毒进行型、亚型鉴定，还可以用于病毒变异研究、病毒性疾病的诊断，是病毒学检验中非常重要的实验技术。

三、实验材料

1. 病毒：接种于Vero细胞的单纯疱疹病毒(HSV-1)。

2. 试剂：病毒DNA提取试剂盒，上游引物，下游引物，dNTP，Taq，DNA聚合酶，10× PCR缓冲液，TAE电泳缓冲液，5×上样缓冲液，1 000×Genecolour I染料，琼脂糖，DNA相对分子质量标准等。

3. 器材：微量移液器及吸头，PCR反应管，PCR仪，DNA电泳系统，Eppendorf台式离心机，紫外透射反射仪或凝集成像分析仪。

四、实验方法

1. HSV-DNA的提取。Vero细胞和上清液均可用于病毒核酸的提取，可选用商品化的病毒DNA提取试剂盒。

2. PCR反应。

(1) 引物。上游引物F1 5'-ATG GTG AAC ATC GAC ATG TAC GG-3'；下游引物R1 5'-CCT CGC GTT CGT CCT TCC CC-3'，扩增片段长度469 bp。

(2) PCR反应体系。10×PCR缓冲液5 mL，DNA模板5～10 μL，dNTP(2 mol/L)5 μL，上游引物(50 μmol/L)1 μL，下游引物(50 μmol/L) 1 μL，TaqDNA

聚合酶 1 μL,RNase Free dH_2O 加至 50 μmol,混合均匀后离心 15 s,使液体沉至管底。配制 PCR 反应体系时,要防止核酸的污染,造成假阳性。

(3) PCR 反应条件。95 ℃预变性 5 min 后,进入 PCR 主循环。① 变性 95 ℃,1 min;② 退火 55 ℃,1 min;③ 延伸 72 ℃,30 s;步骤①、②、③ 30～35 个循环;④ 终延伸,8 min。反应产物冷却至室温后直接用于电泳分析。

3. PCR 产物的琼脂糖凝胶电泳。

(1) 灌胶。用 TAE 缓冲液配制 1%琼脂糖凝胶,微波炉加热,待琼脂糖完全溶解后,加入 1 000×Genecolour Ⅰ染料混匀,把梳子放在胶盒一端,倒胶。

(2) 待琼脂糖凝固后,将其放入电泳槽内,加入 TAE 缓冲液,拔下梳子。

(3) 加样。微量移液器吸取 PCR 产物 4～80 μL,加 5×上样缓冲液,混匀,将样品小心地加到梳齿位置,不要忘了加 DNA 相对分子质量标准作对照。

(4) 电泳。电泳时,凝胶点样一侧应放在电泳槽的负极,打开电源,电压 3～5 V/cm,注意电压不宜过大,防止温度升高导致胶熔化。当溴酚蓝迁移至距胶末端 1～2 cm 时,停止电泳。

(5) 观察结果。

五、实验结果

1. 在紫外透射反射仪或凝胶成像分析仪下观察电泳图谱,根据 DNA 相对分子质量标准,判断 469 bp 处是否有目的条带。

2. 结果报告 PCR 扩增阳性或者阴性。

实验九　酶联免疫技术(ELISA)检测黄曲霉毒素 b1 的含量

一、实验目的

学习用酶联免疫技术对微量物质进行精确检测。

二、实验原理

1993 年黄曲霉毒素被世界卫生组织(WHO)的癌症研究机构划定为 1 类致癌物,其危害性在于其对人及动物肝脏组织有破坏作用,严重时可导致肝癌甚至死亡。其中以 B1 毒性最强。B1 是二氢呋喃氧杂萘邻酮的衍生物,即含有一个双呋喃环和一个氧杂萘邻酮(香豆素)。前者为基本毒性结构,后者与致癌有关。

能够产生黄曲霉毒素的最主要的菌种是黄曲霉和寄生曲霉,此外曲霉属的黑曲霉、灰绿曲霉、赭曲霉等,青霉属的桔青霉、扩展青霉、指状青霉等,毛霉,镰孢霉,根霉,链霉菌等也能产生黄曲霉毒素。黄曲霉毒素存在于土壤,各种坚果,特别是花生

和核桃中。在大豆、稻谷、玉米、通心粉、调味品、牛奶、奶制品、食用油等制品中也经常发现黄曲霉毒素。

竞争性酶联免疫吸附间接法检测黄曲霉毒素 B1。试剂盒的反应板上已经预先包埋好抗体，样品或标准品中游离的黄曲霉毒素 B1 与酶标抗原竞争结合抗体上的结合位点，经洗板洗去多余的酶标抗原和黄曲霉毒素 B1 后，加入显色剂，其与酶标物作用而成蓝色，加入反应终止液后变成黄色，黄色越深说明黄曲霉毒素 B1 越少，用酶标仪在 450 nm 处测定荧光吸收值，通过计算可以得到样品中的黄曲霉毒素 B1 的污染水平。

三、实验材料

1. 生物材料：谷物 100 g，花生 100 g，植物油 100 mL。

2. 试剂：甲醇，石油醚，三氯甲烷。黄曲霉毒素 B1 酶联免疫定量检测试剂盒购自上海佑隆生物科技有限公司(产品编号 BA1041)，其组成如表 8.6 所列。

3. 器材：离心管，枪头，100 mL 三角瓶，漏斗，快速定性滤纸，50 mL 蒸发皿，定量慢速滤纸，125 mL 分液漏斗，卫生纸，酶标仪，涡旋振荡器，离心机，移液枪，恒温箱，冰箱等。

表 8.6　黄曲霉毒素 B1 酶联免疫定量检测试剂盒组成

名　称	数　量
黄曲霉毒素 B1 包被反应板(96 孔)	1 套
黄曲霉毒素 B1 标准品溶液(0、1、2.5、5、10、20 ppb)	1 套
11×酶标记物(0.6 mL)	1 瓶
显色剂	1 瓶
酶稀释液(11 mL)	1 瓶
20×浓缩洗液	1 瓶
终止液	1 瓶

注：试剂盒开封后，浓缩酶标记物、显色剂溶液在 2～8 ℃可稳定保存 3 个月，酶标反应板在 2～8 ℃可稳定保存 1 个月，其余组分可稳定保存至有效期。

四、实验方法

1. 待测样品的处理。

谷物：

(1) 样品粉碎，称取 4.0 g 置于 100 mL 三角瓶中；

(2) 加入 20 mL 甲醇水(7∶3的体积比)溶液，振荡 15 min；

(3) 用漏斗和滤纸过滤于另外一只 100 mL 三角瓶中；

(4) 取 1 mL 滤液加入 1 mL 纯水进行稀释，即得待测谷物样品液。

花生:

(1) 称取20 g花生,粉碎过筛,置于250 mL三角瓶中;

(2) 加入30 mL正己烷或者石油醚;

(3) 加入100 mL甲醇水(7∶3的体积比)溶液,振荡30 min;

(4) 倒入装有快速定性滤纸的分液漏斗中,静置分层;

(5) 将下层的甲醇水溶液放出于另一100 mL三角瓶中;

(6) 取上述20 mL甲醇水溶液(相当于4.0 g试样)置于另一125 mL分液漏斗中;

(7) 加入20 mL三氯甲烷,振摇2 min,静置分层(若出现乳化现象,则可滴加甲醇促进分层);

(8) 放出三氯甲烷层,经盛有约10 g预先用三氯甲烷湿润的无水硫酸钠的定量慢速滤纸过滤于50 mL蒸发皿中,再加5 mL三氯甲烷于分液漏斗中,重复振摇提取,与三氯甲烷层一并过滤于蒸发皿中,最后用少量三氯甲烷洗过滤器,洗液并于蒸发皿中;

(9) 将蒸发皿在通风橱下65 ℃水浴通风挥干;

(10) 冷却至室温后,用40 mL甲醇水 (35∶65的体积比)充分溶解,即为花生待测样品液。

植物油:

(1) 称取4 g植物油于小烧杯中;

(2) 用20 mL正己烷或者石油醚将试样移至125 mL分液漏斗中,振摇2 min,静置分层;

(3) 将下层甲醇水溶液移入另一个分液漏斗中;

(4) 再加5 mL甲醇水(7∶3)溶液于第一个分液漏斗中,重复振摇提取一次,将提取液一并移入第二个分液漏斗中;

(5) 在第二个分液漏斗中加入20 mL三氯甲烷,振摇2 min,静置分层(若出现乳化现象,则可滴加甲醇促进分层);

(6) 放出三氯甲烷层,经盛有约10 g预先用三氯甲烷湿润的无水硫酸钠的定量慢速滤纸过滤于50 mL蒸发皿中,再加5 mL三氯甲烷于分液漏斗中,重复振摇提取,与三氯甲烷层一并过滤于蒸发皿中,最后用少量三氯甲烷洗过滤器,洗液并于蒸发皿中;

(7) 将蒸发皿在通风橱下65 ℃水浴通风挥干;

(8) 冷却至室温后,用40 mL甲醇水 (35∶65)充分溶解,即为植物油待测样品液。

2. 试剂的准备。

(1) 将试剂盒从冰箱中取出,放置20 min到室温(回温)。

(2) 酶标记物工作液的准备:酶标记物的工作液是用酶标记物的稀释液对酶标

记物的浓缩液进行的稀释。稀释后所得的工作液在2～8 ℃能保存1周，所以要根据需要进行配制，如80 μL浓缩酶标记物加800 μL酶标稀释液，足够16孔使用。

(3) 洗涤液的配制：洗涤液是用蒸馏水对洗涤浓缩液进行1∶19的稀释，例如(20 mL浓缩液＋380 mL蒸馏水)，稀释后的洗液在室温下可稳定约1个月，室温超过30 ℃时，在2周内用完。

3. Elisa实验。

(1) 根据样品的检测数取足够数量的微孔板条，插入反应板支架上，将暂时不用的微孔板条放回带有干燥剂的锡箔袋中，并用试剂盒附带的自封袋封存。

(2) 各标准品孔中加入50 μL黄曲霉毒素B1标准品(标准品对光敏感，避免直接暴露在光线下，可放在一个小的暗盒里)，样品孔加入50 μL待测样品液(吸取不同的液体后，要更换枪头，即使是取不同浓度的标准品时)。

(3) 每孔加入50 μL酶标记工作液，轻轻摇晃混匀，于25 ℃恒温箱内孵育10 min。

(4) 孵育结束后甩掉微孔板内的液体，每孔加入250 μL洗液，静置1 min，倒掉洗液，重复洗涤3次，最后在吸水纸上将微孔板拍干。

(5) 每孔加入100 μL的显色剂，(显色剂对光敏感，避免直接暴露在光线下，可放在一个小的暗盒里)轻轻摇晃混匀，20～25 ℃避光环境下放置10 min(25 ℃恒温箱)。

(6) 反应结束每孔加入100 μL终止液。

(7) 用酶标仪在450 nm处进行测定(注意在加入终止液10 min内完成)。

(8) 结果判定：用酶标仪在450 nm处测得每孔的光吸收值(A)绘制标准曲线，通过标准曲线可准确定量样品中黄曲霉毒素B1的含量。标准曲线的横坐标为黄曲霉毒素B1标准品浓度的常用对数值，纵坐标为百分比B/B0×100%(即各标准品孔和样品孔光吸收值除以0 ppb标准品光吸收值再乘以100%所得)。样品中的10倍稀释已经被考虑在内，因此样品中的黄曲霉毒素B1浓度可以直接在曲线上读出，即通过计算样品孔吸光度A与A0 ppb的比值，查标准曲线，可得相应的样品浓度的常用对数值lg *C*，再对其求反对数，可得样品稀释液中AFB1的浓度。

实验十　乙型肝炎患者的血清学检测——乙肝两对半

一、实验目的

学习酶联免疫吸附试验的原理和方法类型；掌握乙肝两对半的结果分析及临床意义。

二、实验原理

临床上诊断乙肝病毒感染最常用的病原学诊断方法是用血清学反应检测 HBV 标志物。HBV 具有三对抗原抗体系统，即 HBsAg 与抗 HBs，HBeAg 与抗 HBe，HBcAg 与抗 HBc，由于 HBcAg 很难在血液中检出，所以临床免疫学检测不包括 HBcAg，而抗 HBc 又分为抗 HBc IgG 和抗 HBc IgM。目前常采用酶联免疫吸附法(ELISA)、化学发光法(CLA)或微粒子酶免疫分析法(MEIA)等检测。本节主要介绍临床上最常用的 ELISA 法，通过本实验，要求学生掌握乙型肝炎实验室常用的血清学诊断方法及其临床意义。

双抗体夹心法测 HBsAg 和 HBeAg，用单克隆抗- HBs(e)包被反应板，加入待测标本，同时加入多克隆抗- HBs(e)- HRP，当标本中存在 HBsAg 或 HBeAg 时，形成抗- HBs(e)- HBs(e) Ag -抗- HBs(e)- HRP 复合物，加入底物显色。用双抗原夹心法测抗- HBs，用纯化的 HBsAg 包被反应板，加入待测标本，同时加入 HBsAg - HRP，当标本中存在抗- HBs 时，形成 HBsAg -抗- HBs - HBsAg - HRP 复合物，加入底物显色。

用中和抑制法测抗- HBe，用单克隆抗- HBe 包被反应板，加入待测标本，同时加入重组 HBeAg 和多克隆抗- HBe - HRp，形成竞争结合，当标本中存在抗- HBe 时，则抗- HBe - HRP 与 HBeAg 结合成游离复合物被洗掉，加入底物显色淡或不显色。

竞争法测抗- HBc，用重组 HBcAg 包被反应板，加入待测标本，同时加入多克隆抗- HBc - HRP，与固相抗原形成竞争结合，当标本中存在抗- HBc 时，则抗- HBc - HRP 与固相 HBcAg 结合少，加入底物显色淡或不显色。

三、实验材料

1. 标本：待测血清标本。

2. 试剂：酶免乙肝五项(乙肝两对半)检测试剂盒(包括预包被反应板、酶结合物、显色液、浓缩洗涤液、终止液、阳性对照、阴性对照等)，生理盐水等。

3. 器材：微量移液器，酶标板，吸水纸，洗瓶，恒温培养箱，酶标仪等。

四、实验方法

1. 从 4 ℃冰箱取出试剂，平衡至室温，稀释浓缩洗涤液。

2. 加入待测血清样本。将血清标本加入预包被酶标板反应孔中，每孔 50 μL，同时做阴性对照、阳性对照和空白对照，其中阴性对照和阳性对照各 2 孔。

3. 加入酶结合物。除空白对照孔外，每孔加酶结合物 50 μL。

4. 混匀，37 ℃温箱孵育 30 min。

5. 洗涤。弃去孔中液体，拍干，用洗涤液注满每孔，静置 5～10 s，弃去孔中液体，拍干，如此反复洗涤 5 次。

6. 加酶作用底物。每孔分别加入显色液 A、B 各 50 μL，置 37 ℃避光孵育 10～20 min，充分显色。

7. 终止反应。每孔加入 50 μL 终止液终止反应，观察结果。

五、实验结果

1. 肉眼观察结果。

(1) 非竞争法：空白对照和阴性对照不显色，阳性对照出现明显的颜色，待测血清反应孔出现颜色变化判为阳性，否则判为阴性。

(2) 竞争法：出现颜色变化为阴性，不显色则为阳性。

2. 酶标仪判定结果。采用反应底物的最大吸收波长测定各孔吸光度 A 值，如底物为 TMB，则最大吸收波为 450 nm，测定 A_{450} 值，用空白孔校零。

(1) 非竞争法：以样本 A 值/阴性对照平均 A 值为判定依据，当该比值≥2.1 时判定为阴性，否则为阳性。当阴性对照 A 值低于 0.05 时，按 0.05 计算。

(2) 竞争法：临界值(CO)＝0.3×阴性对照平均 A 值；样本 A 值/CO<1 时，判定为阳性；否则为阴性。阴性对照 A 值>1.5 时，按 1.5 计算。

六、注意事项

1. 血清标本应新鲜，不要溶血。不能用 NaN_3 防腐，否则会导致错误结果。

2. 洗涤要彻底，保证洗液注满各孔，洗完板后在吸水纸上轻轻拍干，吸水纸不能反复使用。

3. 尽量避免将标本或反应组分溅到反应孔边缘，反应孔中避免产生气泡。

第九章 微生物的分类

实验一 原核微生物16S rRNA基因的分离及序列分析

一、实验目的

掌握PCR扩增基因的基本方法；了解16S rRNA用于细菌分类的基本程序。

二、实验原理

虽然16S rRNA是原核生物系统发育的时钟，但在实际操作中，一般不直接测定16S rRNA序列，主要因为它比较难提取，并且容易降解。通常是以细菌染色质DNA为模板，用特定引物对16S rRNA基因片段进行PCR扩增，然后采用sanger双脱氧法对PCR扩增产物进行测定。将所测序列与GeneBank中储存的相关序列进行对比，计算被分析细菌与已知种类的遗传距离，以确定其系统发育分类水平和分类地位，一般认为16S rRNA序列分析有助于细菌属以上水平的分类。

三、实验材料

1. 菌种与质粒：根瘤菌，大肠杆菌DH5α，pGEM－T载体。

2. 培养基。

(1) YMA固体培养基。

(2) LB液体培养基：蛋白胨10 g，酵母膏5 g，NaCl 10 g，蒸馏水1 000 mL，pH值为7.0，121 ℃灭菌30 min。

(3) 含氨苄西林(100 μg/mL)、异丙基β－D－硫代半乳吡喃糖苷(ITPG)和5－溴－4氯－3－吲哚－β－D－半乳糖苷(X－Gal)的LB固体培养基。

3. 细菌通用引物，27F：5'－AGA GTT TGA TCC TGG CTC AG－3'；1495R：5'－CTA CGG CTA CCT TGT TAC GA－3'。

4. 试剂和溶液：琼脂糖，TaqDNA聚合酶，dNTP，T4DNA连接酶，X－Gal溶液，ITPG溶液，限制性内切酶SpH Ⅰ和Pst Ⅰ，10×上样缓冲液，溴化乙锭(EB)，胶回收试剂盒，质粒提取试剂盒。

5. 器材：PCR仪，电泳仪，电泳槽，紫外检测仪，恒温培养箱，NanoDrop ND－1000微量核酸蛋白质检测仪等。

四、实验方法

1. 菌体培养。大肠杆菌DH5α菌株经LB固体培养基活化后，转接于5 mL灭

过菌的 LB 液体培养基中，根瘤菌经 YMA 固体培养基活化后接种于 5 mL 灭过菌的 YMA 液体培养基中，置于 28 ℃、转速为 150 r/min 的摇床上振荡培养至对数中后期，镜检确定无杂菌污染后，5 000 r/min 离心收集菌体。

2. 细菌基因组 DNA 提取。

(1) 菌体收集：取 1.5 mL 培养至对数中后期的菌液，用 10 mmol/L Tris－HCl 于 12 000 r/min 离心 5 min，洗涤 3 次，弃去上清液，收集菌体。

(2) 裂解：加入 50 μL 50 mg/mL 溶菌酶，37 ℃处理 1 h，每管加入 200 μL 裂解缓冲液(缓冲液含(终浓度)40 mmol/L Tris－HCl，20 mmol/L pH 值为 8.0 的乙酸钠，1 mmol/L 乙二胺四乙酸(EDTA)，1%十二烷基硫酸钠(SDS))，用枪头迅速抽吸以悬浮和裂解细菌细胞。

(3) 每管加入 66 μL 5 mol/L NaCl，充分混匀后，12 000 r/min 离心 10 min，去除蛋白复合物及细胞壁等杂质。

(4) 将上清液转入新的 1.5 mL 的离心管中，加入等体积的苯酚/氯仿/异戊醇(25∶24∶1)，上下颠倒混匀后，12 000 r/min 离心 5 min。

(5) 小心吸取上清液于新的 1.5 mL 的离心管中(注意不要吸到蛋白膜)，重复步骤(4)一次。

(6) 小心吸取上清液于新的 1.5 mL 的离心管中，加入两倍体积的预冷的无水乙醇沉淀，4 ℃、12 000 r/min 离心 15 min，弃去上清液。

(7) 加入 400 μL 70%乙醇洗涤沉淀，两次。

(8) 自然干燥至无乙醇后，加入 50 μL TE 或超纯水 4 ℃过夜溶解 DNA，DNA 溶解后于－20 ℃保存。

3. DNA 纯度和浓度的检测。使用 NanoDrop ND－1000 微量核酸蛋白质检测仪进行检测，用 ddH_2O 初始化，用 0.1×SSC 溶液调零，吸取 1.5 μL 待测 DNA 溶液测定并记录结果。OD_{260}/OD_{280} 的值一般应为 1.7～2.0，若小于 1.7，则说明所提取的 DNA 中可能含有较多蛋白质，需要加入少量的蛋白酶 K 保温后继续用苯酚/氯仿/异戊醇抽提；若比值大于 2.0，则说明可能有较多的 DNA 成为单链或者含有较多 RNA。

4. 16S rRNA 扩增。

(1) PCR 30 μL 反应体系：3 μL 10×缓冲液(含 KCl)，0.25 μL dNTP (10 mmol/L)，0.25 μL Taq 酶(5 U/μL)，1 μL 正向引物(10 μmol/L)，1 μL 反向引物(10 μmol/L)，1 μL DNA 模板(20～30 mg)，22 μL 超纯水。

(2) PCR 反应程序：① 95 ℃预变性，5 min；② 95 ℃变性，1 min；③ 56 ℃退火，1 min；④ 72 ℃延伸，2 min，②、③、④循环 30 次；⑤ 72 ℃再延伸 6 min，4 ℃保藏。

(3) PCR 产物的电泳检测：PCR 反应结束后，取 5 μL 反应产物加入预先制好的 1%琼脂糖凝胶点样孔中，100 V 水平电泳 50 min，凝胶经溴化乙锭(EB)染色 15 min 后，用凝胶成像系统拍照。

5. 16S rRNA基因PCR扩增片段回收。根据4.中的实验结果,如果扩增产物为唯一条带(1 500 bp左右),则可直接回收产物;否则从琼脂糖凝胶中切割核酸条带,并回收目的片段。

(1) 称量一个2 mL离心管的质量,并记录。

(2) 在紫外灯下切割含目的条带的凝胶,放入2 mL离心管,称量,计算凝胶质量。

(3) 每100 mg凝胶加入100 μL Bing缓冲液,混匀,60 ℃温育至凝胶溶化。

(4) 全部样品加入UNIQ-10柱中,10 000 r/min离心1 min,倒去收集管内的液体。

(5) 加入500 μL Bing缓冲液,10 000 r/min离心1 min,倒去收集管内的液体。

(6) 加入70%乙醇,10 000 r/min离心0.5 min。

(7) 再10 000 r/min离心2 min彻底甩干乙醇,吸附柱转移到一个新的1.5 mL的离心管。

(8) 加入30 μL预热的洗脱缓冲液,室温放置3 min,12 000 r/min离心2 min,留下的液体即回收的DNA片段。

6. 16S rRNA基因PCR片段的T克隆。

(1) PCR片段和Pgem-T载体连接。

(2) 在0.2 mL离心管内依次放置3 min,12 000 r/min离心2 min,留下的液体即回收的DNA片段,加入下列溶液:2×缓冲液,2 μL;T4 DNA ligase(T4 DNA连接酶),1 μL;PCR产物,50 ng;pGEM-T载体,100 ng;加无菌超纯水至10 μL,16 ℃连接过夜。

(3) 转化。将上述连接产物在冰上放置5 min,然后全部加入装有200 μL大肠杆菌DH5α感受态细胞的无菌微量离心管中,用预冷的无菌微量移液器的吸头轻轻混匀,置于冰浴2~3 min,加入LB液体培养基500 μL,于37 ℃、200 r/min缓摇孵育1 h,将适量培养物涂布于1.5% LB固体培养基平板(根据质粒性质添加抗生素Amp、X-Gal、IPTG),待胶表面没有液体流动时,37 ℃恒温培养箱倒置培养12~16 h。

(4) 转化菌落的筛选和鉴定。

① 挑取6个阳性克隆(白色单菌落),分别接种到15 mL含Amp(100 μg/mL)的LB液体培养基中,37 ℃振荡培养过夜。

② 通过碱法分别提取上述6个转化子的质粒,具体方法参照试剂盒说明书。

③ 用限制性内切酶SpH Ⅰ和Pst Ⅰ分别酶切上述6个转化子的质粒。在6个0.5 mL的无菌微量离心管中依次加入下列溶液,各转化子质粒,6 μL;10×缓冲液H,1.5 μL;SpH Ⅰ(10 μg/μL),0.5 μL;Pst Ⅰ(10 μg/μL),0.5 μL;加无菌超纯水至15 μL,37 ℃酶切2~3 h。

④ 在上述离心管中加入10×缓冲液1.5 μL,混合均匀后,取5 μL进行电泳鉴定。如果转化子为正确的重组子,则其质粒SpH Ⅰ和Pst Ⅰ的酶切会将16S rRNA

基因片段从载体中切下，因此可以观察到 1.5 kb 左右的酶切产物。

7. 16S rRNA 基因 PCR 片段序列的测序。将回收的片段送至生物公司测序，测序引物同 PCR 引物。每个片段的测序结果都包含一个 seq 格式的序列文件和 abl 格式的测序信号峰文件。将测序结果拼接后通过与美国国家生物技术信息中心(NCBI) BLASTn 比对，确定菌株种类。

五、结果统计

1. 获得 PCR 扩增后 16S rRNA 电泳图谱(标注 marker 和目的片段的大小)。
2. 根据测序结果，到 NCBI 上进行比对，确定该未知菌的种属。

实验二　真核微生物 18S rRNA 基因的分离及序列分析

一、实验目的

学习丝状真核 DNA 的提取方法；了解真核微生物 18S rRNA 基因的分离及序列分析过程。

二、实验原理

与原核微生物 16S rRNA 基因序列分析相对应，在真核微生物的分类研究中，可根据真核微生物 18S rRNA 序列同源性确定其亲缘关系。首先提取真核微生物染色质 DNA 作为模板，用特定引物对 18S rRNA 基因片段进行 PCR 扩增，然后采用 Sanger 双脱氧法对 PCR 扩增产物进行测序。

三、实验材料

1. 菌种：稻瘟霉(*Pyricularia oryzae*)。
2. 试剂：一组测序引物(正向引物：5′-CCAACCTGGTTGATCCTGCCAGTA-3′，反向引物：5′-CCTTGTTACGACTTCACCTTCCTCT-3′)，另一组测序引物(正向引物：5′-ACCAGACAAATCCCACC-3′，反向引物：5′-ACGAGGTAGTGACGAGAAAT-3′)，DNA 提取试剂，PCR 扩增试剂盒，PCR 产物纯化试剂盒，PCR 产物测序试剂盒等。
3. 器材：PCR 扩增仪，DNA 测序仪，离心机，电泳仪，微量移液器等。

四、实验方法

1. 模板 DNA 的制备。

(1) 将生长 6 d 的斜面菌种用无菌水洗下，并稀释至 10^7 个孢子/mL。250 mL 三角瓶装 50 mL DNA 液体培养基，灭菌后接入上述孢子悬液 1 mL，于 28 ℃振荡培养48 h,4 000 r/min离心收集菌体,并用无菌水洗涤两次备用。

(2) 取1支1.5 mL离心管,加入冻干磨碎的菌丝(干重20～60 mg)或在液氮中研磨磨碎新鲜菌丝(湿重0.1～0.3 g)。

(3) 加入400 μL溶菌缓冲液,混匀直至出现匀浆。如液体太黏稠,则可再加入溶菌缓冲液至700 μL。

(4) 65 ℃温育12 h。

(5) 加入等体积的氯仿:酚(1:1),混匀。

(6) 12 000 r/min,离心15 min,达到上层水相变清。

(7) 用微量移液器小心取出300～500 μL上层水相,勿带入界面的细胞碎片。反复进行酚氯仿抽提,直至有机相和水相之间没有蛋白膜的出现。

(8) 取出上层水相,加入10 μL 3 mol/L NaAc、0.54倍体积的异丙醇,轻轻倒转混匀,可见DNA沉淀,此操作动作要快。

(9) 12 000 r/min,离心15 min,达到上层水相变清,离心后,弃去上清液,用70%乙醇洗涤沉淀2次。

(10) 室温干燥20 min,挥发掉乙醇,100～500 μL TE或双蒸水溶解沉淀,用紫外分光光度计测 OD_{260},换算为DNA的浓度。

2. 模板DNA的处理。

3. PCR的反应过程:① DNA变性,95 ℃,30 s;② DNA复性,55 ℃,30 s;③ DNA延伸,72 ℃,60 s,①、②、③进行30次循环;④ 72 ℃下保温10 min。

除测序引物不同外,测序过程与实验一相同。

五、实验结果

1. 排列稻瘟霉18S rRNA的核苷酸序列

2. 参照其他真菌的18S rRNA核苷酸序列,试分析稻瘟霉与其他相关真菌的亲属关系。

实验三　细菌DNA同源性测定

一、实验目的

学习液相复性速率法测定细菌间DNA-DNA的同源性。

二、实验原理

双链结构的DNA分子在一定条件下(加热或变形剂处理),两条互补的链可以解开,分离成两条单链,即DNA变性,导致在260 nm的紫外吸收明显增加(即增色效应);去除变性因素后,在适宜条件下,变性DNA的两条互补的单链又可以重新组

合成双链分子，这一过程称为DNA复性，导致在260 nm的紫外吸收明显减少(减色效应)。不仅同一菌株的DNA单链可以复性成双链，即使来自不同菌株的DNA单链，只要二者DNA分子的碱基序列具有同源性，它们也会在其同源序列之间互补形成双链(即杂交)。细菌DNA同源性程度越高，杂交率也越高；反之亦然。DNA同源性测定(DNA-DNA杂交)是比较DNA碱基排列顺序的相似性方法之一。

核酸分子杂交的方法很多，按杂交反应环境可大致分为液相杂交和固相杂交两个基本类型，前者杂交反应在液体中进行，后者杂交反应在固体(通常是硝酸纤维素膜)上进行。固相杂交需要同位素标记DNA，而DNA标记的方法又分体内标记和体外标记两种。液相复性速率法是一种不需要同位素标记的液相杂交方法。其依据是细菌等原核生物的DNA通常不包含重复序列，在液体中复性(或杂交)时，同源DNA比异源DNA复性速度快，同源性越高，复性速度越快。本实验采用液相复性速率法，DNA的复性速度可以用紫外分光光度计来测定，根据复性速率和理论推导的公式，可以计算出不同细菌的DNA杂交率。

DNA同源性(H)的计算公式为

$$H=\frac{4V_m-(V_a+V_b)}{2\sqrt{V_a\times V_b}}$$

式中：V_a为样品中A的自身复性速率；V_b为样品中B的自身复性速率；V_m为样品A与B等量混合后的复性速率。一般情况下，V_a或$V_b>V_m>(V_a+V_b)/4$。

三、实验材料

1. 实验菌株：根瘤菌，大肠杆菌*E.coli* K-12。

2. 培养基及试剂。

(1) YMA固体培养基：酵母膏0.8 g，甘露醇10.0 g，NaCl 0.10 g，K_2HPO_4 0.25 g，KH_2PO_4 0.25 g，$MgSO_4\cdot7H_2O$ 0.20 g，琼脂18.0 g，H_2O 1 000 mL，pH值为7.0～7.2。

(2) TY液体培养基：胰蛋白胨5 g，酵母膏3 g，$CaCl_2\cdot2H_2O$ 0.7 g，H_2O 1 000 mL，pH值为6.8～7.0。

(3) 1×TES：50 mmol/L NaCl，5 mmol/L EDTA-Na_2，50 mmol/L Tris-HCl，pH值为8.0～8.2。

(4) 1×SSC：0.15 mol/L NaCl，0.015 mol/L柠檬酸钠，pH值为7.0。

(5) 3 mol/L NaAc，1 mmol/L EDTA-Na_2。

(6) 20% SDS(m/V)。

(7) P∶C∶I(苯酚∶氯仿∶异戊醇)=25∶24∶1(体积比)。

(8) C∶I(氯仿∶异戊醇)=24∶1(体积比)。

(9) 蛋白酶K：以20 mg/mL的浓度溶于SE(0.05 mol/L NaCl，0.1 mol/L EDTA，pH值为8.0)中，37 ℃保温自消化1 h，-20 ℃保存备用。

(10) RNase A：10 mg/mL(用10 mmol/L Tris－HCl，15 mmol/L NaCl，pH值为7.5溶液配制)100 ℃加热15 min，缓慢冷却至室温，小量分装后置－20 ℃保存。

(11) 5 mol/L $NaClO_4$。

3. 器材：恒温培养箱，恒温摇床，台式冷冻离心机，超声波破碎仪，Lambda Bio 35型紫外分光光度计，琼脂糖凝胶电泳等。

四、实验方法

(一) 菌体培养

实验菌株经YMA固体培养基斜面活化后，镜检，确定无杂菌污染后，接种于TY液体培养基中振荡培养。28 ℃培养至对数生长中期后(约40 h)，收集菌体。将菌液加入干净的50 mL离心管中，5 000 r/min，离心15 min，4 ℃离心收集。用1×TES悬浮菌体，同样条件下离心，洗涤3次。

(二) DNA提取

2 g左右菌体，加入TES(10 mL)，充分打散菌体→加入溶菌酶(2 mg)→37 ℃水浴保温30～60 min，温和摇动→20%SDS(1 mL，终浓度为2%)→55 ℃水浴保温10 min→蛋白酶K(50 μg/mL菌液)→55 ℃水浴保温30～60 min，温和摇动→2.5 mL 5 mol/L $NaClO_4$(终浓度为1 mol/L)→加入等体积P∶C∶I混合液，充分振荡使其呈乳浊液，约10 min→5 000 r/min，4 ℃，20～30 min离心→吸取上层水相，重复以上步骤2～3次至没有蛋白膜出现→RNase A(70 μg/mL菌液)→37 ℃水浴保温30～60 min→加入等体积的C∶I混合液，充分振荡→吸取上层水相至于冰浴中，然后加入1/10体积的冷3 mol/L NaAc，1 mmol/L EDTA－Na_2及等体积冷异丙醇，使DNA沉淀→用玻璃棒绕起DNA丝→置于70%乙醇中，4 ℃冰箱过夜，以洗涤无机盐和有机溶剂→95%乙醇中脱水后风干→溶于0.1×SSC中，纯度检查符合要求后置于－20 ℃短期保存。

(三) DNA样品纯度和离子强度要求

DNA片段的大小一般要求为2×10^5～5×10^5 Da (300～800 bp)。DNA样品的剪切采用超声波法(2 mL样品，超声速率40 W，超声3 s，间隔4 s，循环90次，共剪切3次)，剪切片段的合适大小需要用琼脂糖凝胶电泳进行观察，剪切后的DNA浓度A_{260}＝1.5～2.0(溶于2×SSC中)，不能高于2.3。

(四) DNA复性速率的测定

1. 开机。

(1) 打开紫外分光光度计电源预热20 min；

(2) 打开循环水浴电源；

(3) 打开PTP－1电源；

(4) 打开计算机电源。

2. 打开 UV Winlab 应用软件。在桌面上双击软件图标，出现其方法窗口，此时仪器已准备好。

3. 在方法窗口中选择时间驱动 TD 方法，设定合适的测定参数。

(1) Setup：当所需的参数通过 Timed. Inst. Sample 设置页设定好后，单击 Setup，将仪器调整到所设定的状态。当仪器达到状态时，Setup 消失，同时工具条中的 Start 变成绿色，分光光度计已准备好运行。

(2) 仪器调零：单击时间驱动 TD 方法中的 Autozero 键，出现对话框，加入参比液，进行调零。

(3) DNA 变性：将剪切好的 DNA 样品 400 μL 装入石英比色杯，将石英比色杯放入可加热的比色架内，然后插入温度传感器探头。将 PTP－1 温度设定为 95 ℃：按下 Func. 键，出现 SP 参数状态，通过上下三角键储存该温度值，当温控器显示屏的上层温度显示达到所设定的温度(95 ℃)时，开始计时并维持 10～15 min。

(4) 设定最适复性温度 Tor＝[0.51×(G＋C)mol%＋47]：上述 DNA 样品变性结束后，立刻将 PTP－1 温度器的温度设定为最适复性温度(可设定为 76 ℃)。几分钟后，当温控器显示屏的上层温度达到设定的最适复性温度后，即开始测定复性速率(注意：两菌的自身复性和杂交尽量连续进行，两菌 DNA 浓度尽量一致，杂交样品由 A、B 等量混合)。

(5) 复性速率的测定：单击 UV Winlab 时间驱动 TD 方法窗口中的 Start 按钮，紫外分光光度计即开始运行，同时计算机屏幕出现图形窗口，将结果显示出来。

(6) 数据处理：测定完成后，在 UV Winlab 方法窗口的任务栏中选择 Data handling，再选择 Data calculator，在其中的 Algorit hm 栏中选择 Slope；然后在 Dataset 中调出要处理的数据，选择计算范围；最后单击 Calculate，计算机将按程序计算所测直线的斜率，即样品的复性速率。

4. 计算 DNA 同源性：根据公式计算 DNA 同源性。

实验四　DNA 限制性片段长度多态性分析

一、实验目的

学习 DNA 限制性片段长度多态性分析技术原理及实验步骤；掌握琼脂糖凝胶电泳检测方法。

二、实验原理

传统的细菌分类技术以生理生化特征分析为主，随着现代生物技术的发展，DNA 指纹图谱技术广泛应用于细菌分类研究，最先应用的是细菌全基因组 DNA 限制性片段分析技术，具体方法为提取细菌基因组DNA，用限制性内切酶进行酶切，再用琼脂糖凝胶电泳分析限制性酶切片段的长度多态性，即RFLP。由于基因组DNA的酶切片段组分较复杂，利用该方法准确分析细菌基因组特性比较困难。

rRNA存在于所有生物细胞中，参与蛋白质的合成，其序列保守性强，进化非常缓慢，片段大小适中，是反映生物进化过程的“计时器和进化钟”。供试细菌的16S rDNA PCR－RFLP技术，首先将16S rDNA片段采用聚合酶链式反应扩增，PCR反应的主要过程为：在扩增缓冲液体系中，模板DNA在95 ℃左右变性解链，在50～70 ℃退火温度条件下分别与加入的一对引物的互补序列复性结合，引物在DNA聚合酶的作用下，在72 ℃沿模板序列5'→3'方向延伸，合成与目的DNA片段互补的新链，再经过30～40个循环即可获得百万倍以上的目的DNA片段。然后通过琼脂糖凝胶电泳得到供试菌株的电泳图谱，根据酶切片段的不同对细菌进行分群。16S rDNA PCR－RFLP主要用于细菌属、种水平的鉴定，该技术具有特异性较强、操作简便、耗时短等优点。

三、实验材料

1. 实验材料：根瘤菌DNA。

2. 试剂：2% 琼脂糖凝胶，6×TAE，6×上样缓冲液，DNA标准品，溴化乙锭(EB)储存液(10 mg/mL)。

3. 器材：Biorad凝胶成像仪，PCR仪移液器，枪头，离心管，恒温水浴锅，琼脂糖凝胶电泳仪，台式高速离心机。

四、实验方法

(一) PCR反应体系

供试根瘤菌DNA(50 ng/μL)，16S rDNA引物P1：5'－AGA GTT TGA TCC TCC TGG CTC AGA ACG GCT－3'，P2：5'－TAC GGC TAC CTT GTT ACG ACT TCA CCC C－3'，分别配制引物浓度至20 μmmol/L，Taq DNA聚合酶(5 U/μL)，2×PCR混合物，dNTP(2.5 mmol/L)，灭菌超纯水(ddH$_2$O)，限制性内切酶Hae Ⅲ、hinf Ⅰ、Msp Ⅰ、Taq I(10 U/μL)，10×酶切缓冲液。

(二) PCR扩增

PCR扩增体系为20 μL，成分如下：ddH$_2$O，8 μL；Taq混合物，10 μL；引物P1(20 μmol/L)，0.5 μL；引物P2(20 μmol/L)，0.5 μL；模板DNA(50 ng/μL)，1.0 μL；将各组分按以上顺序依次加入到PCR管中，轻轻振荡混匀后，离心5 s放入PCR仪进行扩增反应。

PCR反应程序：① 初始变性94 ℃，3 min；② 变性94 ℃，1 min；③ 退火55 ℃，1 min；④ 延伸72 ℃，2 min，②、③、④三步进行30次循环；⑤ 最终延伸72 ℃，

7 min,4 ℃保存。用0.8%的琼脂糖凝胶电泳检测PCR扩增产物,凝胶成像系统检测扩增片段长度及浓度,样品保存于-20 ℃备用。

(三) RFLP分析

1. 内切酶。

实验选用Hae Ⅲ、hinf Ⅰ、Msp Ⅰ、Taq Ⅰ四种限制性内切酶,识别序列和酶切位点如下:

Hae Ⅲ　5'-GG/CC-3';

hinf Ⅰ　5'-G/ANTC-3';

Msp Ⅰ　5'-C/CGC-3';

Taq Ⅰ　5'-T/CGA-3'。

2. 酶切体系:ddH_2O,7～9 μL;10×缓冲液,2 μL;牛血清蛋白(BSA),2 μL;内切酶(10 U/μL),1 μL;PCR产物,6～8 μL。

根据限制性内切酶的最适作用温度,将酶切体系置于37 ℃(或Taq Ⅰ为65 ℃),水浴条件下酶切反应3～6 h。

3. 琼脂糖凝胶电泳。制备2%的琼脂糖凝胶,取酶切体系10 μL,加2 μL 6×上样缓冲液,混匀后加入样品孔,100 V电泳50 min,电泳结束后,用Biorad凝胶成像仪扫描PCR-RFLP图谱,将检测结果保存备用。

(四) 聚类分析

根据供试菌株16S rRNA PCR-PFLP的聚类结果,分析供试菌株间的遗传关系。采用遗传分析软件NTSYS-pc2.10或Gelcompar Ⅱ对限制性内切酶酶切图谱进行聚类分析,获得菌株间聚类树状图,从而确定供试菌株的遗传分群和多样性特征。

实验五　细胞壁成分分析在分类中的应用

一、实验目的

掌握细胞壁糖类化合物组成分析的方法。

二、实验原理

将纯细胞壁在碱性条件下水解,然后用薄层层析的方法对该水解液进行细胞壁糖类化合物组成分析,通过比较各菌株之间层析图谱的异同,可以获得它们之间亲缘关系的信息。

三、实验材料

1. 菌种:大肠杆菌,枯草杆菌。

2. 试剂：TE缓冲液，KOH，微晶纤维素，1%鼠李糖，核糖，木糖，阿拉伯糖，甘露糖，葡萄糖和半乳糖的混合液，乙酸乙酯∶吡啶∶冰乙酸∶水＝8∶5∶1∶1.5，苯胺邻苯二甲酸等。

3. 器材：摇床，离心机，特制玻璃板等。

四、实验方法

1. 液体摇瓶培养。采用LB液体培养基，在28 ℃，220 r/min条件下，对大肠杆菌进行摇床培养18～24 h。

2. 菌体收集。以3 000 r/min速度离心培养液，沉淀的菌体用TE缓冲液洗涤2～3次，以去除细胞壁外的多糖。

3. 细胞破碎。取湿菌体200 mg，加5% KOH 1 mL，在100 ℃水浴中处理50～60 min，使菌悬液由黄褐色变为澄清。

4. 粗细胞壁的制备。3 000 r/min离心20 min，弃去已沉淀的未破碎壁细胞，收集上清液，10 000 r/min离心20 min，弃去上清液，收集沉淀，放入45 ℃烘箱干燥，得粗细胞壁。

5. 制板。把玻璃板洗净，按微晶纤维素∶水＝1∶5.5的比例充分混匀，每板(20 cm×30 cm)涂匀10 mL成薄层，风干过夜，备用，或者直接购买微晶纤维素板。

6. 细胞壁水解。在已制备的粗细胞壁中加入0.5 mol/L HCl，封口，120 ℃水解15 min，作为能分析的水解液。

7. 点样。取1 μL用于糖分析的水解样点样，标准品是同时含有1%鼠李糖、核糖、木糖、阿拉伯糖、甘露糖、葡萄糖和半乳糖的混合液。

8. 展层。用于细胞壁糖组分分析的展层系统为乙酸乙酯∶吡啶∶冰乙酸∶水＝8∶5∶1∶1.5(体积比)。

9. 显色。糖分析用苯胺邻苯二甲酸显色，120 ℃加热3～4 min，标准层析图谱依Rf值由小到大依次为半乳糖、葡萄糖、甘露糖、阿拉伯糖、木糖、鼠李糖，其中木糖与阿拉伯糖呈粉红色，其余糖呈黄色。

实验六　利用微生物快速测定仪对微生物进行分类

一、实验目的

学习利用计算机微生物分类鉴定系统进行分类鉴定的基本原理和一般操作方法；了解一般细菌、霉菌和酵母在分类鉴定时，菌种培养和菌悬液制备的方法；学习并掌握读数仪读取微孔培养板的结果；学习使用BIOLOG Microlog软件，掌握数据库使用方法。

二、实验原理

20 世纪 90 年代，美国 BIOLOG 公司研制开发出 BIOLOG 系统，用于微生物(细菌、放线菌、霉菌、酵母菌)的快速鉴定。结合 16S rRNA 序列分析和($G+C$)mol %，可以在很短的时间内得到未知菌分类鉴定的结果。

BIOLOG 分类鉴定系统由微孔板、菌体稀释液和计算机记录分析系统组成，其中微孔板有 96 个孔，横排为：1,2,3,4,5,6,7,8,9,10,11,12；纵排为：A,B,C,D,E,F,G,H。96 孔中都含有四氮唑类氧化还原染色剂，其中 A1 孔内是作为对照的水。其余 95 个孔是 95 种不同的碳源物质。对不同种类的微生物采用不同碳源组成的微孔板。待测微生物利用碳源进行代谢时会将四氮唑类氧化还原染色剂从无色还原成紫色，从而在微孔板上形成该微生物特征的反应模式或“指纹”，通过读数仪来读取颜色变化，并将该反应模式或“指纹”与数据库进行对比，就可以在瞬间得到鉴定结果；对于真核微生物酵母菌和霉菌，还需要通过读数仪读取碳源物质被同化后的变化(即浊度的变化)，以进行最终的分类鉴定。

三、实验材料

1. 菌种：革兰氏阳性菌，革兰氏阴性菌，酵母菌，霉菌各一株。

2. 培养基：BUG 琼脂培养基，BUG＋B 培养基，BUG＋M 培养基，BUY 培养基，2%麦芽汁琼脂培养基。

3. 试剂：BIOLOG 专用菌悬液稀释液，脱血纤维羊血，麦芽糖，麦芽汁提取物，琼脂粉，蒸馏水等。

4. 器材：BIOLOG 微生物分类鉴定系统及数据库，浊度仪，培养箱，显微镜，pH 计，八道移液器，读数仪等。

四、实验方法

1. 斜面培养物的准备。使用 BIOLOG 推荐的培养基和培养条件，对待测微生物进行斜面培养。培养基：好氧细菌使用 BUG＋B 培养基；厌氧细菌使用 BUA＋B 培养基；酵母菌使用 BUY 培养基；丝状真菌使用 2%麦芽汁琼脂培养基。培养温度：选择不同微生物生长最适宜的培养温度。培养时间：细菌 24 h，酵母 72 h，丝状真菌 10 d。

2. 制备特定浓度的菌悬液。将对数生长期的斜面培养物转入 BIOLOG 专用菌悬液稀释液中，同时对于革兰氏阳性球菌和杆菌，必须在菌悬液中加入 3 滴巯基乙酸钠和 1 mL 100 mmol/L 的水杨酸钠，使菌悬液浓度与标准悬液浓度具有同样的浊度。

3. 微孔板接种。不同种类的微生物选择不同的微孔板，即革兰氏染色阳性细菌采用 GP 板，革兰氏染色阴性细菌采用 GN 板，酵母菌采用 YT 板，霉菌采用 FF 板。

使用八道移液器将菌悬液接种于微孔板的96孔中，接种量分别是：细菌159 μL，酵母菌100 μL，霉菌100 μL。接种过程不能超过20 min。

4. 微生物培养。按照BIOLOG系统推荐的培养条件，并根据经验确定培养时间。

5. 读取结果。仔细阅读读数仪的使用说明，按照操作说明读取培养实验结果。如果认为自动读取的结果与实际明显不符，则可以人工调整阈值以得到认为是正确的结果。对霉菌阈值的调整会导致颜色和浊度的阴阳性都发生变化，实验时应加以注意。

GN、GP数据库是动态数据库，微生物总是最先利用最适碳源并产生颜色变化，颜色变化也最明显；而对于不适碳源菌体利用较慢，相应产生的颜色变化也较慢，颜色变化也没有最适碳源明显。这种数据库充分考虑了细菌利用不同碳源产生颜色变化速度不同的特点，在数据处理软件中采用统计学的方法使结果尽量准确。酵母菌和霉菌是终点数据库，软件可以同时检测颜色和浊度的变化。

6. 结果解释。软件将对96孔板显示出的实验结果按照与数据库的匹配程度列出鉴定结果，并在ID框中进行显示，如果实验结果与数据库已鉴定的菌种都不能很好匹配，则在ID框中就会显示"NO ID"。

第十章　微生物的保藏

实验一　液体石蜡法

一、实验目的

掌握液体石蜡保藏法。

二、实验原理

液体石蜡保藏法可作为定期移植保藏法的辅助方法。在液体石蜡覆盖下，菌种的生物代谢受到抑制，细胞老化被推迟。此方法可阻止氧气进入，使好氧菌不能继续生长，也可防止因培养基的水分蒸发而引起的菌体死亡，达到延长菌种保藏时间的目的。该保藏方法的时间为1～2年，简便易行。

三、实验材料

1. 菌种：待保藏的细菌，霉菌等。

2. 培养基：牛肉蛋白胨培养基(细菌)，马铃薯蔗糖培养基(用蔗糖代替葡萄糖有利于孢子形成，用于培养丝状真菌)。

3. 器材：试管，接种针，记号笔，恒温培养箱等。

四、实验方法

1. 石蜡灭菌。将医用液体石蜡装入三角瓶中，装量不超过总体积的1/3，塞上棉塞，外包牛皮纸，121 ℃灭菌30 min，连续灭菌2次。然后在40 ℃温箱中放置2周，或置105～110 ℃烘箱中烘2 h，以除去石蜡中的水，如水已除净，石蜡即呈均匀透明状液体，备用。

2. 培养。用斜面接种法或穿刺接种法把待保藏的菌种接种到合适的培养基中，取生长良好的菌株作为保藏菌种。

3. 添加石蜡。用无菌滴管吸取石蜡加至菌种管中，加入量以高出斜面顶端或直立柱培养基表面约1 cm为宜。如加入量太少，则保藏过程中会因培养基露出而逐渐变干，不利于菌种保藏。

4. 收藏。棉塞外包牛皮纸，或换上无菌橡皮塞，然后把菌种管直立放置于4 ℃冰箱中保藏。产芽孢细菌、放线菌及霉菌可保藏2年。酵母菌及不产芽孢的细菌可保藏1年左右。

5. 恢复培养。当需要使用时,用接种环从石蜡下面挑取少量菌种,并在管壁上轻轻碰几下,尽量使石蜡油滴净,再接种到新鲜培养基上。由于菌种外粘有石蜡油,生长较慢且有黏性,故一般须再移植1次才能得到良好的菌种。

实验二　冷冻干燥保藏法

一、实验目的

学习冷冻真空干燥保藏法原理;掌握冷冻真空干燥保藏菌种的方法。

二、实验原理

冷冻真空干燥保藏法又称冷冻干燥保藏法。该法集中了菌种保藏中低温、缺氧、干燥盒添加保护剂等多种有利条件,使微生物的代谢处于相对静止状态。同时该法可用于细菌、放线菌、丝状真菌(除少数不产孢子或只产生丝状体真菌外)、酵母菌及病毒的保藏。冷冻真空保藏法具有保藏菌种范围广、保藏时间长(一般可达10～20年)、存活率高等特点,是目前各种质资源库最普遍采用的菌种保藏方法之一。

三、实验材料

1. 菌种:待保藏的细菌,放线菌,酵母菌或霉菌。
2. 培养基:适于待保藏菌种的各种斜面培养基。
3. 试剂:脱脂牛奶,2% HCl、P_2O_5 等。
4. 器材:冻存管,长颈滴管,移液器,离心式冷冻真空干燥器。

四、实验方法

1. 准备冻存管。将冻存管湿热灭菌,于121 ℃灭菌30 min。

2. 制备脱脂牛奶。将新鲜牛奶煮沸,然后将装有该牛奶的容器置于冷水中,待脂肪漂浮于液面成层时,除去上层油脂。然后将此牛奶3 000 r/min,4 ℃,离心15 min,再除去上层油脂。如选用脱脂奶粉,则可直接配成20%乳液,然后分装,121 ℃灭菌30 min,并作无菌实验。

3. 制备菌液。斜面菌种培养,采用各菌种的最适培养基及最适温度培养斜面菌种,以获得生长良好的培养物。一般是在稳定期的细胞,如形成芽孢细菌,可采用其芽孢保藏;放线菌和霉菌则采用其孢子进行保藏。不同微生物其斜面菌种培养时间也有所不同,如细菌可培养24～48 h,酵母菌培养3 d左右,放线菌和霉菌则培养7～10 d。

吸取2～3 mL无菌脱脂牛奶加入一斜面菌种管中,然后用接种环轻轻刮下培养物,再用手搓动试管,制成均匀的细胞或孢子悬液。一般要求制成的菌液浓度达

10^8～10^{10} 个/mL 为宜。

4. 分装菌液。用无菌吸管将上述菌液分装于冻存管底部，每管 0.2 mL(采用离心式冷冻真空干燥机，每管 0.1 mL)，盖上盖子。分装菌液时注意不要将菌液粘在管壁上，同时，如果日后要统计保藏细胞的存活数，则必须严格地定量。

5. 菌液预冻。用记号笔将菌名和日期写在冻存管的特殊位置，将装有菌液的冻存管置于低温冰箱中(－45～－35 ℃)或冷冻真空干燥机的冷凝器室中，冻结 1 h。

6. 冷冻真空干燥。

(1) 初步干燥。启动冷冻真空干燥机制冷系统，当温度下降到－45 ℃时，将装有已冻结菌液的冻存管迅速置于冷冻真空干燥机钟罩内，开真空泵进行真空干燥。

若采用简易冷冻真空干燥装置时，打开冻存管的盖子，并在开动真空泵后 15 min 内使真空达到 66.7 Pa(0.5 Torr)以下，在此条件下，被冻结的菌液开始升华。继续抽真空，当真空度达到 13.3～26.7 Pa(0.1～0.2 Torr)后，维持 6～8 h。此时样品呈白色酥丸状，并从冻存管内壁脱落，可认为已初步干燥了。若采取离心式冷冻真空干燥机，则主要步骤为：① 将装有菌液冻存管的盖子打开，置于离心机的冻存管负载盘上，盖上钟罩。② 启动冷冻真空干燥机制冷系统，使冷冻真空干燥机冷凝器室温降至－ 45 ℃。③ 开动离心机并打开真空泵抽真空。④ 离心机转动 5～10 min 后(或当 Pirani 表显示约 670 Pa(5 Torr)时，冻存管中菌液即已被冻结)，关闭离心机。⑤ 继续抽真空，当 Pirani 表显示约 13.3 Pa(0.1 Torr)时，初步干燥即完成。

(2) 取出冻存管。先关闭真空泵，再关制冷机，然后打开进气阀，使钟罩内真空度逐渐下降，直至与室内气压相等后打开钟罩，取出冻存管。

(3) 第二次干燥。将上述冻存管室温抽真空(冷凝器室中放置一含适量 P_2O_5 的塑料盒)，或在－45 ℃下抽真空，冷凝器室中不需放置干燥剂。干燥时间应根据冻存管的数量、保护剂的性质和菌液的装量而定，一般为 2～4 h。

7. 封管。样品干燥后，继续抽真空达 1.33 Pa(0.01 Torr)时，盖上盖子。

8. 保藏。将上述真空度符合要求的冻存管置于 4 ℃冰箱保藏。

9. 恢复培养。先用 75%乙醇消毒冻存管外壁，然后将冻存管口在火焰上快速经过两次，再将少量合适培养液加入冻存管中，使干菌粉充分溶解，后用无菌的移液器吸取菌液至合适培养基中，也可用无菌接种环挑取少许干菌粉至合适培养基中，置最适温度下培养。

实验三　液氮冷冻法

一、实验目的

学习液氮超低温保藏菌种的原理和方法。

二、实验原理

将菌种保藏在超低温(-196～-150 ℃)的液氮中,在该温度下,微生物的代谢处于停顿状态,因此可降低变异率而达到长期保存的目的。对于用冷冻干燥保藏法或其他干燥保藏有困难的微生物和支原体、衣原体及难以形成孢子的霉菌、小型藻类或原生动物等都可用本法长期保藏,这是当前保藏菌种最理想的方法。为了减少超低温冻结菌种时所造成的损伤,必须将菌液悬浮于低温保护剂中,常用的低温保护剂有血浆、血清、氨基酸、脱脂牛乳和二甲基亚砜等,然后再分装至冻存管内进行冻结。冻结方法有两种,一是慢速冻结,二是快速冻结。较新的产品是程序降温盒,可以每分钟下降1 ℃的速度使样品由室温下降到-80 ℃后,立即将样品放入液氮储藏罐中作超低温冻结保藏。快速冻结指装有菌液的冻存管直接放入液氮冰箱作超低温冻结保藏。无论使用哪种冻结方法,如处理不当都会引起细胞的损伤或死亡。

由于细胞类型不同,其渗透性也有差异,要使细胞冻结至-196～-150 ℃,每种生物所能适应的冷却速度也不同,因此须根据具体的菌种,通过试验来决定冷却的温度。

用于细胞冻存的程序降温盒的控温原理主要有两种:一种是利用异丙醇,如图10.1(a)所示;另一种是利用空气微对流原理,如CellHome和CoolCell公司的新产品,如图10.1(b)所示。由于异丙醇有毒,易挥发,会逐渐被采用高耐温材料的产品替代。

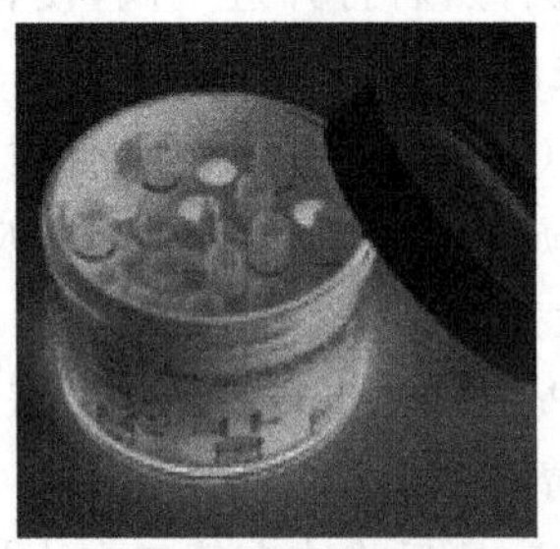

(a) 异丙醇程序降温盒

(b) 空气微对流程序降温盒

图10.1 程序降温盒

三、实验材料

1. 菌种:待保藏且生长良好的菌种。
2. 培养基:适合于待保藏菌生长的斜面培养基。
3. 试剂:10%甘油,10%二甲基亚砜。
4. 器材:打孔器,液氮生物储存罐,程序降温盒,冻存管,铝夹,超低温冰箱。

四、实验方法

1. 制备冻存管。冻存管大小以容量 2 mL 为宜，进行 121 ℃灭菌 30 min，备用。

2. 制备保护剂。配制 20%甘油或 10% DMSO 水溶液，然后 121 ℃灭菌 30 min。

3. 制备菌悬液。把单细胞的微生物接种到合适的培养基上，并在合适的温度下培养到稳定期，对于产生孢子的微生物应培养到形成成熟孢子的时期，再吸适量无菌生理盐水于斜面菌种管内，用接种环将菌苔从斜面上轻轻地刮下，制成均匀的菌悬液。

4. 加保护剂。吸取菌悬液 2 mL 于无菌试管中，再加入 2 mL 20%甘油或 10% DMSO，充分混匀。保护剂的最终浓度分别为 10%或 5%。

5. 分装菌液。将含有保护剂的菌液分装到冻存管中，每管装 0.5 mL。对不产生孢子的丝状真菌，可做平板培养，待菌长好后，用直径 0.5 mm 的无菌打孔器在平板上打下若干个圆菌块，然后用无菌镊子挑 2～3 块放到含有 1 mL 10%甘油或 5% DMSO 的冻存管中，然后把冻存管放于冻存盒中。

6. 冻结。适于慢速冻结的菌种在程序降温盒的控制下，使样品每分钟下降 1 ℃或 2 ℃，当下降至−40 ℃后，立即将冻存管放入液氮冰箱中进行超低温冻结。如果没有程序降温盒，则可在低温冰箱中进行，将低温冰箱调至−45 ℃(因冻存管内外温度有差异，故须再降低 5 ℃)后，将冻存管放入低温冰箱中 1 h，再放入液氮冰箱中保藏。对适于快速冻结的菌种，可直接将冻存管放入液氮冰箱中进行超低温冻结保藏。

7. 保藏。液氮超低温保藏菌种，可放在气相或液相中保藏。气相保藏，即将冻存管放在液氮冰箱内液氮液面上方的气相(−150 ℃)中保藏。液氮保藏，即将冻存管放入提桶内，再放入液氮(−196 ℃)中保藏。

8. 解冻恢复培养。将冻存管从液氮冰箱中取出，立即放入 37 ℃水浴中解冻，由于冻存管内样品少，约 3 min 即可溶化。如果要测定保藏后的存活率，则将样品稀释后进行平板计数，再与冻结前的样品计数比较，即可求出存活率。

第十一章　食品微生物应用技术

实验一　食品安全国家标准、食品微生物学检验、菌落总数的测定

一、实验目的

掌握用平板菌落计数法测定食品中菌落总数的基本原理和方法；了解菌落总数测定对食品安全学评价的意义。

二、实验原理

菌落总数的测定是食品微生物检验中的重要指标，从安全卫生学的角度来说，菌落总数可以用来判定食品被细菌污染的程度及产品质量，它反映了食品在生产过程中是否受到污染，以便对被检样品做出适当的安全学评价。菌落总数的多少在一定程度上标志着食品卫生质量的优劣。

菌落总数的定义：食品检样经过处理，在一定条件下（如培养基、培养温度和培养时间等）培养后，所得每 1 g(mL)检样中形成的微生物菌落总数。

三、实验材料

1. 培养基：平板计数琼脂培养基。

2. 试剂：磷酸盐缓冲液，无菌生理盐水。

3. 器材：恒温培养箱，冰箱，恒温水浴箱，天平，均质器，振荡器，微量移液器及吸头，250 mL 和 500 mL 无菌锥形瓶，无菌培养皿，pH 计，放大镜，菌落计数器或全自动菌落计数仪。

四、实验方法

1. 检验程序（参阅 GB/T 4789.2—2010）。菌落总数的检验程序如图 11.1 所示。

2. 样品的稀释。

(1) 固体和半固体样品。称取 25 g 样品置盛有 225 mL 无菌均质杯内，8 000～10 000 r/min 均质 1～2 min，或放入盛有 225 mL 无菌稀释液的无菌均质袋中，用拍击式均质器拍打 1～2 min，制成 1∶10 的样品匀液。

(2) 液体样品。以无菌吸管吸取 25 mL 样品置盛有 225 mL 无菌磷酸盐缓冲液或生理盐水的无菌锥形瓶中，瓶内预置适当数量的无菌玻璃珠，充分振荡混匀，制成

1∶10 的样品匀液。

(3) 用微量移液器吸取 1∶10 样品匀液 1 mL，沿管壁缓慢注于盛有 9 mL 稀释液的无菌试管中，注意吸管或吸头尖端不要触及稀释液面，振摇试管或换用一支无菌吸管反复吹打使其混合均匀，制成 1∶100 的样品匀液。

(4) 按上述操作，依次制成 10 倍递增系列稀释样品匀液。每递增稀释一次，换用一次 1 mL 吸头。

(5) 根据对样品污染状况的估计，选择 2～3 个适宜稀释度的样品匀液（液体样品可包括原液），每个稀释度分别吸取 1 mL 样品匀液加入两个无菌平皿内，同时作空白对照。

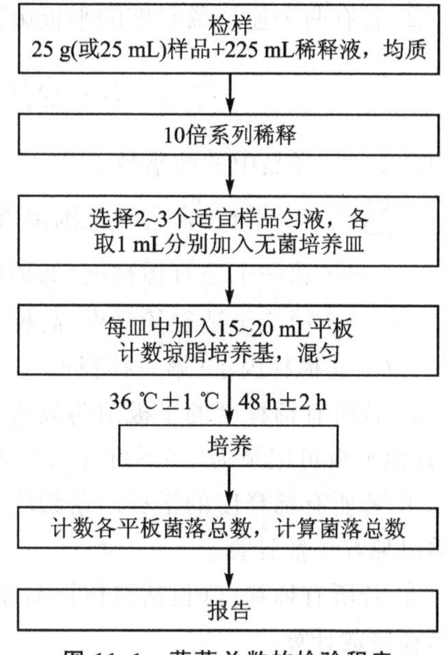

图 11.1　菌落总数的检验程序

(6) 及时将 15～20 mL 已冷却至 45 ℃ 的平板计数琼脂培养基倾注于平皿中，并转动平皿使其混合均匀。

3. 培养。

(1) 琼脂凝固后，将平板倒置，36 ℃±1 ℃培养 48 h±2 h。水产品 30 ℃±1 ℃培养 72 h±3 h。

(2) 如果样品中含有在琼脂培养基表面弥漫生长的菌落，则可在凝固后的琼脂表面覆盖一薄层琼脂培养基（约 4 mL），凝固后翻转平板，按(1)条件进行培养。

4. 菌落计数。可用肉眼观察，必要时可用放大镜或菌落计数器，记录稀释倍数和相应的菌落数量。

(1) 选取菌落数在 30～300 CFU 之间、无蔓延菌落生长的平板计数菌落总数。低于 30 CFU 的平板记录具体菌落数，大于 300 CFU 的可记录为“多不可计”。每个稀释度的菌落数应采用两个平板的平均值。

(2) 若一个平板有较大片状菌落生长，则不宜采用，而应以无片状菌落生长的平板作为该稀释度的菌落数；若片状菌落不到平板的一半，而其余一半中菌落分布又很均匀，则可计算半个平板后乘以 2，代表一个平板菌落数。

(3) 当平板上出现的菌落间无明显界线的链状生长时，则将每条单链作为一个菌落计数。

5. 结果的表述。

(1) 菌落总数的计算方法。

① 若只有一个稀释度平板上的菌落数在适宜计数范围内，则计算两个平板菌落数的平均值，再将平均值乘以相应稀释倍数，作为每 1 g(或 mL) 菌落总数的结果。

② 若有两个连续稀释度的平板菌落数在适宜计数范围内,则按下式计算:

$$N=\sum C/(n_1+0.1n_2)d \tag{11-1}$$

式中:N——样品中的菌落数;

$\sum C$—— 平板(含适宜范围菌落数的平板)菌落数之和;

n_1——第一个适宜稀释度(低稀释倍数)的平板个数;

n_2——第二个适宜稀释度(高稀释倍数)的平板个数;

d——稀释因子(第一稀释度)。

③ 若所有稀释度的平板菌落数均大于300 CFU,则对稀释度最高的平板进行计数,其他平板可记录为“多不可计”,结果按平均菌落数乘以最高稀释倍数计算。

④ 若所有稀释度的平板菌落数均小于30 CFU,则应按稀释度最低的平均菌落数乘以稀释倍数计算。

⑤ 若所有稀释度(包括液体样品原液)的平板均无菌落生长,则以小于1乘以最低稀释倍数计算。

⑥ 若所有稀释度的平板菌落数均不在30~300 CFU之间,其中一部分小于30 CFU或大于300 CFU时,则以最接近30 CFU或300 CFU的平均菌落数乘以稀释倍数计算。

(2) 菌落总数的报告。

① 菌落数在100 CFU以内时,按“四舍五入”原则修约,采用两位有效数字报告。

② 大于或等于100 CFU时,第三位数字采用“四舍五入”原则修约后,取前两位数字,后面用0代替位数;也可用10的指数形式来表示,按“四舍五入”原则修约后,采用两位有效数字。

③ 若所有平板上为蔓延菌落而无法计数,则报告菌落蔓延。

④ 若空白对照上有菌落生长,则此次检测结果无效。

⑤ 称重取样以CFU/g为单位报告,体积取样以CFU/mL为单位报告。

示例如表11.1所列。

表11.1 菌落总数计数示例

稀释度	1:100(第一稀释度)	1:1 000(第二稀释度)
菌落数/CFU	232,244	33,35

$$N=\frac{(232+244+33+35)\text{CFU}}{(2+0.1\times 2)\times 0.01}=\frac{544\ \text{CFU}}{0.022}=24\ 727\ \text{CFU}$$

按(2)菌落总数的报告中的②,菌落数表示为25 000 CFU或2.5×10^4 CFU。

实验二 食品安全国家标准、食品微生物学检验、大肠菌群计数

一、实验目的

学习并掌握食品中大肠菌群 MPN 计数法；了解大肠菌群在食品卫生学检验中的意义。

二、实验原理

大肠菌群是一群在 37 ℃，24～48 h 能发酵乳糖，产酸产气，需氧和兼性厌氧的 G^- 无芽孢杆菌。大肠菌群主要是由肠杆菌科中四个菌属（即埃希菌属、柠檬酸杆菌属、克雷伯菌属及肠杆菌属）内的一些细菌所组成的。该菌群主要来源于人畜粪便，作为粪便污染指标评价食品的卫生状况，推断食品中肠道致病菌污染的可能。最大或然数 MPN 是基于泊松分布的一种间接计算方法，大肠菌群 MPN 计算法的原理是根据大肠菌群的定义，利用大肠菌群发酵乳糖、产酸产气的特征，经试验证实为大肠菌群阳性管数，查 MPN 表报告单位量的样品中大肠菌群 MPN。

三、实验材料

1. 培养基：月桂基硫酸盐胰蛋白胨（Lauryl Sulfate Tryptose，LST）肉汤，煌绿乳糖胆盐（Brilliant Green Lactose Bile，BGLB）肉汤，结晶紫中性红胆盐琼脂（Violet Red Bile Agar，VRBA）。

2. 试剂：磷酸盐缓冲液，无菌生理盐水，无菌 1 mol/L 氢氧化钠溶液，无菌 1 mol/L 盐酸溶液。

3. 器材：培养箱，冰箱，水浴箱，天平，发酵管均质器，振荡器，微量移液器，锥形瓶，培养皿，pH 计，菌落计数器。

四、实验方法

（一）大肠菌群 MPN 计数法

1. 检验程序。大肠菌群 MPN 计数的检验程序如图 11.2 所示。

2. 操作步骤。

（1）样品的稀释。

① 固体和半固体样品：称取 25 g 样品，放入盛有 225 mL 无菌磷酸盐缓冲液或生理盐水的无菌均质杯内，8 000～10 000 r/min 均质 1～2 min，或放入盛有 225 mL 无菌磷酸盐缓冲液或生理盐水的无菌均质袋中，用拍击式均质器拍打 1～2 min，制成 1∶10 的样品匀液。

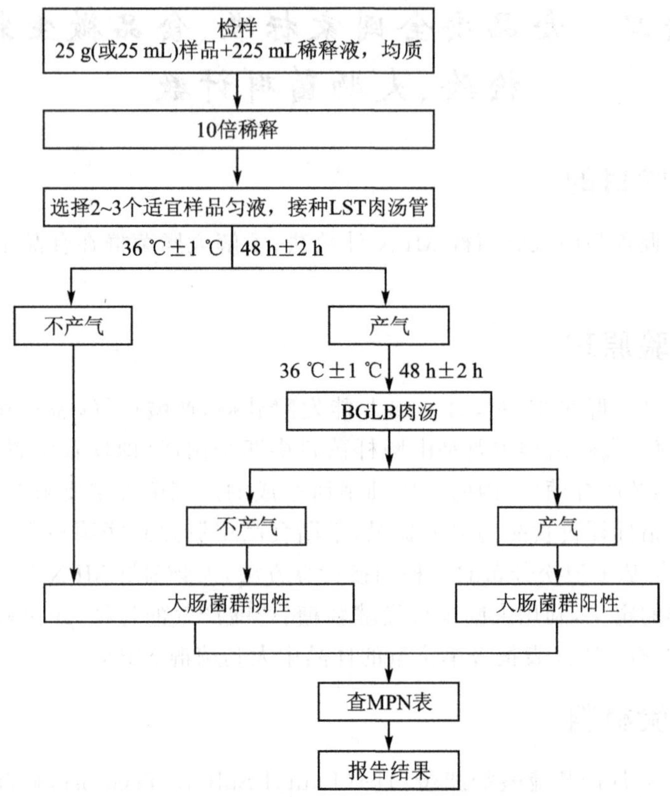

图11.2 大肠菌群MPN计数法检验程序

② 液体样品：以无菌吸管吸取25 mL，样品置盛有225 mL无菌磷酸盐缓冲液或生理盐水且内含玻璃珠的无菌锥形瓶中，充分混匀，制成1∶10的样品匀液。

③ 样品匀液的pH值应在6.5～7.5之间，必要时分别用1 mol/L氢氧化钠或1 mol/L盐酸调节。

④ 用1 mL无菌吸管或微量移液器吸取1∶10样品匀液1 mL沿管壁缓缓注入盛有9 mL磷酸盐缓冲液或生理盐水的无菌试管中。注意吸管或吸头尖端不要触及稀释液面，振摇试管或换用1支1 mL无菌吸管反复吹打，使其混合均匀，制成1∶100的样品匀液。

⑤ 根据对样品污染状况的估计，按上述操作，依次制成10倍递增系列稀释样品匀液，每递增稀释1次换用1支1 mL无菌吸管或吸头。从制备样品匀液至样品接种完毕，全过程不得超过15 min。

(2) 初发酵试验。每个样品选择3个适宜的连续稀释度的样品匀液(液体样品可用原液)，每个稀释度接种3管LST肉汤，每管接种1 mL，36 ℃±1 ℃培养24 h±2 h，观察倒置发酵管内是否有气泡产生，24 h±2 h产气者进行复发酵试验，如未产

气则继续培养至 48 h±2 h，产气者进行复发酵试验。未产气者为大肠菌群阴性。

(3) 复发酵试验。用接种环从产气的 LST 肉汤管中分别取培养物 1 环，移种于 BGLB 管中，36 ℃±1 ℃培养 48 h±2 h，观察产气情况。产气者，计为大肠菌群阳性管。

(4) 大肠菌群最可能数(MPN)的报告按"复发酵试验"确证的大肠菌群 LST 阳性管数，检索 MPN 表(见表 11.2)，报告每 1 g(mL)样品中大肠菌群的 MPN 值。

表 11.2　大肠菌群最可能数(MPN)检索表

阳性管数			MPN	95%可信度	
1 mL(g)×3	0.1 mL(g)×3	0.01 mL(g)×3	个/100 mL(g)	下限	上限
0	0	0	<30	<5	90
0	0	1	30		
0	0	2	60		
0	0	3	90		
0	1	0	30	<5	130
0	1	1	60		
0	1	2	90		
0	1	3	120		
0	2	0	60		
0	2	1	90		
0	2	2	120		
0	2	3	150		
0	3	0	90		
0	3	1	130		
0	3	2	160		
0	3	3	190		
1	0	0	40	<5	200
1	0	1	70	<10	210
1	0	2	110		
1	0	3	150		
1	1	0	70	10	230
1	1	1	110	30	360
1	1	2	150		
1	1	3	190		
1	2	0	110	30	360
1	2	1	150		
1	2	2	200		
1	2	3	240		

续表 11.2

阳性管数			MPN	95%可信度	
1 mL(g)×3	0.1 mL(g)×3	0.01 mL(g)×3	个/100 mL(g)	下限	上限
1	3	0	160		
1	3	1	200		
1	3	2	240		
1	3	3	290		
2	0	0	90	30	360
2	0	1	140	70	370
2	0	2	200		
2	0	3	260		
2	1	0	150	30	440
2	1	1	200	70	890
2	1	2	270		
2	1	3	340		
2	2	0	210	40	470
2	2	1	280	100	1 500
2	2	2	350		
2	2	3	420		
2	3	0	290		
2	3	1	360		
2	3	2	440		
2	3	3	530		
3	0	0	230	40	1 200
3	0	1	390	70	1 300
3	0	2	640	150	3 800
3	0	3	950		
3	1	0	430	70	2 100
3	1	1	750	140	2 300
3	1	2	1 200	300	3 800
3	1	3	1 600		
3	2	0	930	150	3 800
3	2	1	1 500	300	4 400

续表 11.2

阳性管数			MPN	95%可信度	
1 mL(g)×3	0.1 mL(g)×3	0.01 mL(g)×3	个/100 mL(g)	下限	上限
3	2	2	2 100	350	4 700
3	2	3	2 900		
3	3	0	2 400	360	13 000
3	3	1	4 600	710	24 000
3	3	2	11 000	1500	48 000
3	3	3	>24 000		

注：1. 本表采用 3 个稀释度，即 1 mL(g)，0.1 mL(g)，0.01 mL(g)，每个稀释度 3 支管。

2. 表内所列检样量如改用 10 mL(g)，1 mL(g)，0.1 mL(g)时，表内数字应相应降低 $\frac{1}{10}$；如改用 0.1 mL(g)，0.01 mL(g)，0.001 mL(g) 时，则表内数字相应增加 10 倍，其余可类推。

(二) 大肠菌群平板计数法

1. 检验程序。大肠菌群平板计数法的检验程序如图 11.3 所示。

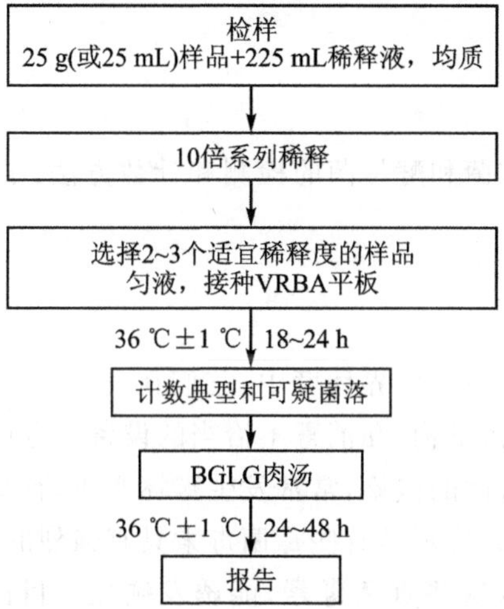

图 11.3　大肠菌群平板计数法检验程序

2. 操作步骤。

(1) 样品的稀释同大肠菌群 MPN 计数法。

(2) 平板计数。

① 选取 2～3 个适宜的连续稀释度，每个稀释度接种 2 个无菌平皿，每皿 1 mL。同时取 1 mL 生理盐水加入无菌平皿作空白对照。

② 及时将 15～20 mL 冷却至 46 ℃的 VRBA 倾注于每个平皿中。小心旋转平皿，将培养基与样液充分混匀，待琼脂凝固后，再加 3～4 mL VRBA 覆盖平板表层。

将平板倒置于36 ℃±1 ℃培养18～24 h。

(3) 平板菌落数的选择：选取菌落数在15～150 CFU之间的平板，分别计数平板上出现的典型和可疑大肠菌群菌落，典型菌落为紫红色，菌落周围有红色的胆盐沉淀环，菌落直径为0.5 mm或更大。

(4) 证实试验：从VRBA平板上挑取10 CFU不同类型的典型和可疑菌落，分别移种于BGLB肉汤管内，36 ℃±1 ℃培养24～48 h，观察产气情况。凡BGLG肉汤管产气者，即可报告为大肠菌群阳性。

(5) 大肠菌群平板计数的报告：经最后证实为大肠菌群阳性的试管比例乘以(3)中计数的平板菌落数，再乘以稀释倍数，为每1 g(mL)样品中大肠菌群数。例：10^{-4}样品稀释液1 mL，在VRBA平板上有100 CFU典型和可疑菌落，挑取其中10 CFU接种于BGLB肉汤管内，证实有6个阳性管，则该样品的大肠菌群数为

$$100\ \text{CFU}\times(6/10)\times10^{4}/\text{g(mL)}=6.0\times10^{5}\ \text{CFU/g(mL)}$$

实验三　食品安全国家标准、食品微生物学检验、霉菌和酵母菌计数

一、实验目的

学习并掌握食品中霉菌和酵母菌的检测和计数方法；了解霉菌和酵母菌在食品卫生学检验中的意义。

二、实验原理

霉菌和酵母菌广泛分布于外界环境中，它们在食品上可以作为正常菌相的一部分，或者作为空气传播性污染物，在消毒不恰当的设备上也可能被发现。各类食品和粮食由于遭受霉菌和酵母菌的侵染，常常发生霉坏变质，有些霉菌的有毒代谢产物会引起各种急性和慢性中毒，特别是有些霉菌毒素具有强烈的致癌性。实践证明，一次大量食入或长期少量食入这些真菌毒素，能诱发癌症。目前，已知的产毒霉菌如青霉、曲霉和镰刀菌在自然界分布较广，对食品的侵染机会也较多。因此，对食品加强霉菌的检验，在食品卫生学上具有重要的意义。霉菌和酵母菌菌落数的测定是指食品检样经过处理，在一定条件下培养后，所得1 g或1 mL检样中所含的霉菌和酵母菌菌落数(如粮食样品是指1 g粮食表面的霉菌总数)。霉菌和酵母菌数主要作为判定食品被霉菌和酵母菌污染程度的标志，以便对食品的卫生状况进行评价。

三、实验材料

1. 培养基：马铃薯-葡萄糖-琼脂培养基，孟加拉红培养基。

2. 器材：除微生物实验室常规灭菌及培养设备外，还需恒温培养箱，冰箱，均质器，恒温振荡器，显微镜，电子天平，无菌锥形瓶，广口瓶，无菌吸管，无菌平皿，无菌试管，无菌牛皮纸袋，无菌塑料袋。

四、实验方法

1. 检验程序。霉菌和酵母菌计数的检验程序如图 11.4 所示。

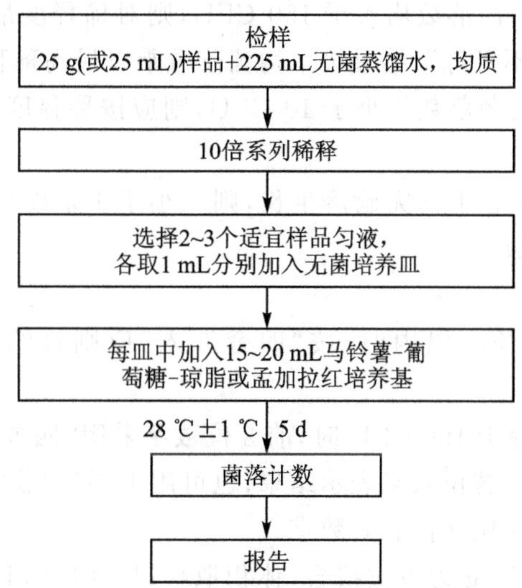

图 11.4 霉菌和酵母菌计数的检验程序

2. 样品的稀释。

(1) 固体和半固体样品：称取 25 g 样品至盛有 225 mL 灭菌蒸馏水的锥形瓶中，充分振摇，即为 1∶10 稀释液；或放入盛有 225 mL 无菌蒸馏水的均质袋中，用拍击式均质器拍打 2 min，制成样品匀液。

(2) 液体样品：以无菌移液管吸取 25 mL 样品至盛有 225 mL 无菌蒸馏水的锥形瓶，可在瓶内预置适当数量的无菌玻璃珠，充分混匀，制成 1∶10 的样品匀液。

(3) 取 1 mL 1∶10 稀释液注入含有 9 mL 无菌水的试管中，另换一支 1 mL 无菌吸管反复吹吸，此液为 1∶100 稀释液。

(4) 按(3)操作程序，制备 10 倍系列稀释样品匀液。每递增稀释一次，换用一支 1 mL 无菌吸管。

(5) 根据对样品污染状况的估计，选择 2～3 个适宜稀释度的样品匀液(液体样品可包括原液)，在进行 10 倍递增稀释的同时，每个稀释度分别吸取 1 mL 样品匀液于 2 个无菌平皿内，同时作空白对照。

(6) 及时将 15～20 mL 冷却至 45 ℃的马铃薯-葡萄糖-琼脂或孟加拉红培养基，倾注平皿，并使其混合均匀。

3. 培养。待琼脂凝固后,将平板倒置,28 ℃±1 ℃培养5 d,观察并记录。

4. 菌落计数。肉眼观察,必要时可用放大镜,记录各稀释倍数的霉菌和酵母数。选取菌落数在10~150 CFU的平板,根据菌落形态分别计数霉菌和酵母菌数。霉菌蔓延生长覆盖整个平板的可记录为"多不可计"。菌落数应采用两个平板的平均值。

5. 结果与报告。

(1) 计算两个平板菌落数的平均值,再将平均值乘以相应稀释倍数计算。

① 若所有平板上的菌落数均大于150 CFU,则对稀释度最高的平板进行计数,其他平板可记录为"多不可计",结果按平均菌落数乘以最高稀释倍数计算。

② 若所有平板上的菌落数均小于10 CFU,则应按稀释度最低的平均菌落数乘以稀释倍数计算。

③ 若所有稀释度平板上均无菌落生长,则以小于1乘以最低稀释倍数计算,如为原液,则以小于1计数。

(2) 报告。

① 菌落数在100 CFU以内时,按"四舍五入"原则修约,采用2位有效数字报告。

② 菌落数大于或等于100 CFU时,前3位数字采用"四舍五入"原则修约后,取前2位数字,后面用0代替位数来表示结果;也可用10的指数形式来表示,此时也按"四舍五入"原则修约,采用2位有效数字。

③ 称重取样以CFU/g为单位报告,体积取样以CFU/mL为单位报告,报告或分别报告霉菌和/或酵母菌数。

实验四　食品安全国家标准、食品微生物学检验、致病菌检验

Ⅰ　沙门菌检验

一、实验目的

学习沙门菌属的生化反应和原理;掌握沙门菌属的血清因子使用方法及沙门菌属的系统检验方法。

二、实验原理

沙门菌属是一群形态和培养特性都类似的肠杆菌科中的一个大属,也是肠杆菌科中最重要的病原菌属,它包括2 000多个血清型。沙门菌病常在动物中广泛传播,人的沙门菌感染和带菌也非常普通。由于动物的感染或食品受到污染,均可使人发生食物中毒。因此,检查食品中的沙门菌极为重要。食品中沙门菌的检验方法有

5 个基本步骤：① 前增菌；② 选择性增菌；③ 选择性平板分离；④ 生化试验；⑤ 血清学分型鉴定。根据沙门菌属的生化特征，借助于三糖铁、靛基质、尿素、KCN、赖氨酸等试验可与肠道其他菌属相区别。此外，本菌属的所有菌均有特殊的抗原结构，借此也可以把它们分辨出来。

三、实验材料

1. 培养基：缓冲蛋白胨水（BPW），四硫磺酸钠煌绿（TTB）增菌液，亚硒酸盐胱氨酸（SC）增菌液，亚硫酸铋（BS）琼脂，HE 琼脂，木糖赖氨酸脱氧胆盐（XLD）琼脂，沙门菌属显色培养基，三糖铁（TSI）琼脂，蛋白胨水、靛基质试剂，尿素琼脂（pH 值为 7.2），氰化钾（KCN）培养基，赖氨酸脱羧酶试验培养基，邻硝基酚-β-D 半乳糖苷（ONPG）培养基，半固体琼脂，丙二酸钠培养基。

2. 试剂：沙门菌 O 和 H 诊断血清，生化鉴定试剂盒。

3. 器材：冰箱，恒温培养箱，均质器，振荡器，电子天平，无菌锥形瓶，无菌吸管，无菌培养皿，无菌试管，无菌毛细管，pH 计，全自动微生物生化鉴定系统。

四、实验方法

1. 检测程序。沙门菌检验程序如图 11.5 所示。

2. 操作步骤。

（1）前增菌。称取 25 g（mL）样品放入盛有 225 mL 无菌 BPW 的无菌均质杯中，以 8 000～10 000 r/min 均质 1～2 min，或置于盛有 225 mL 无菌 BPW 的无菌均质袋中，用拍击式均质器拍打 1～2 min。若样品为液态，则不需要均质，振荡混匀。如需测定 pH 值，则用 1 mol/mL 无菌氢氧化钠或盐酸调至 pH 值为 6.8±0.2。

（2）无菌操作。将样品转至 500 mL 无菌锥形瓶中，如使用均质袋，可直接进行培养，于 36 ℃±1 ℃培养 8～18 h。如为冷冻产品，则应在 45 ℃以下不超过 15 min，或在 2～5 ℃不超过 18 h 解冻。

（3）增菌。轻轻摇动培养过的样品混合物，移取 1 mL，转种于 10 mL TTB 内，于 42 ℃±1 ℃培养 18～24 h。同时，另取 1 mL，转种于 10 mL SC 内，于 36 ℃±1 ℃培养 18～24 h。

（4）分离。分别用接种环取增菌液 1 环，画线接种于一个 BS 琼脂平板和一个 XLD 琼脂平板（或 HE 琼脂平板或沙门菌属显色培养基平板）。于 36 ℃±1 ℃分别培养 18～24 h（XLD 琼脂平板、HE 琼脂平板、沙门菌属显色培养基平板）或 40～48 h（BS 琼脂平板），观察各个平板上生长的菌落。

（5）生化试验。

① 自选择性琼脂平板上分别挑取 2 个以上典型或可疑菌落，接种三糖铁琼脂，先在斜面画线，再于底层穿刺；接种针不要灭菌，直接接种赖氨酸脱羧酶试验培养基和营养琼脂平板，于 36 ℃±1 ℃培养 18～24 h，必要时可延长至 48 h。在三糖铁琼

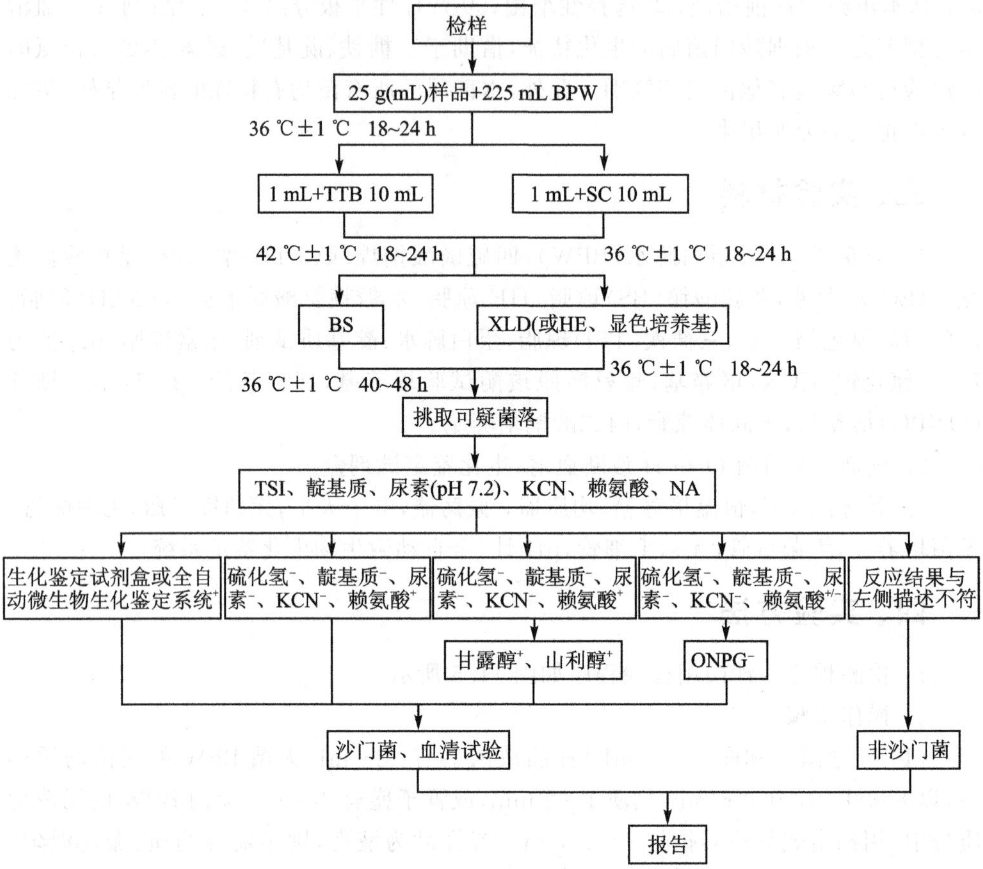

检样

25 g(mL)样品+225 mL BPW

36 ℃±1 ℃ 18~24 h

1 mL+TTB 10 mL | 1 mL+SC 10 mL

42 ℃±1 ℃ 18~24 h | 36 ℃±1 ℃ 18~24 h

BS | XLD(或HE、显色培养基)

36 ℃±1 ℃ 40~48 h | 36 ℃±1 ℃ 18~24 h

挑取可疑菌落

TSI、靛基质、尿素(pH 7.2)、KCN、赖氨酸、NA

生化鉴定试剂盒或全自动微生物生化鉴定系统$^{+}$ | 硫化氢$^{-}$、靛基质$^{-}$、尿素$^{-}$、KCN^{-}、赖氨酸$^{+}$ | 硫化氢$^{-}$、靛基质$^{-}$、尿素$^{-}$、KCN^{-}、赖氨酸$^{+}$ | 硫化氢$^{-}$、靛基质$^{-}$、尿素$^{-}$、KCN^{-}、赖氨酸$^{+/-}$ | 反应结果与左侧描述不符

甘露醇$^{+}$、山利醇$^{+}$ | ONPG^{-}

沙门菌、血清试验 | 非沙门菌

报告

图 11.5 沙门菌检验程序

脂和赖氨酸脱羧酶试验培养基内,沙门菌属的反应结果如表 11.3 所列。

表 11.3 沙门菌属在三糖铁琼脂和赖氨酸脱羧酶试验培养基内的反应结果

三糖铁琼脂				赖氨酸脱羧酶	初步判断
斜面	底层	产气	硫化氢		
K	A	+(−)	+(−)	+	可疑沙门菌属
K	A	+(−)	+(−)	−	可疑沙门菌属
A	A	+(−)	+(−)	+	可疑沙门菌属
A	A	+/−	+/−	−	非沙门菌属
K	K	+/−	+/−	+/−	非沙门菌属

注:K 表示产碱;A 表示产酸;+表示阳性;−表示阴性;+(−)表示多数阳性,少数阴性;+/−表示阳性或阴性。

② 接种三糖铁琼脂和赖氨酸脱羧酶试验培养基的同时,可直接接种蛋白胨水

(供靛基质试验)、尿素琼脂(pH 值为 7.2)、氰化钾(KCN)培养基,也可在初步判断结果后,从营养琼脂平板上挑取可疑菌落接种。于 36 ℃±1 ℃培养 18～24 h,必要时可延长至 48 h。按表 11.4 判定结果。将已挑菌落的平板储存于 2～5 ℃或室温至少保留 24 h,以备必要时复查。

表 11.4　沙门菌属生化反应初步鉴别表

反应序号	硫化氢(H_2S)	靛基质	尿素(pH 值为 7.2)	氰化钾(KCN)	赖氨酸脱羧酶
A1	+	−	−	−	+
A2	+	+	−	−	+
A3	−	−	−	−	+/−

注：+表示阳性;−表示阴性;+/−表示阳性或阴性。

a) 反应序号 A1。典型反应判定为沙门菌属。如尿素、KCN 和赖氨酸脱羧酶 3 项中有 1 项异常,则按表 11.5 可判定为沙门菌。如有 2 项异常则为非沙门菌。

表 11.5　沙门菌属生化反应初步鉴别表

尿素(pH 值为 7.2)	氰化钾	赖氨酸脱羧酶	判定结果
−	−	−	甲型副伤寒沙门菌(要求血清鉴定结果)
−	+	+	沙门菌Ⅳ或Ⅴ(要求符合本群生化特征)
+	−	+	沙门菌个别变体(要求血清鉴定结果)

注：+表示阳性;−表示阴性。

b) 反应序号 A2。补做甘露醇和山梨醇试验,沙门菌靛基质阳性变体两项试验结果均为阳性,但需要结合血清学鉴定结果进行判定。

c) 反应序号 A3。补做 ONPG 试验,ONPG 阴性为沙门菌,同时赖氨酸脱羧酶阳性,甲型副伤寒沙门菌为赖氨酸脱羧酶阴性。

d) 必要时按表 11.6 进行沙门菌生化群的鉴别。

表 11.6　沙门菌属各生化群的鉴别

项　目	Ⅰ	Ⅱ	Ⅲ	Ⅳ	Ⅴ	Ⅵ
卫矛醇	+	+	−	−	+	−
山梨醇	+	+	+	+	+	−
水杨苷	−	−	−	+		−
ONPG	−	−	+	−	+	−
丙二酸盐	−	+	+	−	−	−
KCN	−	−	−	+	+	−

注：+表示阳性;−表示阴性。

③ 如选择生化鉴定试剂盒或全自动微生物生化鉴定系统,则可根据"(5)生化试验①"的初步判断结果从营养琼脂平板上挑取可疑菌落,用生理盐水制备成浊度适当的菌悬液,使用生化鉴定试剂盒或全自动微生物生化鉴定系统进行鉴定。

(6) 血清学鉴定。

① 抗原的准备一般采用1.2%~1.5%琼脂培养物作为玻片凝集试验用的抗原。

O血清不凝集时,可将菌株接种在琼脂量较高(如2%~3%)的培养基上再检查;如果是由于Vi抗原的存在而阻止了O凝集反应时,则可挑取菌苔于1 mL生理盐水中做成浓菌液,于酒精灯火焰上煮沸后再检查。H抗原发育不良时,将菌株接种在0.55%~0.65%半固体琼脂平板的中央,待菌落蔓延生长时,在其边缘部分取菌检查;或将菌株通过装有0.3%~0.4%半固体琼脂的小玻管1~2次,自远端取菌培养后再检查。

② 多价菌体抗原(O)鉴定。在玻片上画出2个约1 cm×2 cm的区域,挑取1环待测菌,各放1/2环于玻片上的每一区域的上部,在其中一个区域下部加1滴多价菌体(O)抗血清,在另一区域下部加入1滴生理盐水,作为对照。再用无菌的接种环或针分别将两个区域内的菌落研成乳状液。将玻片倾斜摇动混合1 min,并对着黑暗背景进行观察,任何程度的凝集现象皆为阳性反应。

③ 血清学分型。

a) O抗原的鉴定。用A~F多价O血清做玻片凝集试验,同时用生理盐水作对照。在生理盐水中自凝者为粗糙形菌株,不能分型。被A~F多价O血清凝集者,依次用O4、O3、O10、O7、O8、O9、O2和O11因子血清做凝集试验。根据试验结果,判定O群。被O3、O10血清凝集的菌株,再用O10、O15、O34、O19单因子血清做凝集试验,判定E1、E2、E3、E4各亚群,每一个O抗原成分的最后确定均应根据O单因子血清的检查结果,没有O单因子血清的要用两个O复合因子血清进行核对。不被A~F多价O血清凝集者,先用9种多价O血清检查,如有其中一种血清凝集,则用这种血清所包括的O群血清逐一检查,以确定O群。每种多价O血清所包括的O因子如下:

O多价1　A,B,C,D,E,F群(并包括6,14群)

O多价2　13,16,17,18,21群

O多价3　28,30,35,38,39群

O多价4　40,41,42,43群

O多价5　44,45,47,48群

O多价6　50,51,52,53群

O多价7　55,56,57,58群

O多价8　59,60,61,62群

O多价9　63,65,66,67群

b) H抗原的鉴定。属于A~F各O群的常见菌型,依次用表11.7所列H因子

血清检查第 1 相和第 2 相的 H 抗原。

表 11.7 A～F 群常见菌群 H 抗原表

O 群	第 1 相	第 2 相	O 群	第 1 相	第 2 相
A	a	无	D	d	无
B	g,f,s	无	D	g,m,p,q	无
B	i,b,d	2	E1	h,v	6,w,x
C1	k,v,r,c	5,z15	E4	g,s,t	无
C2	b,d,r	2,5	E4	i	无

不常见的菌群,先用 8 种多价 H 血清检验,如有其中一种或两种血清凝集,则再用这一种或两种血清包括的各种 H 因子血清逐一检查,以第 1 相和第 2 相得 H 抗原。8 种多价 H 血清所包括的 H 因子如下:

H 多价 1　a,b,c,d,i

H 多价 2　e h,enx,enz15,fg,gms,gpu,gp,gq,mt,gz51

H 多价 3　k,r,y,z,z10,1v,1w,1z13,1z28,1z40

H 多价 4　1,2;1,5;1,6;1,7;z6

H 多价 5　z4z23,z4z24,z4z32,z29,z35,z36,z38

H 多价 6　z39,z41,z42,z44

H 多价 7　z52,z53,z54,z55

H 多价 8　z56,z57,z60,261,z62

每一个 H 抗原成分的最后确定均应根据 H 单因子血清的检查结果,没有 H 单因子血清的要用两个 H 复合因子血清进行核对。

检出第 1 相 H 抗原而未检出第 2 相 H 抗原的或检出第 2 相 H 抗原而未检出第 1 相 H 抗原的,可在琼脂斜面上移种 1～2 代后再检查。如仍只检出一个相的 H 抗原,则要用位相变异的方法检查其另一个相。单相菌不必做位相变异检查。

位相变异试验方法如下:

小玻管法。将半固体管(每管 1～2 mL)在酒精灯上熔化并冷却至 50 ℃,取已知相的 H 因子血清 0.05～0.1 mL,加入熔化的半固体内,混匀后,用微量移液器吸取,分装于供位相变异试验的小玻管内,待凝固后,用接种针挑取待检菌,接种于一端。将小玻管平放在平皿内,并在其旁放一团湿棉花,以防琼脂中水分蒸发而干缩,每天检查结果,待另一相细菌解离后,可以从另一端挑取细菌进行检查。培养基内血清的浓度应有适当的比例,过高时细菌不能生长,过低时同一相细菌的动力不能抑制。一般按原血清 1:200～1:800 的量加入。

小管法。将两端开口的小玻管(下端开口要留一个缺口,不要平齐)放在半固体管内,小玻管的上端应高出培养基的表面,灭菌后备用。临用时在酒精灯上加热熔化,冷却至 50 ℃,挑取因子血清 1 环,加入小套管中的半固体内,略加搅动,使其混匀,待凝固后,将待检菌株接种于小套管中的半固体表层内,每天检查结果,待另一相细菌解离后,可从套管外的半固体表面取菌检查,或转种 1%软琼脂斜面,37 ℃培养后再做凝集试验。

简易平板法。将 0.35%~0.4%半固体琼脂平板烘干表面水分,挑取因子血清 1 环,滴在半固体平板表面,放置片刻,待血清吸收到琼脂内,在血清部位的中央点种待检菌株,培养后,在形成蔓延生长的菌苔边缘取菌检查。

c) Vi 抗原的鉴定。用 Vi 因子血清检查。已知 Vi 抗原的菌型有:伤寒沙门菌、丙型副伤寒沙门菌、都柏林沙门菌。

④ 菌型的判定。根据血清学分型鉴定的结果,按照表 11.8 或有关沙门菌属抗原表判定菌型。

表 11.8 常见沙门氏菌抗原表

菌 名	拉丁菌名	O 抗原	H 抗原	
			第 1 相	第 2 相
A 群				
甲型副伤寒沙门氏菌	*s. paratypHi* A	1,2,12	a	[1,5]
B 群				
基桑加尼沙门氏菌	*s. kisangani*	1,4,[5],12	a	1,2
阿雷查瓦莱塔沙门氏菌	*s. arec havaleta*	4,[5],12	a	[1,7]
马流产沙门氏菌	*s. abortus equi*	4,12	—	e,n,x
乙型副伤寒沙门氏菌	*s. paratypHi*	1,4,[5],12	b	1,2
利密特沙门氏菌	*s. limete*	1,4,12,27	b	1,5
阿邦尼沙门氏菌	*s. abony*	1,4,[5],12,27	b	e,n,x
维也纳沙门氏菌	*s. wien*	1,4,12,27	b	l,w
伯里沙门氏菌	*s. bury*	4,12,27	c	z6
斯坦利沙门氏菌	*s. stanley*	1,4,[5],12,27	d	1,2
圣保罗沙门氏菌	*s. saint paul*	1,4,[5],12	e, h	1,2
里定沙门氏菌	*s. reading*	1,4,[5],12	e, h	1,5
彻斯特沙门氏菌	*s. chester*	1,4,[5],12	e, h	e,n,x
德尔卑沙门氏菌	*s. derby*	1,4,[5],12	f,g	[1,2]
阿贡纳沙门氏菌	*s. agona*	1,4,12	f,g,s	—
埃森沙门氏菌	*s. essen*	4,12	g,m	—
加利福尼亚沙门氏菌	*s. california*	4,12	g,m,t	—

续表 11.8

菌　名	拉丁菌名	O 抗原	H 抗原	
			第 1 相	第 2 相
金斯敦沙门氏菌	*s. kingston*	1,4,[5],12,27	g,s,t	[1,2]
布达佩斯沙门氏菌	*s. budapest*	1,4,12,27	g,t	—
鼠伤寒沙门氏菌	*s. typHimurium*	1,4,[5],12	i	1,2
拉古什沙门氏菌	*s. lagos*	1,4,[5],12	i	1,5
布雷登尼沙门氏菌	*s. bredeney*	1,4,12,27	l,v	1,7
基尔瓦沙门氏菌Ⅱ	*s. kilwa* Ⅱ	4,12	l,w	e,n,x
海德尔堡沙门氏菌	*s. heidelberg*	1,4,[5],12	r	1,2
印第安纳沙门氏菌	*s. indiana*	1,4,12	z	1,7
斯坦利维尔沙门氏菌	*s. stanleyville*	1,4,[5],12,27	z4,z28	[1,2]
伊图里沙门氏菌	*s. ituri*	1,4,12	z10	1,5
C1　群				
奥斯陆沙门氏菌	*s. oslo*	6,7	a	e,n,x
爱丁堡沙门氏菌	*s. edinburg*	6,7	b	1,5
布隆方丹沙门氏菌Ⅱ	*s. bloemfontein* Ⅱ	6,7	b	[e,n,x]:z42
丙型副伤寒沙门氏菌	*s. paratypHi c*	6,7[vi]	c	1,5
猪霍乱沙门氏菌	*s. cholerae suis*	6,7	[c]	1,5
猪伤寒沙门氏菌	*s. typHi suis*	6,7	c	1,5
罗米他沙门氏菌	*s. lomita*	6,7	e, h	1,5
布伦登卢普沙门氏菌	*s. braenderup*	6,7	e, h	e,n,z15
里森沙门氏菌	*s. rissen*	6,7	f,g	—
蒙得维的亚沙门氏菌	*s. montevideo*	6,7	g,m,[p],s	[1,2,7]
里吉尔沙门氏菌	*s. riggil*	6,7	g,t	—
奥雷宁堡沙门氏菌	*s. oranienburg*	6,7	m,t	—
奥里塔蔓林沙门氏菌	*s. oritamerin*	6,7	i	1,5
汤卜逊沙门氏菌	*s. thompson*	6,7	k	1,5
康科德沙门氏菌	*s. concord*	6,7	l,v	1,2
伊鲁木沙门氏菌	*s. irumu*	6,7	l,v	1,5
姆卡巴沙门氏菌	*s. mkamba*	6,7	l,v	1,6
波恩沙门氏菌	*s. bonn*	6,7	l,v	e,n,x

续表 11.8

菌　名	拉丁菌名	O抗原	H抗原	
			第1相	第2相
波茨坦沙门氏菌	*s. potsdam*	6,7	l,v	e,n,z15
格但斯克沙门氏菌	s. gdansk	6,7	l,v	z6
维尔肖沙门氏菌	*s. virchow*	6,7	r	1,2
婴儿沙门氏菌	*s. infantis*	6,7	r	1,5
巴布亚沙门氏菌	*s. papuana*	6,7	r	e,n,z15
巴累利沙门氏菌	*s. bareilly*	6,7	y	1,5
哈特福德沙门氏菌	*s. hartford*	6,7	y	e,n,x
三河岛沙门氏菌	*s. mikawasima*	6,7	y	e,n,z15
姆班达卡沙门氏菌	*s. mbandaka*	6,7	z10	e,n,z15
田纳西沙门氏菌	*s. tennessee*	6,7	z29	—
C2　群				
习志野沙门氏菌	*s. narashino*	6,8	a	e,n,x
名古屋沙门氏菌	*s. nagoya*	6,8	b	1.5
加瓦尼沙门氏菌	*s. gatuni*	6,8	b	e,n,x
慕尼黑沙门氏菌	*s. muenchen*	6,8	d	1,2
蔓哈顿沙门氏菌	*s. manhattan*	6,8	d	1,5
纽波特沙门氏菌	*s. newport*	6,8	e, h	1,2
科特布斯沙门氏菌	*s. kottbus*	6,8	e, h	1,5
茨昂威沙门氏菌	*s. tshiongwe*	6,8	e, h	e,n,z15
林登堡沙门氏菌	*s. lindenburg*	6,8	i	1,2
塔科拉迪沙门氏菌	*s. takoradi*	6,8	i	1,5
波那雷恩沙门氏菌	*s. bonariensis*	6,8	i	e,n,x
利剂菲尔德沙门氏菌	*s. litchfield*	6,8	l,v	1,2
病牛沙门氏菌	*s. bovismorbif -cans*	6,8	r	1,5
查理沙门氏菌	*s. chailey*	6,8	z4,z23	e,n,z15
C3　群				
巴尔多沙门氏菌	*s. bardo*	8	e, h	1,2
依麦克沙门氏菌	*s. emek*	8,20	g,m,s	—
肯塔基沙门氏菌	*s. kentucky*	8,20	i	z6

续表 11.8

菌　名	拉丁菌名	O 抗原	H 抗原	
			第 1 相	第 2 相
C4　群				
布伦登卢普沙门氏菌	*s. braenderup*	6,7,14	e, h	e,n,z15
14＋变种	var. 14＋			
耶路撒冷沙门氏菌	*s. jerusalem*	6,7,[14]	z10	l,w
D　群				
仙台沙门氏菌	*s. sendai*	1,9,12	a	1,5
伤寒沙门氏菌	*s. typHi*	9,12,vi	d	—
塔西沙门氏菌	*s. tarshyne*	9,12	d	1,6
伊斯特本沙门氏菌	*s. eastbourne*	1,9,12	e, h	1,5
以色列沙门氏菌	*s. israel*	9,12	e, h	e,n,z15
肠炎沙门氏菌	*s. enteritidis*	1,9,12	g,m	[1,7]
布利丹沙门氏菌	*s. blegdam*	9,12	g,m,q	—
沙门氏菌Ⅱ	*salmonella* Ⅱ	1,9,12	g,m,[s],t	[1,5]:[z42]
都柏林沙门氏菌	*s. dublin*	1,9,12[vi]	g,p	—
芙蓉沙门氏菌	*s. seremban*	9,12	i	1,5
巴拿马沙门氏菌	*s. panama*	1,9,12	l,v	1,5
戈丁根沙门氏菌	*s. goettingen*	9,12	l,v	e,n,z15
爪哇安纳沙门氏菌	*s. javiana*	1,9,12	l,z28	1,5
鸡-雏沙门氏菌	*s. gallinarum - pullorum*	1,9,12	—	—
E1　群				
奥凯福科沙门氏菌	*s. okejoko*	3,10	c	z6
瓦伊勒沙门氏菌	*s. vejle*	3,10	e, h	1,2
明斯特沙门氏菌	*s. muenster*	3,10	e, h	1,5
鸭沙门氏菌	*s. anatum*	3,10	e, h	1,6
纽兰沙门氏菌	*s. newlands*	3,10	e, h	e,n,x
火鸡沙门氏菌	*s. meleagridis*	3,10	e, h	l,w
雷根特沙门氏菌	*s. regent*	3,10	f,g,[s]	[1,6]
西翰普顿沙门氏菌	*s. westhampton*	3,10	g,s,t	
阿姆德尔尼斯沙门氏菌	*s. amounderness*	3,10	i	1,5

续表 11.8

菌　名	拉丁菌名	O抗原	H抗原	
			第1相	第2相
新罗歇尔沙门氏菌	*s.new-roc helle*	3,10	k	l,w
恩昌加沙门氏菌	*s.nchanga*	3,10	l,v	1,2
新斯托夫沙门氏菌	*s.sinstorf*	3,10	l,v	1,5
伦敦沙门氏菌	*s.london*	3,10	l,v	1,6
吉韦沙门氏菌	*s.give*	3,10	l,v	1,7
鲁齐齐沙门氏菌	*s.ruzizi*	3,10	l,v	e,n,z15
乌干达沙门氏菌	*s.uganda*	3,10	l,z13	1,5
乌盖利沙门氏菌	*s.ughelli*	3,10	r	1,5
韦太夫雷登沙门氏菌	*s.weltevreden*	3,10	r	z6
克勒肯威尔沙门氏菌	*s.clerkenwell*	3,10	z	l,w
列克星敦沙门氏菌	*s.lexington*	3,10	z10	1,5
E2　群				
纽因吞沙门氏菌	*s.newington*	3,15	e, h	1,6
剑桥沙门氏菌	*s.cambridge*	3,15	e, h	l,w
哈姆斯塔德沙门氏菌	*s.halmstad*	3,15	g,s,t	—
朴次茅斯沙门氏菌	*s.portsmouth*	3,15	l,v	1,6
E4　群				
萨奥沙门氏菌	*s.sao*	1,3,19	e, h	e,n,z15
卡拉巴尔沙门氏菌	*s.calabar*	1,3,19	e, h	l,w
山夫登堡沙门氏菌	*s.senftenberg*	1,3,19	e,[s],t	—
斯特拉特福沙门氏菌	*s.stratford*	1,3,19	i	1,2
塔克松尼沙门氏菌	*s.taksony*	1,3,19	i	z6
索恩堡沙门氏菌	*s.schoeneberg*	1,3,19	z	e,n,z15
F　群				
昌丹斯沙门氏菌	*s.chandans*	11	d	e,n,x
阿柏丁沙门氏菌	*s.aberdeen*	11	i	1,2
布里赫姆沙门氏菌	*s.brijbhumi*	11	i	1,5
威尼斯沙门氏菌	*s.veneziana*	11	i	e,n,x
阿巴特图巴沙门氏菌	*s.abaetetuba*	11	k	1,5
鲁比斯劳沙门氏菌	*s.rubislaw*	11	r	e,n,x

续表 11.8

菌　名	拉丁菌名	O 抗原	H 抗原	
			第 1 相	第 2 相
其他群				
浦那沙门氏菌	*s. poona*	1,13,22	z	1,6,[z59]
里特沙门氏菌	*s. ried*	1,13,22	z4,z23	—
亚特兰大沙门氏菌	*s. atlanta*	13,23	b	—
密西西比沙门氏菌	*s. mississippi*	1,13,23	b	1,5
古巴沙门氏菌	*s. cubana*	1,13,23	z29	[z37]
苏拉特沙门氏菌	*s. surat*	[1],6,14,[25]	[r],i	e,n,z15
松兹瓦尔沙门氏菌	*s. sundsvall*	1,6,14,25	z	e,n,x
非丁伏斯沙门氏菌	*s. hvittingfoss*	16	b	e,n,x
威斯敦沙门氏菌	*s. weston*	16	e, h	z6
上海沙门氏菌	*s. shanghai*	16	l,v	1,6
自贡沙门氏菌	*s. zigong*	16	l,w	1,5
巴圭达沙门氏菌	*s. baguida*	21	z4,z23	—
迪尤波尔沙门氏菌	*s. dieuppeul*	28	i	1,7
卢肯瓦尔德沙门氏菌	*s. luckenwalde*	28	z10	e,n,z15
拉马特根沙门氏菌	*s. ramatgan*	30	k	1,5
阿德莱沙门氏菌	*s. adelaide*	35	f,g	—
旺兹沃思沙门氏菌	*s. wandsworth*	39	b	1,2
雷俄格伦德沙门氏菌	*s. riogrande*	40	b	1,5
莱瑟沙门氏菌Ⅱ	*s. lethe* Ⅱ	41	g,t	—
达莱姆沙门氏菌	*s. dahlem*	48	k	e,n,z15
沙门氏菌Ⅲb	*salmonella* Ⅲb	61	l,v	1,5,7

3. 结果与报告。

综合以上生化试验和血清鉴定的结果，报告 25 g(mL)样品中检出或未检出沙门菌。

Ⅱ　志贺菌检验

一、实验目的

学习志贺菌属检验的基本原理；掌握志贺菌属的系统检验方法。

二、实验原理

志贺菌属是引起人类细菌性痢疾的病原菌,它主要通过食品加工、集体食堂和饮食行业的从业人员中痢疾患者或带菌者污染食品,从而导致痢疾的发生,是一种较常见的、危害较大的致病菌。志贺菌属的主要鉴别特征为不运动,对各种糖的利用能力较差,并且在含糖的培养基内一般不形成可见气体。此外,志贺菌的进一步分群分型主要是通过血清学试验完成的。

三、实验材料

1. 培养基:志贺菌增菌肉汤——新生霉素,麦康凯(MAC)琼脂,木糖赖氨酸脱胆酸盐(XLD)琼脂,志贺菌显色培养基,三糖铁(TSI)琼脂,营养琼脂斜面,半固体琼脂,葡萄糖铵培养基,尿素琼脂,β-半乳糖苷酶培养基,氨基酸脱羧酶试验培养基,西蒙氏柠檬酸盐培养基,黏液酸盐培养基,蛋白胨水。

2. 试剂:靛基质试剂,志贺菌属诊断血清,生化鉴定试剂盒。

3. 器材:恒温培养箱,冰箱,膜过滤系统,糖发酵管,厌氧培养装置,天平,显微镜,均质器,振荡器,无菌吸管,无菌均质杯或无菌均质袋,无菌培养皿,pH计,全自动微生物生化鉴定系统。

四、实验方法

1. 检验程序。志贺菌检验程序如图11.6所示。

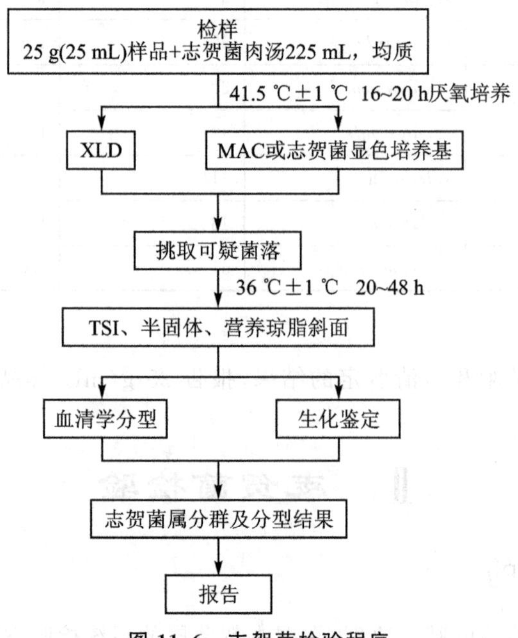

图11.6 志贺菌检验程序

2. 操作步骤如下：

(1) 增菌。以无菌操作取检样 25 g(mL)，加入装有 225 mL 无菌的志贺菌增菌肉汤的无菌均质杯中，用旋转刀片式均质器以 8 000～10 000 r/min 均质；或加入装有 225 mL 无菌的志贺菌增菌肉汤的无菌均质袋中，用拍击式均质器连续均质 1～2 min，液体样品振荡混匀即可。于 41.5 ℃±1 ℃，厌氧培养 16～20 h。

(2) 分离取增菌后的志贺增菌液分别画线接种于 XLD 琼脂平板和 MAC 琼脂平板或志贺菌显色培养基平板上，于 36 ℃±1 ℃培养 20～24 h，观察各个平板上生长的菌落形态。宋内志贺菌的单个菌落直径大于其他志贺菌。若出现的菌落不典型或菌落较小不易观察，则继续培养至 48 h 再进行观察。

(3) 初步生化试验。

① 从选择性琼脂平板上分别挑取 2 CFU 以上典型或可疑菌落，分别接种 TSI、半固体和营养琼脂斜面各一管，置 36 ℃±1 ℃培养 20～24 h，分别观察结果。

② 凡是三糖铁琼脂中斜面产碱、底层产酸(发酵葡萄糖、不发酵乳糖、蔗糖)、不产气(福氏志贺菌 6 型可产生少量气体)、不产 H_2S、半固体管中无动力的菌株，挑取其上一步中已培养的营养琼脂斜面上生长的菌苔，进行生化试验和血清学分型。

(4) 生化试验及附加生化试验。

① 生化试验用(3)中培养的营养琼脂斜面上生长的菌苔，进行生化试验，即 β-半乳糖苷酶、尿素、赖氨酸脱羧酶、鸟氨酸脱羧酶以及水杨苷和七叶苷的分解试验。除宋内志贺菌、鲍氏志贺菌 13 型的鸟氨酸为阳性；宋内志贺菌和痢疾志贺菌 1 型，鲍氏志贺菌 13 型的 β-半乳糖苷酶为阳性以外，其余生化试验志贺菌属的培养物均为阴性结果。另外，由于福氏志贺菌 6 型的生化特性和痢疾志贺菌或鲍氏志贺菌相似，所以必要时还需加做靛基质、甘露醇、棉籽糖、甘油试验，也可做革兰氏染色检查和氧化酶试验，结果应为氧化酶阴性的革兰氏阴性杆菌。生化反应不符合的菌株，即使能与某种志贺菌分型血清发生凝集，也不能判定为志贺菌属。志贺菌属的生化特性如表 11.9 所列。

② 附加生化试验。由于某些不活泼的大肠埃希菌(*anaerogenic E. ecoli*)、A-D(Alkalescens-Disparbiotypes 碱性——异型)菌的部分生化特征与志贺菌相似，并能与某种志贺菌分型血清发生凝集，因此前面生化试验符合志贺菌属生化特性的培养物还需另加葡萄糖胺、西蒙氏柠檬酸盐、黏液酸盐试验(36 ℃±1 ℃培养 24～48 h)。

③ 如选择生化鉴定试剂盒或全自动微生物生化鉴定系统，可根据(3)中②的初步判断结果，用(3)中已培养的营养琼脂斜面上生长的菌苔，使用生化鉴定试剂盒或全自动微生物生化鉴定系统进行鉴定。

(5) 血清学鉴定。

① 抗原的准备。志贺菌属没有活动力，所以没有鞭毛抗原。志贺菌属主要有菌体 O 抗原。菌体 O 抗原又可分为型和群的特异性抗原。一般采用 1.2%～1.5% 琼脂培养物作为玻片凝集试验用的抗原。

注意：

a) 如果一些志贺菌因为K抗原的存在而不出现凝集反应时，则可挑取菌苔与1 mL生理盐水做成浓菌液，100 ℃煮沸15～60 min去除K抗原后再检查。

b) D群志贺菌既可能是光滑型菌株也可能是粗糙型菌株，与其他志贺菌群抗原不存在交叉反应。与肠杆菌科不同，宋内志贺菌粗糙型菌株不一定会自凝。宋内志贺菌没有K抗原。

表11.9　志贺菌属四个群的生化特征

生化反应	A群：痢疾志贺菌	B群：福氏志贺菌	C群：鲍氏志贺菌	D群：宋内氏志贺菌
β-半乳糖苷酶	-①	-	-①	+
尿素	-	-	-	-
赖氨酸脱羧酶	-	-	-	-
鸟氨酸脱羧酶	-	-	-②	+
水杨苷	-	-	-	-
七叶苷	-	-	-	-
靛基质	-/+	(+)	-/+	-
甘露醇	-	+③	+	+
棉籽糖	-	+	-	+
甘油	(+)	+	(+)	d

注：+表示阳性；-表示阴性；-/+表示多数阴性；(+)表示迟缓阳性；d表示有不同生化型。

① 痢疾志贺1型和鲍氏13型为阳性。

② 鲍氏13型为鸟氨酸阳性。

③ 福氏4型和6型常见甘露醇阴性变种。

② 凝集反应。在玻片上画出2个约1 cm×2 cm的区域，挑取一环待测菌，各放1/2环于玻片上的每一区域上部，在其中一个区域下部加1滴抗血清，在另一区域下部加入1滴生理盐水，作为对照。再用无菌的接种环或针分别将两个区域内的菌落研成乳状液。将玻片倾斜摇动混合1 min，并对着黑色背景进行观察，如果抗血清中出现凝结成块的颗粒，而且生理盐水中没有发生自凝现象，那么凝集反应为阳性。如果生理盐水中出现凝集，则视作为自凝。这时，应挑取同一培养基上的其他菌落继续进行试验。如果待测菌的生化特征符合志贺菌属生化特征，而其血清学试验为阴性，则按“①抗原的准备”中“注意：a)”进行试验。

③ 血清学分型。先用四种志贺菌多价血清检查，如果呈现凝集，则再用相应各群多价血清分别试验。先用B群福氏志贺菌多价血清进行试验，如呈现凝集，则再用其群和型因子血清分别检查。如果B群多价血清不凝集，则用D群宋内志贺菌血清进行实验，如呈现凝集，则用其1型和2型血清检查；如果B、D群多价血清都不凝集，则用A群痢疾志贺菌多价血清及1～12各型因子血清检查；如果上述三种多价

血清都不凝集，则可用C群鲍氏志贺菌多价检查，并进一步用1～18各型因子血清检查。

(6) 结果报告。综合以上生化试验和血清学鉴定的结果，报告25 g(mL)样品中检出或未检出志贺菌。

Ⅲ　金黄色葡萄球菌检验

一、实验目的

了解金黄色葡萄球菌的检验原理；掌握金黄色葡萄球菌的鉴定要点和检验方法。

二、实验原理

食品中生长有金黄色葡萄球菌，它是食品卫生的一种潜在危险因素，因为金黄色葡萄球菌可以产生肠毒素，食后能引起人畜的食物中毒。因此，检查食品中金黄色葡萄球菌有着重要的意义。金黄色葡萄球菌在血平板上生长时，由于产生金黄色色素使菌落呈金黄色；因产生溶血素使菌落周围形成大而透明的溶血圈。在Baird-Parker平板上生长时，可将亚碲酸钾还原成碲酸钾使菌落呈灰黑色；产生酯酶使菌落周围有一浑浊带，而在其外层因产生蛋白质水解酶有一透明带。这些特性都可以对金黄色葡萄球菌进行检验。

三、实验材料

1. 培养基：10% NaCl胰酪胨大豆肉汤，7.5% NaCl肉汤，血琼脂平板，Baird-Parker琼脂平板，脑心浸出液肉汤(BHI)。

2. 试剂：兔血浆，磷酸盐缓冲液，营养琼脂小斜面，革兰氏染色液，无菌生理盐水。

3. 器材：恒温培养箱，冰箱，恒温水浴箱，天平，均质器，振荡器，无菌吸管，无菌锥形瓶，无菌培养皿，注射器，pH计。

四、实验方法

(一) 金黄色葡萄球菌定性检验

1. 检验程序。金黄色葡萄球菌定性检验程序如图11.7所示。

2. 操作步骤如下：

① 样品的处理。称取25 g样品至盛有225 mL无菌7.5%氯化钠肉汤或10%氯化钠胰酪胨大豆肉汤的无菌均质杯内，8 000～10 000 r/min均质1～2 min，或放入盛有225 mL无菌7.5% NaCl肉汤或10% NaCl胰酪胨大豆肉汤的无菌均质袋中，用拍击式均质器拍打1～2 min。若样品为液态，则吸取25 mL样品至盛有225 mL无菌7.5% NaCl肉汤或10%NaCl胰酪胨大豆肉汤的无菌锥形瓶中，瓶内预置适当

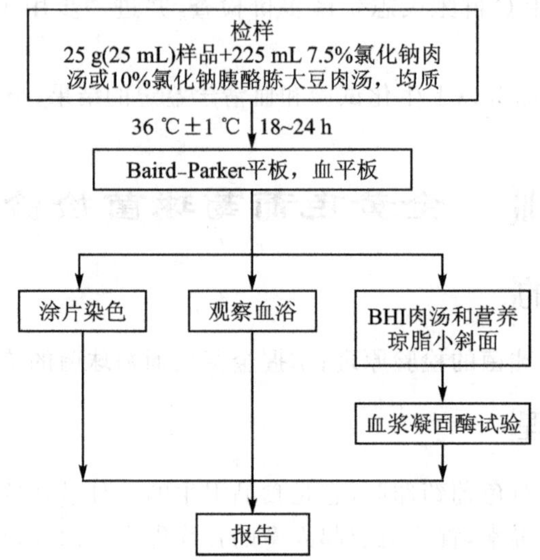

图 11.7 金黄色葡萄球菌检验程序

数量的无菌玻璃珠，振荡混匀。

② 增菌和分离培养。

a）将上述样品匀液于 36 ℃±1 ℃培养 18～24 h。金黄色葡萄球菌在 7.5% NaCl 肉汤中呈浑浊生长，污染严重时在 10% NaCl 胰酪胨大豆肉汤内呈浑浊生长。

b）将上述培养物，分别画线接种到 Baird - Parker 平板和血平板。血平板 36 ℃±1 ℃培养 18～24 h。

c）金黄色葡萄球菌在 Baird - Parkcr 平板上，菌落直径为 2～3 mm，颜色呈灰色到黑色，边缘为淡色，周围为一浑浊带，在其外层有一透明圈。用接种针接触菌落有似奶油至树胶样的硬度，偶尔会遇到非脂肪溶解的类似菌落，但无浑浊带及透明圈。长期保存的冷冻或干燥食品中分离的菌落比典型菌落所产生的黑色淡些，外观可能粗糙并干燥。在血平板上，形成菌落较大，圆形、光滑凸起、湿润、金黄色（有时为白色），菌落周围见完全透明溶血圈。挑取上述菌落进行革兰氏染色镜检及血浆凝固酶试验。

③ 鉴定。

a）染色镜检。金黄色葡萄球菌为革兰氏阳性球菌，排列呈葡萄球状，无芽孢，无荚膜，直径为 0.5～1.0 μm。

b）血浆凝固酶试验。挑取 Baird - Parker 平板或血平板上可疑菌落 1 个或以上，分别接种到 5 mL BHI 和营养琼脂小斜面，36 ℃±1 ℃培养 18～24 h。

取新鲜配制的兔血浆 0.5 mL，放入小试管中，再加入 BHI 培养物 0.2～0.3 mL，振荡摇匀，置 36 ℃±1 ℃恒温箱或水浴箱内，每半小时观察一次，观察 6 h，如呈现凝固，即将试管倾斜或倒置时，呈现凝块，或凝固体积大于原体积的一半，则被判定为阳

性结果。同时以血浆凝固酶试验阳性和阴性葡萄球菌菌株的肉汤培养物作为对照。也可用商品化的试剂,按说明书操作,进行血浆凝固酶试验。

如结果可疑,则挑取营养琼脂小斜面的菌落到 5 mL BHI,36 ℃±1 ℃培养 18～48 h,重复试验。

④ 葡萄球菌肠毒素的检验。可疑食物中毒样品或产生葡萄球菌肠毒素的金黄色葡萄球菌菌株的鉴定,应按 GB 4789. 10—2010 的附录 B《葡萄球菌肠毒素检验》方法检测。

3. 结果与报告。

① 实验结果。符合(2)的"②增菌和分离培养"和"③鉴定"即可判定为金黄色葡萄球菌。

② 结果报告。在 25 g (mL)样品中检出或未检出金黄色葡萄球菌。

(二) 金黄色葡萄球菌 Baird - Parker 平板计数

1. 检验程序。金黄色葡萄球菌 Baird - Parker 平板检验程序如图 11.8 所示。

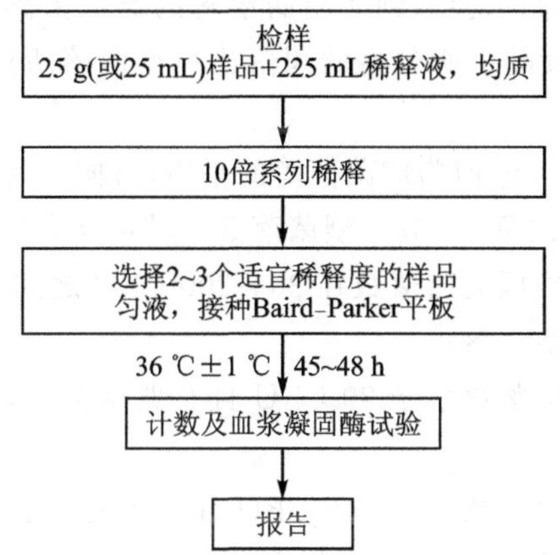

图 11.8　金黄色葡萄球菌 Baird - Parker 平板检验程序

2. 操作步骤如下：

(1) 样品的稀释。

① 固体和半固体样品。称取 25 g 样品置盛有 225 mL 无菌磷酸盐缓冲液或生理盐水的无菌均质杯内,8 000～10 000 r/min 均质 1～2 min,或置盛有 225 mL 无菌稀释液的无菌均质袋中,用拍击式均质器拍打 1～2 min,制成 1∶10 样品匀液。

② 液体样品。以无菌吸管吸取 25 mL 样品置盛有 225 mL 无菌磷酸盐缓冲液或生理盐水的无菌锥形瓶,瓶内预置适当数量的无菌玻璃珠,充分混匀,制成 1∶10 的样品匀液。

③ 用 1 mL 微量移液器吸取 1∶10 的样品匀液 1 mL,沿管壁缓慢注于盛有 9 mL 稀释液的无菌试管中,注意吸头尖端不要触及稀释液面,振摇试管或换用 1 支 1 mL 无菌吸管反复吹打使其混匀,制成 1∶100 的样品匀液。

④ 按③操作程序,制备10倍系列稀释样品匀液。每递增稀释一次,换用1支1 mL无菌吸头。

(2) 样品的接种。根据对样品污染状况的估计,选择2~3个适宜稀释度的样品匀液(液体样品可包括原液),在进行10倍递增稀释时,每个稀释度分别吸取1 mL样品匀液以0.3 mL、0.3 mL、0.4 mL接种量分别加入3个Baird - Parker平板,然后用无菌L形玻璃棒涂布整个平板,注意不要触及平板边缘。使用前,如Baird - Parker平板表面有水珠,可放在25~50 ℃的培养箱里干燥,直到平板表面的水珠消失。

(3) 培养。在通常情况下,涂布后,将平板静置10 min,如样液不易吸收,则可将平板放在培养箱36 ℃±1 ℃培养1 h,等样品匀液吸收后翻转平皿,倒置于培养箱,36 ℃±1 ℃培养45~48 h。

(4) 典型菌落的计数和确认。

① 金黄色葡萄球菌在Baird - Parker平板上,菌落直径为2~3 mm,颜色呈灰色到黑色,边缘为淡色,周围为一浑浊带,在其外层有一透明圈。用接种针接触菌落有似奶油至树胶样的硬度,偶尔会遇到非脂肪溶解的类似菌落,但无浑浊带及透明圈。长期保存的冷冻或干燥食品中所分离的菌落比典型菌落所产生的黑色淡些,外观可能粗糙并干燥。

② 选择有典型的金黄色葡萄球菌菌落的平板,且同一稀释度3个平板所有菌落数合计在20~200 CFU之间,计数典型菌落数。其可能有以下几种计数情况:

- 只有一个稀释度平板的菌落数在20~200 CFU之间且有典型菌落,计数该稀释度平板上的典型菌落;
- 低稀释度平板的菌落数小于20 CFU且有典型菌落,计数该稀释度平板上的典型菌落;
- 一稀释度平板的菌落数大于200 CFU且有典型菌落,但下一稀释度平板上没有典型菌落,应计数该稀释度平板上的典型菌落;
- 某一稀释度平板的菌落数大于200 CFU且有典型菌落,且下一稀释度平板上也有典型菌落,但其平板上的菌落数不在20~200 CFU之间,应计数该稀释度平板上的典型菌落,并按式(11 - 2)计算。
- 2个连续稀释度的平板菌落数均在20~200 CFU之间,并按式(11 - 3)计算。

③ 从典型菌落中任选5个菌落(小于5个全选),分别按定性实验方法做血浆凝固酶试验。

3. 计算结果。

$$T=\frac{AB}{Cd} \tag{11-2}$$

式中:T——样品中金黄色葡萄球菌的菌落数;

A——某一稀释度典型菌落的总数;

B——某一稀释度血浆凝固酶阳性的菌落数；

C——某一稀释度用于血浆凝固酶试验的菌落数；

d——稀释因子。

$$T=\frac{A_1B_1/C_1+A_2B_2/C_2}{1.1d} \tag{11-3}$$

式中：T——样品中金黄色葡萄球菌的菌落数；

A_1——第一稀释度(低稀释倍数)典型菌落的总数；

A_2——第二稀释度(高稀释倍数)典型菌落的总数；

B_1——第一稀释度(低稀释倍数)血浆凝固酶阳性的菌落数；

B_2——第二稀释度(高稀释倍数)血浆凝固酶阳性的菌落数；

C_1——第一稀释度(低稀释倍数)用于血浆凝固酶试验的菌落数；

C_2——第二稀释度(高稀释倍数)用于血浆凝固酶试验的菌落数；

1.1——计算系数；

d——稀释因子(第一稀释度)。

4. 结果与报告。根据 Baird - Parker 平板上金黄色葡萄球菌的典型菌落数，按式(11 - 2)和式(11 - 3)计算，报告每 1 g(mL)样品中金黄色葡萄球菌数，以 CFU/g(mL)表示；如 T 值为 0，则以小于 1 乘以最低稀释倍数报告。

(三) 金黄色葡萄球菌 MPN 计数

1. 检验程序。金黄色葡萄球菌 MPN 计数程序如图 11.9 所示。

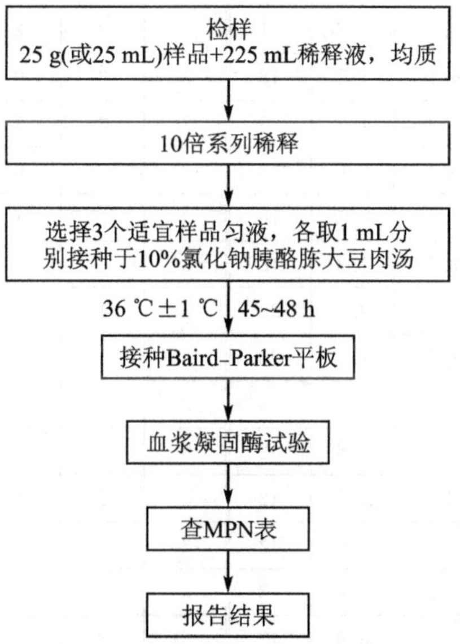

图 11.9　金黄色葡萄球菌 MPN 计数程序

2. 操作步骤如下:

(1) 样品的稀释同前。

(2) 接种和培养。

① 根据对样品污染状况的估计,选择3个适宜稀释度的样品匀液(液体样品可包括原液),在进行10倍递增稀释时,每个稀释度分别吸取1 mL样品匀液接种到10% NaCl胰酪胨大豆肉汤管,每个稀释度接种3管,将上述接种物于36 ℃±1 ℃培养45~48 h。

② 用接种环从有细菌生长的各管中,移取1环,分别接种Baird-Parker平板,36 ℃±1 ℃培养45~48 h。

(3) 典型菌落确认。

① 见"金黄色葡萄球菌Baird-Parker平板计数"试验中"典型菌落的计数和确认"。

② 从典型菌落中至少挑取1个菌落接到BFII肉汤和营养琼脂斜面,36 ℃±1 ℃培养18~24 h,进行血浆凝固酶试验。

3. 结果与报告。计算血浆凝固酶试验阳性菌落对应的管数,查MPN检索表(见表11.10),报告每1 g(mL)样品中金黄色葡萄球菌的最可能数,以MPN/g(mL)表示。

表11.10 金黄色葡萄球菌最可能数(MPN)检索表

阳性管数			MPN	95%置信区间		阳性管数			MPN	95%置信区间	
0.10	0.01	0.001		下限	上限	0.10	0.01	0.001		下限	上限
0	0	0	<3.0	—	9.5	2	2	0	21	4.5	42
0	0	1	3.0	0.15	9.6	2	2	1	28	8.7	94
0	1	0	3.0	0.15	11	2	2	2	35	8.7	94
0	1	1	6.1	1.2	18	2	3	0	29	8.7	94
0	2	0	6.2	1.2	18	2	3	1	36	8.7	94
0	3	0	9.4	3.6	38	3	0	0	23	4.6	94
1	0	0	3.6	0.17	18	3	0	1	38	8.7	110
1	0	1	7.2	1.3	18	3	0	2	64	17	180
1	0	2	11	3.6	38	3	1	0	43	9	180
1	1	0	7.4	1.3	20	3	1	1	75	17	200
1	1	1	11	3.6	38	3	1	2	120	37	420
1	2	0	11	3.6	42	3	1	3	160	40	420
1	2	1	15	4.5	42	3	2	0	93	18	420
1	3	0	16	4.5	42	3	2	1	150	37	420
2	0	0	9.2	1.4	38	3	2	2	210	40	430
2	0	1	14	3.6	42	3	2	3	290	90	1 000
2	0	2	20	4.5	42	3	3	0	240	42	1 000

续表 11.10

阳性管数			MPN	95%置信区间		阳性管数			MPN	95%置信区间	
0.10	0.01	0.001		下限	上限	0.10	0.01	0.001		下限	上限
2	1	0	15	3.7	42	3	3	1	460	90	2 000
2	1	1	20	4.5	42	3	3	2	1 100	180	4 100
2	1	2	27	8.7	94	3	3	3	>1 100	420	—

注：1. 本表采用 3 个稀释度 0.1 g(mL)、0.01 g(mL)和 0.01 g(mL)，每个稀释度接种 3 管。

2. 表内所列检样量如改用 1 g(mL)、0.1 g(mL)和 0.01 g(mL)时，则表内数字应相应降低 $\frac{1}{10}$；如改用 0.01 g(mL)、0.01 g(mL)、0.000 1 g(mL)时，则表内数字应相应提高 10 倍，其余类推。

Ⅳ　蜡样芽孢杆菌检验

一、实验目的

学习蜡样芽孢杆菌检验的原理；掌握蜡样芽孢杆菌检验的方法。

二、实验原理

蜡样芽孢杆菌是需氧、产芽孢的 G^+ 杆菌，在自然界中广泛分布，在各种食品中的检出率也较高。其污染的食品种类包括乳制品、肉制品、蔬菜、米饭、汤汁等。食物在食用前保存温度不当，放置时间过长，使污染在食品中的蜡样芽孢杆菌或残存的芽孢得以生长繁殖，或含有蜡样芽孢杆菌产生的热稳定毒素，导致食物中毒的发生。利用蜡样芽孢杆菌具有的以下生化特性阳性反应原理来检测：不发酵甘露醇；产生卵磷脂酶；产生酪蛋白酶；产生溶血素；产生明胶酶；产生触酶；有动力和还原亚硝酸盐等。

三、实验材料

1. 培养基：甘露醇卵黄多黏菌素琼脂培养基(MYP)，肉浸液肉汤培养基，营养琼脂培养基，酪蛋白琼脂培养基，动力-硝酸盐培养基；缓冲葡萄糖蛋白胨水，血琼脂培养基，木糖-明胶培养基。

2. 试剂：甲醇，3%过氧化氢溶液，革兰氏染色液，0.5%碱性复红染色液，甲萘胺-醋酸溶液，对氨基苯磺-醋酸溶液。

3. 器材：恒温培养箱，冰箱，显微镜，恒温水浴锅，天平，电炉，灭菌吸管(10 mL)，微量移液器，灭菌广口瓶或锥形瓶，灭菌培养皿，灭菌试管，均质器，试管架，接种棒，L 形涂布棒，以及灭菌刀，剪刀，镊子等。

四、实验方法

1. 检验程序。蜡样芽孢杆菌检验程序如图 11.10 所示。

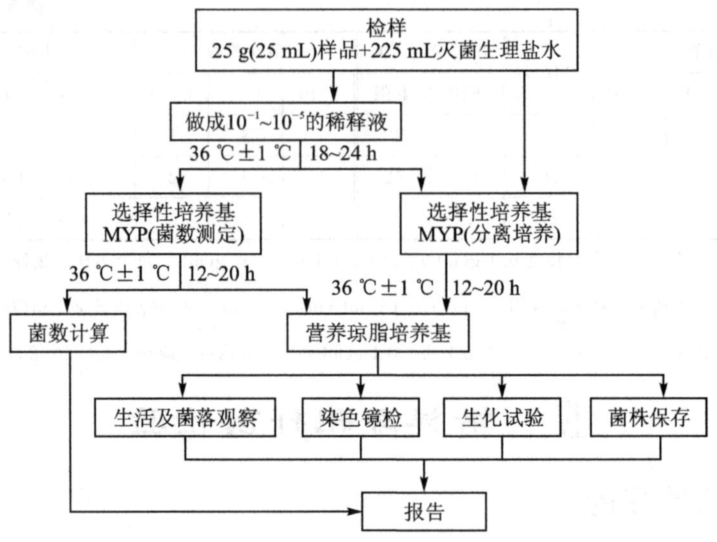

图 11.10 蜡样芽孢杆菌检验程序

2. 操作步骤如下:

(1) 菌数测定。以无菌操作将检样 25 g(mL)用灭菌生理盐水或磷酸缓冲液做成 10^{-1}～10^{-5} 的稀释液,按 GB/T 4789.2—2010 测定。取各稀释液 0.1 mL,接种在两个 MYP 琼脂培养基上,用 L 形棒涂布于整个表面,置 36 ℃±1 ℃培养 12～20 h 后,选取适当菌落数的平板进行计数。蜡样芽孢杆菌在此培养基上生成的菌落为粉红色,表示不发酵甘露醇;周围有粉红色的晕,表示产卵磷脂酶。计数后,从中挑取 5 个此种菌落做证实试验。根据试验证实的蜡样芽孢杆菌的菌落数计算出该平板上的菌落数,然后乘以其稀释倍数即得每克或每毫升样品所含的蜡样芽孢杆菌数。例如,将检样的 10^{-4} 稀释液 0.1 mL,涂布于 MYP 平板上,其可疑菌落为 25 CFU,取 5 CFU 鉴定,证实为 4 CFU 菌落为蜡样芽孢杆菌,则 1 g(mL)检样中所含蜡样芽孢杆菌数为

$$25\ \text{CFU}\times 4/5\times 10^{4}\times 10=2\times 10^{6}\ \text{CFU}$$

(2) 分离培养。将检样或其稀释液画线分离于 MYP 上,置 37 ℃培养 12～20 h,挑取可疑蜡样芽孢杆菌的菌落接种于肉汤和营养琼脂培养基上做纯培养,然后做证实试验。

(3) 证实试验。

① 形态观察。本菌为 G^{+} 杆菌,宽度大于或等于 1 μm,芽孢呈卵圆形,不突出菌体,多位于菌体中央或稍偏于一端。

② 培养特性。本菌在肉汤中生长浑浊,常温有菌膜或壁环,振摇易乳化。在普通琼脂平板上其菌落不透明,表面粗糙,似毛玻璃状或融蜡状,边缘不整齐。

③ 生化性状及生化分型。

a) 生化性状。蜡样芽孢杆菌有动力;能产生卵磷脂酶和酪蛋白酶;过氧化氢酶试验阳性;溶血;不发酵甘露醇和木糖;常能液化明胶和还原硝酸盐;在厌氧条件下能发酵葡萄糖。

b) 生化分型。根据蜡样芽孢杆菌对柠檬酸盐利用、硝酸盐还原、淀粉水解、V-P反应、明胶液化性状的试验,分成不同型别如表11.11所列。

表 11.11 蜡样芽孢杆菌生化分型

型别	生化试验				
	柠檬酸盐利用	硝酸盐还原	淀粉水解	V-P反应	明胶液化
1	+	+	+	+	+
2	-	+	+	+	+
3	+	+	-	+	+
4	-	-	-	+	+
5	-	-	-	+	+
6	+	-	-	+	+
7	+	-	+	+	+
8	-	+	-	+	+
9	-	+	-	-	+
10	-	+	+	-	+
11	+	+	+	-	+
12	+	+	-	-	+
13	-	-	+	-	-
14	+	-	-	-	+
15	+	-	+	-	+

注:"+"表示阳性;"-"表示阴性。

④ 与类似菌鉴别。本菌与其他类似菌的鉴别如表11.12所列。

本菌在生化性状上与苏云金芽孢杆菌极为相似,但后者可借细胞内产生蛋白质毒素结晶加以鉴别。其检查方法如下:取营养琼脂上纯培养物少许制片,加甲醇于玻片上,0.5 min后倾去甲醇,置火焰上干燥,然后滴加0.5%碱性复红液,并用酒精灯加热至微见蒸汽后维持1.5 min,注意切勿使染液沸腾,移去酒精灯,将玻片放置0.5 min后倾去染液,置洁净自来水下彻底清洗、晾干、油镜检查。如有游离芽孢和深染的似菱形的红色结晶小体则为苏云金芽孢杆菌;如游离芽孢未形成,则培养物应放置室温再保持1~2 d后检查,蜡样芽孢杆菌用此法检查为阴性。

表 11.12 蜡样芽孢杆菌其他类似菌的鉴别

项目	巨大芽孢杆菌	蜡样芽孢杆菌	苏云金芽孢杆菌	蕈状芽孢杆菌	炭疽芽孢杆菌
过氧化氢酶	+	+	+	+	+
动力	±	±	±	−	−
硝酸盐还原	−	+	+	+	+
酪蛋白分解	+	+	±	±	∓
卵黄反应	−	+	+	+	+
葡萄糖利用(厌氧)	−	+	+	+	+
甘露醇	+	−	−	−	−
木糖	±	−	−	−	−
溶血	−	+	+	∓	∓
已知致病菌特性		产肠毒素	对昆虫致病的内毒素结晶	假根样生长	对动物和人致病

注:"+"表示90%~100%的菌株阳性;"−"表示90%~100%的菌株阴性;"±"表示大多数菌株阳性;"∓"表示大多数菌株阴性。

V 溶血性链球菌

一、实验目的

了解溶血性链球菌的检验原理;掌握溶血性链球菌的鉴定要点和检验方法。

二、实验原理

溶血性链球菌在自然界分布较广,可存在于水、空气、尘埃、牛奶、粪便及人的咽喉和病灶中,按其在血平板上溶血能力分类,可分为甲型溶血性链球菌、乙型溶血性链球菌、丙型溶血性链球菌和亚甲型溶血性链球菌。与人类疾病有关的大多属于乙型溶血性链球菌,其血清型90%属于A族链球菌,常可引起皮肤和皮下组织的化脓性炎症及呼吸道感染,还可通过食品引起猩红热、流行性咽炎的爆发性流行。因此,检查食品是否有溶血性链球菌具有很重要的现实意义。

三、实验材料

1. 培养基:葡萄糖肉浸液肉汤(加1%葡萄糖),肉浸液肉汤,匹克氏肉汤,血琼脂平板。

2. 试剂:人血浆,0.25%氯化钙,0.85%灭菌生理盐水,杆菌肽药敏纸片(含

0.04 U)，草酸钾人血浆配制：草酸钾 0.01 g 放入灭菌小试管中，再加入 5 mL 人血，混匀，经离心沉淀，吸取上清液即为草酸钾人血浆。

3. 器材：恒温培养箱，冰箱，恒温水浴箱，均质器，离心机，架盘药物天平，无菌试管，无菌吸管，无菌锥形瓶，无菌培养皿，无菌棉签，无菌镊子等。

四、实验方法

1. 检验程序。溶血链球菌检验程序如图 11.11 所示。

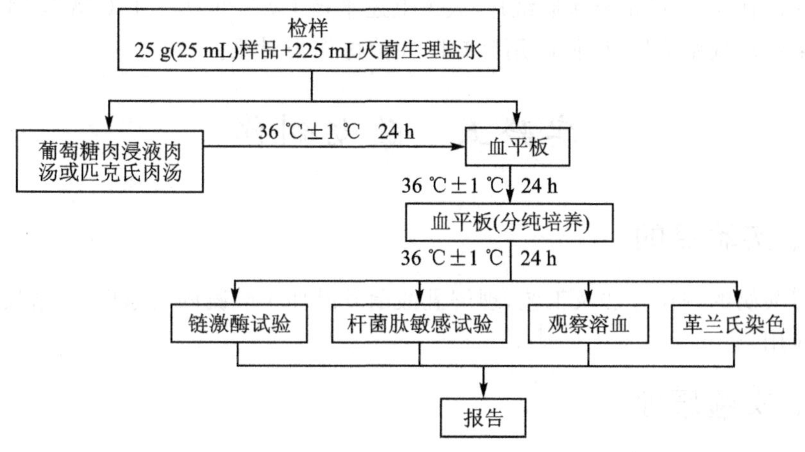

图 11.11　溶血链球菌检验程序

2. 操作步骤如下：

(1) 样品处理。按无菌操作称取食品检样 25 g(mL)，加入 225 mL 灭菌生理盐水，研磨成匀浆制成混悬液。

(2) 培养。将混悬液吸取 5 mL，接种于 10 mL 葡萄糖肉浸液肉汤，或直接画线接种于血平板上。如检样污染严重，则可同时按上述剂量接种匹克氏肉汤，经 36 ℃±1 ℃培养 24 h，接种血平板，于 36 ℃±1 ℃培养 24 h，挑取乙型溶血圆形突起的细小菌落，在血平板上分离纯化，然后观察溶血情况及革兰氏染色，并进行链激酶试验及杆菌肽敏感试验。

(3) 形态与染色。本菌呈球形或卵圆形，直径 0.5～1 μm，链状排列，链长短不一，短者 4～8 个，长者 20～30 个，链的长短常与细菌的种类及生长环境有关。液体培养基中易呈长链；在固体培养基中常呈短链，不形成芽孢，无鞭毛，不能运动。

(4) 培养特性。该菌营养要求较高，在普通培养基上生长不良，在加有血液、血清培养基中生长较好。溶血性链球菌在血清肉汤中生长时管底呈絮状或颗粒状沉淀。血平板上菌落为灰白色，半透明或不透明，表面光滑，有乳光，直径为 0.5～0.75 mm，为圆形突起的细小菌落，乙型溶血链球菌周围有 2～4 mm 界限分明、无色透明的溶血圈。

(5) 链激酶试验。致病性乙型溶血链球菌能产生链激酶,即溶纤维蛋白酶,能激活正常人体血液中的血浆蛋白酶原,变成血浆蛋白酶,而后溶解纤维蛋白。具体步骤如下:吸取草酸钾血浆 0.2 mL,加 0.8 mL 灭菌生理盐水,混匀,再加入在 36 ℃±1 ℃下培养 18～24 h 的链球菌培养物 0.5 mL 及 0.25%氯化钙 0.25 mL,振荡摇匀,置于 36 ℃±1 ℃水浴中 10 min,血浆混合物自行凝固,观察凝固块重新完全溶解的时间,完全溶解为阳性,如 24 h 后仍不溶解即为阴性。

(6) 杆菌肽敏感试验。挑取乙型溶血性链球菌液,涂布于血平板上,用无菌镊子夹取一片含有 0.04 U 的杆菌肽纸片,放于上述平板上,于 36 ℃±1 ℃培养 18～24 h,如有抑菌带出现则为阳性,同时用已知阳性菌株作为对照。

实验五　酸奶制作

一、实验目的

学习酸奶的制作方法及工艺,理解乳酸菌发酵使牛乳凝固的原理;了解发酵剂的制备及应用。

二、实验原理

牛乳中的乳糖在乳酸菌产生的乳糖分解酶的作用下产生乳酸,牛乳在乳酸作用下变酸,使其中的蛋白质发生凝固,在适当的蔗糖添加量下,只要发酵产酸适当,不仅可以使牛乳形成均匀的凝固状态,还可产生酸甜适宜的口感。

三、实验材料

1. 原材料:市售奶粉,尽量选择无添加剂的产品。

2. 菌种:乳酸链球菌(*Streptococcus lactis*),德氏保加利亚乳杆菌(*Lactobacillus delbrueckii subsp. bulgaricus*)。

3. 试剂:蔗糖,果汁,CMC-Na,黄原胶,海藻酸丙二醇酯(PGA)。

4. 器材:1 L 三角瓶,150 mL 三角瓶,恒温培养箱,pH 计,温度计,塑料杯封口机,均质机等。

四、实验方法

1. 发酵乳的杀菌。根据产品生产量确定所用奶粉的用量,一般奶粉用量为总发酵乳的 5%,蔗糖的添加量为总发酵乳的 8%。装于 1 L 三角瓶,约 2/3 瓶体,封口。发酵乳采用 90 ℃、30 min 杀菌处理。

2. 发酵乳冷却。经热处理之后的发酵乳须及时冷却到适合于菌种生长的温度,一般以 38～42 ℃为最佳温度。

3. 接种。在无菌操作台上,将活化后的试管乳酸链球菌和德氏保加利亚乳杆菌接种到冷却的发酵乳中,每一阶段的接种操作都必须严密防止污染。接种量根据发酵剂菌种活力的不同,为0.5%～2.5%;一般在活力正常情况下接种量可为2%。适当加大接种量可以缩短发酵时间。

4. 恒温培养。接种后,一般在38～42 ℃恒温状态下培养,酸度为65～70 °T时即可终止发酵。根据菌的活力和接种量,培养时间为3～20 h。

5. 可以根据口感等的要求,适当添加果汁、CMC－Na、黄原胶、海藻酸丙二醇酯(PGA),并进行均质。

6. 分装于150 mL的三角瓶中,封口。

7. 冷却。培养达到要求的酸度后应立即放入4 ℃条件下进行后熟,以增加酸奶的风味。

实验六　啤酒酿制

一、实验目的

熟悉和掌握啤酒酿造的原理、设备及操作;学习啤酒生产工艺过程,包括麦汁制备、酵母活化培养、啤酒发酵控制的措施和方法。

二、实验原理

啤酒是以麦芽为主要原料,先制成麦汁,添加酒花,再用啤酒酵母发酵而制成的一种酿造酒。啤酒的生产过程主要分为:麦芽制造(制麦)、麦汁制备(糖化)、发酵、罐装4个部分。啤酒工业化生产可采用传统发酵槽工艺或大型露天发酵罐发酵。

三、实验材料

1. 原料和培养基:大麦或麦芽,大米,啤酒酵母,淀粉酶,酒花,麦芽汁培养基等。

2. 器材:温度计,糖度计,台秤,天平,培养箱,糊化锅,糖化锅,麦汁煮沸罐,啤酒发酵罐,酵母培养罐,过滤机,灌装压盖机,啤酒瓶,皇冠盖等。

四、实验方法

(一) 工艺流程

根据实验条件选择不同的实验内容和重点。可从麦芽制造开始到成品啤酒,也可从发汁制备(糖化)开始,到生产熟啤酒或酿造鲜啤酒。下面以干麦芽酿造啤酒的工艺流程举例说明,如图11.12所示。

(二) 实验过程

1. 麦芽汁的制备。

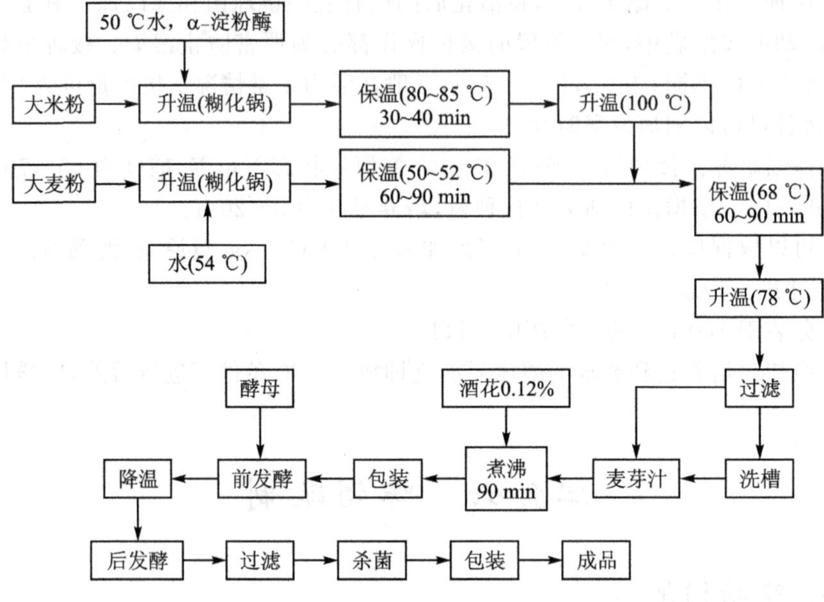

图 11.12 干麦芽酿造啤酒的工艺流程

准确称取麦芽粉 2 800 g，放入糖化锅中，加入 54 ℃热水 9 900 mL，搅拌混匀，于 50～52 ℃保温 60～90 min。准确称取大米粉 1 300 g，倒入糊化锅中，加入 50 ℃的热水 6 300 mL，并加入 α-淀粉酶(6 U/g 大米粉)，搅拌均匀，于 80～85 ℃保温 30～40 min。将糊化锅中的醪液升温至 100 ℃，迅速倒入糖化锅中，混匀，于 68 ℃保温 60～90 min。其间用碘液进行检查，直至糖化完全。将糖化完全的醪液(糖化醪)升温至 78 ℃后，倒入过滤槽，静置 10 min 后进行过滤/洗槽处理。将过滤和洗槽得到的麦芽汁合并，加入 0.12%的酒花，煮沸 90 min，酒花也可分次加入。目前国内啤酒生产厂家通常分 3 次或 4 次加入酒花。第一次是在麦芽汁刚煮沸时，加入酒花用量的 1/5；第二次是在煮沸 40 min 后，加入酒花用量的 2/5；第三次在煮沸结束前 10 min，加入剩下的 2/5。煮沸结束后，用糖度计测定麦芽汁浓度，煮沸结束后除去酒花残渣及凝固物，使麦芽汁浓度达到 10～12 °P。除去酒花残渣的麦芽汁从 95～98 ℃急速冷却至 6～8 ℃。

2. 低温发酵啤酒。

① 发酵罐的清洗和灭菌。用 2%的 NaOH 溶液冲洗锥形发酵罐，然后以清水冲洗至 pH 值为 7，用 2%的甲醛溶液浸泡 2 h 以上，再以清水冲洗至无醛味。使用前用 75%的乙醇或 80 ℃热水灭菌。麦芽汁冷却后送入发酵罐，接好冷却设备。

② 接种、发酵。在发酵罐中接入扩大培养的啤酒酵母菌种子液或上一次啤酒发酵产生的酵母泥。有关啤酒酵母菌种子液和啤酒酵母泥的制备请参阅相关文献。种子液的加入量为麦芽汁质量的 3%～4%，酵母泥的加入量为 0.8%，接种温度为 9～10 ℃，低温发酵。发酵时间一般为 15～20 d。主发酵时间为 7～8 d，发酵温度最高

不超过 15 ℃，以 6～9 ℃为宜。发酵过程要严格控制发酵温度，及时观察啤酒产气情况，避免造成杂菌污染而出现异常发酵，每天检测发酵液糖度变化，当发酵液的糖浓度下降到 4.5 °Bx 时表明主发酵阶段完成，转入后发酵阶段。

③ 后发酵。后发酵期间采用“先高后低”的温度控制原则，3 ℃保持 1.5 d 左右，然后至 1.5 ℃保持 1 d，储酒 0～ 1 ℃，时间 5～7 d。

（三）过滤、杀菌、包装

将储存好的啤酒经过滤装置进行过滤，得到澄清透明的酒体；再进行巴氏杀菌，最后进行罐装成为成品。

（四）产品评定

对啤酒成品进行感官指标、理化指标和卫生指标评定。感官评定包括外观、色泽、香气、滋味。理化指标包括原麦汁含量（%）、总酸、糖度、色度、pH 值、氨基酸含量等。卫生指标包括细菌总数、大肠杆菌数、致病菌数等。

实验七　食醋酿制

一、实验目的

通过实验掌握食醋的生产过程及工艺控制。

二、实验原理

食醋是我国传统的酸性调味品，酿制工艺多样，产品各具特色。其基本原理是以淀粉质为原料，经加热糊化，曲霉菌（糖化曲）的糖化过程，酵母菌的乙醇发酵（酒化），最后由醋酸细菌将乙醇氧化为乙酸（醋化）而成的调味品。成品中除乙酸外，还含有其他有机酸、糖、醇、醛、酮、酯、酚及各种氨基酸，因此是色、香、味、体俱佳的调味品。

三、实验材料

1. 菌种：酵母菌，醋酸菌等。

2. 材料：主料为大米，糯米，高粱，小麦等；辅料一般采用细谷糠，麸皮或豆粕；填充料常用的有谷壳，稻壳，玉米秸，高粱壳等；添加剂如食盐，蔗糖，芝麻，生姜等，可以增进食醋的色泽和风味，改善食醋的体态。

四、实验方法

（一）制醋原料的处理

为了扩大原料同微生物酶的接触面积，使有效成分被充分利用，在大多数情况下，应先将粮食原料粉碎，然后再进行蒸煮、糖化，采用酶法液化；通风回流制醋工艺中是用水磨法粉碎原料。粉碎后的原料进行润水,加水量视原料种类而定。高粱润料用水量为50%左右,润料时间约10 h。用大米为原料则采用浸泡的方法,浸泡时间夏季为6~8 h,冬季为10~12 h,浸泡后捞出沥干。食醋原料的蒸料可在常压及加压(0.011 MPa)条件下进行,时间一般为30 min即达蒸料要求。

淀粉质原料制食醋,可分为3个发酵过程：糖化、乙醇及乙酸发酵。因此要制备糖化剂、酒母和醋酸菌菌液,它们用于食醋生产的各个阶段。

(二) 糖化剂的制备

把淀粉转变为发酵性糖,所用催化剂称为糖化剂。糖化剂包括以下六大类：大曲、小曲、麸曲、红曲、液体曲和淀粉酶制剂。固体发酵法制醋中,麸曲是使用最多的糖化剂,菌种以黑曲霉为主,它的制备过程如下：

1. 试管培养。培养基为6 °B左右的饴糖液100 mL,蛋白胨0.5 g,琼脂2.5 g,在0.1 MPa压力下灭菌30 min,冷却后接种,置于30~32 ℃条件下培养3~5 d,孢子成熟即可应用。

2. 三角瓶培养。麸皮80 g,面粉20 g,水100 mL,拌匀过筛,在250 mL三角瓶内装入20 g,在0.1 MPa压力下灭菌30 min,冷却后接种、摇匀,在30~32 ℃条件下培养10~20 h后,菌丝生长,温度逐渐上升,菌体开始结块,注意摇匀;第三天菌生长茂盛,即可扣瓶,待孢子由黄色变成黑褐色即可取出使用。

(三) 酒母的制备

酒母是用于糖化醪乙醇发酵的酵母菌,固态法酿造食醋时将麸曲和酒母与蒸熟的原料混合,进行淀粉糖化及乙醇发酵。目前,我国食醋生产工艺常用的酵母菌基本上与乙醇、白酒、黄酒生产所用酵母菌相同,属啤酒酵母及其变种,如拉斯2号、拉斯12号、南阳5号、南阳混合等。

酒母的培养采用逐级扩大的方法,每次扩大倍数一般为10~20倍,温度保持在26~28 ℃,微量通风培养8~10 h,培养基采用7 °B麦芽汁或7 °B米曲汁或7~8 °B的糖化醪液,调整pH值为4.1~4.4,在0.1 MPa压力下灭菌30 min。

酒母质量的好坏以镜检来决定,简易而快速。一般要求是：① 酵母细胞数,每1 mL酒母中以酵母细胞8×10^{7}~1.2×10^{9} CFU/mL为宜。② 出芽率在15%~30%,则出芽率高,说明酵母菌处于旺盛的生长期。③ 酵母菌死亡率应小于1%。

(四) 醋酸菌的制备

醋酸菌在制醋过程中将乙醇氧化为乙酸。现在,国内生产厂家大多应用中国科学院微生物研究生产的“1.41号”醋酸菌及“沪酿1.01号”醋酸菌。醋酸菌的培养过程如下。

1. 试管斜面培养。培养基：葡萄糖1 g,酵母膏1 g,乙醇2 mL,琼脂2.5 g,$CaCO_3$ 1.5 g,水1 L,pH值自然;培养条件：在30~32 ℃条件下培养48 h,保藏在0~4 ℃冰箱内备用。

2. 三角瓶扩大培养：培养基同试管斜面培养基。先将除乙醇外的培养基其他成分分装于三角瓶中，每500 mL三角瓶装120～150 mL，在0.1 MPa压力下灭菌30 min，取出冷却后，在无菌条件下加入乙醇。每支试管原菌可接种2～3瓶，摇匀，在32～34 ℃条件下振荡培养24 h，镜检菌体生长正常，无杂菌即可使用。如为静置培养，则三角瓶装液量可适当减少，在30 ℃条件下恒温培养5～7 d，液面上长有菌膜，嗅之有乙酸的清香味，即醋酸菌生长成熟。

（五）固态发酵法制醋工艺

固态发酵工艺流程图如图11.13所示。

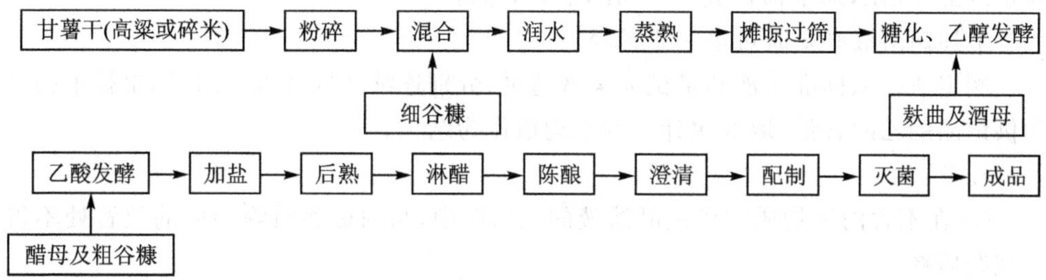

图11.13　固态发酵工艺流程图

原料配比(g)为，甘薯干(高粱或碎米)∶细谷糠∶麸曲∶粗谷糠＝1 000∶1 750∶500∶500。酒母及醋母接入量均按5～10 g/100 mL水，加入时控制醋醅含水量60%～62%为宜，可在蒸料前后分两次加入，蒸料前含水量50%左右。

通过倒醅控制醅温不超过40 ℃，前期发酵醅温上升较快，可5～8 h倒醅一次，2 d后，醅温逐渐降低，可每天倒醅一次。第5天，醅温降至33～35 ℃，乙醇发酵完成。

乙醇发酵结束后，按比例拌入粗谷糠及接入醋酸菌种子。2～3 d后醅温升高，通过倒醅来控制醅温，不得超过42 ℃，并使空气流通，一般每天倒醅二次，经12 d，醅温开始下降，当乙酸含量达7%以上，醅温下降至38 ℃以下时，乙酸发酵结束，应及时加入1%～2%食盐，拌匀放置2 d，作为后熟。

淋醋，即用水将成熟醋醅中的有用成分溶解出来，得到醋液的过程。淋醋可用水直接浸淋或套淋使醋渣残酸至0.1%为止。

为改善食醋风味，也可将成熟固态醋醅压实，加盖食盐一层，密封酿20～30 d，也可用醋液密封30～60 d，这一过程称为陈酿，可以增加食醋的香味，减少尖酸味。澄清醋液，加热到80 ℃，灭菌10 min后包装。

（六）分析方法

1. 乙醇含量的测定：采用气相色谱法。

气相色谱法可测定各种制剂中在20 ℃时乙醇(C_2H_5OH)的含量(%)(mL/mL)。色谱条件与系统适用性试验：用直径为0.25～0.18 mm的二乙烯苯-乙基乙烯苯型高分子多孔小球作为载体，柱温为120～150 ℃；另精密量取无水乙醇4 mL、5 mL、6 mL，分别精密加入正丙醇(作为内标物质)5 mL，加水稀释成100 mL，混匀(必要时可进一步稀释)，按照气相色谱法测定，应符合下列要求：① 用正丙醇峰计算的理论板数应大于700；② 乙醇和正丙醇两峰的分离度应大于2；③ 上述3份溶液各注样5次，所得15个校正因子的相对标准偏差不得大于2.0%。

标准溶液的制备。精密量取恒温至20 ℃的无水乙醇和正丙醇各5 mL，加水稀释成100 mL，混匀，即得。

供试溶液的制备。精密量取恒温至20 ℃的供试品适量(相当于乙醇约5 mL)和正丙醇5 mL，加水稀释成100 mL，混匀，即得。

上述两溶液必要时可进一步稀释。

测定法。取标准溶液和供试品溶液适量，分别连续注样3次，并计算出校正因子和供试品的乙醇含量，取3次计算的平均值作为结果。

注意：

① 在不含内标物质的供试品溶液的色谱图中，与内标物质峰相应的位置处不得出现杂质峰。

② 标准溶液和供试品溶液各连续3次注样所得各次校正因子和乙醇含量与其相应的平均值的相对偏差，均不得大于1.5%，否则应重新测定。

③ 选用其他载体时，系统适用性试验必须符合本法规定。

2. 总酸的测定：标准NaOH滴定法，以酸度计测定时，pH值在8.2为终点。

$$X=\frac{(V_1-V_2)\times C\times 0.06}{V\times(10/100)}\times 100\%$$

式中：X——样品中总酸含量(以乙酸计)；

V_1——测定样品稀释液消耗标准NaOH体积，mL；

V_2——空白消耗标准NaOH体积，mL；

C——NaOH标准液浓度，mol/L；

0.06——1 mol/L NaOH标准液1 mL相当于乙酸的克数；

V——样品体积，mL；

10/100——取10 mL样品稀释到100 mL。

第十二章　医学微生物应用技术

实验一　血液及骨髓标本的细菌学检验

一、实验目的

掌握血液及骨髓标本细菌学检验程序和技术；掌握血液及骨髓标本的正确采集方法。

二、实验材料

1. 标本：疑为菌血症患者的血液或骨髓标本。

2. 培养基：沙氏葡萄糖琼脂培养基，KIA 培养基，MIU 培养基，血琼脂平板，巧克力琼脂平板。

3. 试剂：香柏油，3%过氧化氢，氧化酶试剂，吲哚试剂，革兰氏染液等。

4. 器材：血培养瓶，血琼脂平板，巧克力琼脂平板，显微镜，二氧化碳孵箱，厌氧培养箱，甘露醇发酵管等。

三、实验方法

1. 标本采集。

(1) 采血时间和次数。血液标本一般应在患者寒战或发热前或根据不同的发热情况在未使用抗菌药物前采集。为提高检出阳性率，要求临床多次采集标本，建议每位患者在不同部位最少采集 2 套血以提高检出阳性率(每套含需氧培养瓶和厌氧培养瓶各 1 瓶)。

(2) 采血部位和采血量。血液(骨髓)标本要求同时进行需氧和厌氧培养。一般多由肘静脉采血，采集一份标本分别注入需氧瓶和厌氧瓶。成人采血量每瓶 10～15 mL；对于新生儿及 1 岁以下体重低于 4 kg 的儿童患者，一次抽血 0.5～1.5 mL；对于 1～6 岁儿童，按每年龄增加 1 岁，抽血量增加 1 mL，而且最好使用儿童专用血培养瓶。

骨髓标本由于量少可选择小儿需氧瓶及厌氧瓶，无菌操作采集标本注入培养瓶后立刻送检，若标本无法马上送检则必须放置室温，不可低温保存。对于正在使用抗菌药物患者的血液标本，以培养基量的 1/20 为宜。

(3) 对疑为细菌性骨髓炎或伤寒患者，在病灶部位或髂前(后)上棘处严格消毒后抽取骨髓液 1 mL 做细菌培养。

2. 标本检验。血液及骨髓液标本的细菌学检验程序如下。

(1) 全自动血培养仪中培养。将血培养瓶置全自动血培养仪中培养,根据培养瓶中出现的不同变化,可提示有某种细菌生长。对全自动血培养仪发出阳性警报的血培养瓶,可根据不同血培养仪的操作要求对阳性标本进行卸载。应及时进行涂片染色镜检,并发出初级报告,同时进行分离培养检查。当全自动血培养仪的屏幕提示有阴性瓶产生时,可根据不同血培养仪的操作要求对阴性标本进行卸载,阴性瓶可每日批量卸载一次。

(2) 分离培养检查。

① 常规培养:将阳性瓶卸载后,用75%乙醇消毒瓶盖,待干后,用无菌注射器抽出培养液转种至血琼脂平板、巧克力琼脂平板,于35 ℃、5% CO_2 的孵箱孵育18~24 h。如果发现可疑病原菌菌落,则进行涂片、革兰氏染色、镜检,依据形态结果选择相应的生化试验和血清学方法进行鉴定。如果无细菌生长,则继续孵育至48 h观察并记录实验结果。

取培养液涂片,革兰氏染色,镜检,报告初步镜检结果:“检出革兰××细菌,初步药敏待发”,此属一级报告,并通知临床。同时根据镜检结果做初步药物敏感试验:取培养液2~3滴,均匀涂布于药敏平板上,然后贴上相应药敏纸片(药敏纸片的选择参照纸片扩散法抗生素敏感试验程序),培养6~8 h后,向医生口头报告初步药敏结果,此属二级报告。血琼脂平板、巧克力琼脂平板上经16~18 h培养后,取单个菌落,进行鉴定及药敏试验,并发出正式的微生物检验报告单,此属三级报告。

革兰氏阳性球菌:进行触酶试验,阳性者初步判定待检菌为葡萄球菌;触酶阴性,链状或散在排列,初步判断待检菌为链球菌或肠球菌,按相关章节进行鉴定。

革兰氏阴性杆菌:进行氧化酶试验、触酶试验和硝酸盐还原试验,如氧化酶试验阴性、触酶阳性和硝酸盐还原试验阳性,则待检菌可初步判断为肠杆菌科细菌,接种KIA、MIU培养基。根据KIA、MIU培养基上的生化反应和其他生化结果,鉴定至种。如生物学特性符合沙门菌或志贺菌,则须用血清学试验确认血清型;如果氧化酶阳性或阴性,但不利用葡萄糖者,则待检菌可初步判断为非发酵菌,按相关章节进行鉴定。

② 真菌培养:无菌操作取瓶内液体接种沙氏葡萄糖培养基,分别置37 ℃和25 ℃进行孵育24~48 h后观察菌落形态,如无真菌生长则继续孵育至5 d,观察并记录。

③ 厌氧培养:无菌操作取瓶内液体接种预还原的血琼脂平板和巧克力琼脂平板,置厌氧培养箱中孵育48~72 h,观察并记录。厌氧菌的鉴定见相关章节。

四、结果报告

1. 实验记录。在实验过程中认真观察并做好各项记录,如实填写“临床标本检验实验记录表”。

2. 阳性结果报告。全自动血培养仪阳性报警的血培养瓶,经涂片,革兰氏染色,

镜检后，应口头报告临床医师(一级报告)。此后取阳性培养液进行直接药敏实验，经6～8 h可初步报告药敏试验的结果，并口头报告临床医师，通报初步药物敏感性试验的结果(二级报告)。对分离培养后发现的可疑病原菌，应尽快进行相关细菌的鉴定及标准化的药敏试验，发出最终结果报告(三级报告)。

3. 阴性结果报告。血液、骨髓液细菌培养阴性者，报告"培养××天，未见细菌生长"。

五、注意事项

1. 采集血液和骨髓液标本及接种时要严格无菌操作，规范消毒程序，防止皮肤和环境中微生物的污染。

2. 一般应在抗菌药物使用之前采集标本。

3. 在血液培养过程中应每日至少观察一次瓶内的颜色变化，如发现有细菌生长现象，则须及时转种和涂片染色报告。

4. 为避免漏诊(假阴性)，除用肉眼观察外，所有培养瓶均应在培养5～7 d后做盲目转种培养，包括全自动血培养仪不报警的培养瓶。当疑为亚急性心内膜炎、布鲁菌病、厌氧菌血症、真菌血症时，血培养应至少培养2～3周，盲目传代仍无细菌生长者可报告阴性。

5. 血液细菌学培养是诊断菌血症和败血症的病原学依据。一般菌血症由1种细菌引起，但也有同时由2种细菌或细菌和真菌混合感染的情况，有时也会出现不常见到的细菌，这些情况不能随意判定为污染菌。

实验二　肠道标本的细菌学检验

一、实验目的

掌握肠道标本细菌学检验程序和技术；掌握肠道标本的正确采集和运送方法。

二、实验材料

1. 标本：粪便标本或直肠拭子。

2. 培养基：血琼脂平板，SS琼脂平板，麦康凯琼脂平板，TCBS平板，KJA，MIU，JMVC生化反应管，GN增菌液，碱性蛋白胨水，亚硒酸盐增菌液。

3. 试剂：生化反应用试剂，沙门菌，志贺菌诊断血清，革兰氏染液，O139及O1群霍乱弧菌诊断血清，致病性大肠埃希菌诊断血清。

4. 器材：细菌培养箱，显微镜，接种环，载玻片，生理盐水，香柏油，新华1号定性滤纸，打孔机等。

三、实验方法

1. 标本采集。在抗生素使用前进行,挑取新鲜黏液、脓血粪便或直肠拭子标本送检,1 h 内送达实验室处理。直肠拭子标本须存于运送培养基中。

2. 标本检验。

(1) 直接显微镜检查。在疑为霍乱弧菌感染、肠结核或伪膜性肠炎及肠道菌群失调时应直接镜检。

① 疑似霍乱弧菌感染取患者粪便,做悬滴直接检查动力,如发现运动活泼呈鱼群样,则立即做制动试验(O1 多价血清及 O139 血清),如动力(+)、制动(+),则马上通知疾病控制中心,隔离并观察患者。

② 对伪膜性肠炎患者,取大便涂片,革兰氏染色镜检,观察有无革兰氏阳性球菌成堆排列及球菌和杆菌之比,并注意有无真菌感染。

③ 怀疑肠结核时,做抗酸染色。

(2) 分离培养检查。将标本分区画线接种于 SS 琼脂平板和麦康凯琼脂平板,5 ℃、18~24 h 观察菌落特征。挑取不发酵乳糖菌落,接种 KIA 和 IMVC 等生化反应管,在 35 ℃下培养 18~24 h,观察分析结果作出初步判断。必要时可先进行增菌再行分离培养。

① 若根据初步生化反应结果疑为沙门菌,则取 KIA 上的菌落与沙门菌 A~F 群多价 O 血清做玻片凝集,如发生凝集再与因子血清进行凝集,作出最后鉴定。

如多价抗血清不凝集,则需做 Vi 血清凝集以判断是否是 Vi 阳性菌;若出现凝集,则取 1 mL 生理盐水洗下细菌。放 100 ℃水浴 30 min 后,再与 Vi 和多价血清进行凝集,若与 Vi 血清不凝而与多价血清凝集,则可能属于 C 群或 D 群,再与相应的因子血清凝集,即可作出判断。

② 若根据生化反应结果疑为志贺菌属者,则取 KIA 上的细菌与志贺菌 4 种多价血清凝集,如发生凝集,则再分别与 4 种志贺菌诊断血清进行凝集,即可作出判断。

③ 疑为霍乱弧菌感染,可将标本直接接种于 TCBS 琼脂平板中,氯化钠和高 pH 值可刺激弧菌的生长;胆酸钠、牛胆粉、硫代硫酸钠和柠檬酸钠及较高的 pH 值可抑制革兰氏阳性菌和大肠菌群;霍乱弧菌对酸性环境比较敏感,硫代硫酸钠与柠檬酸铁反应作为检测 H_2S 产生的指示剂;麝香草酚兰是 pH 指示剂,pH 值变色范围为 8.0(黄)~9.6(蓝)。

(3) 药物敏感性试验——药敏片法。

① 药敏片的制备:取新华 1 号定性滤纸,用打孔机打成直径 6 mm 的圆形小纸片。取圆纸片 50 片放入清洁干燥的青霉素空瓶中,瓶口以单层牛皮纸包扎。经 15~20 min 高压消毒后,放在 37 ℃温箱或烘箱中数天,使其完全干燥。

② 抗菌药纸片制作:在上述含有 50 片纸片的青霉素瓶内加入药液 0.25 mL,并翻动纸片,使各纸片充分浸透药液,翻动纸片时不能将纸片捣烂。同时在瓶口上记录

药物名称，放 37 ℃温箱内过夜，干燥后即密盖，如有条件可真空干燥。切勿受潮，应置阴暗干燥处存放，有效期 3～6 个月。

③ 药液的制备(用于商品药的试验)：按商品药的使用治疗量的比例配制药液。

④ 在“超净台”中，用接种环挑取适量细菌培养物，以画线方式将细菌涂布到平皿培养基上。具体方式：用灭菌接种环取适量细菌分别在平皿边缘相对四点涂菌，以每点开始画线涂菌至平皿的 1/2。然后，找到第二点画线至平皿的 1/2，依次画线，直至细菌均匀密布于平皿(或挑取待试细菌于少量生理盐水中制成细菌混悬液，用灭菌棉拭子将待检细菌混悬液涂布于平皿培养基表面，要求涂布均匀致密)。

⑤ 将镊子火焰灭菌后略停，取药敏片贴到平皿培养基表面。为了使药敏片与培养基紧密相贴，可用镊子轻按几下药敏片。为了能准确地观察结果，要求药敏片能有规律地分布于平皿培养基上；一般可在平皿中央贴 1 片，外周可等距离贴若干片(外周一般可贴 7 片)，每种药敏片的名称要记住。

⑥ 将平皿培养基置于 37 ℃温箱中培养 24 h 后，观察效果。在涂有细菌的琼脂平板上，抗菌药物在琼脂内向四周扩散，其浓度呈梯度递减，因此在纸片周围一定距离内的细菌生长受到抑制。过夜培养后形成一个抑菌圈，抑菌圈越大，说明该菌对此药敏感性越大，反之越小；若无抑菌圈，则说明该菌对此药具有耐药性。其直径大小与药物浓度、画线细菌浓度有直接关系。

⑦ 判定标准：药敏实验的结果，应以抑菌圈直径大小作为判定敏感度高低的标准。抑菌圈直径(mm)20 以上为极敏；15～20 为高敏；10～14 为中敏；10 以下为低敏；0 代表不敏。

四、实验结果

1. 实验记录。实验过程中认真观察并做好各项记录，如实填写“临床标本检验实验记录表”。

2. 显微镜检结果报告。

(1) 显微镜检查发现有重要意义的病原菌可报告为“可见大量××菌，疑为××菌”(例如“可见大量 G^+ 球菌，疑为金黄色葡萄球菌”；又如“可见大量有卵圆形芽孢的 G^+ 杆菌，疑为艰难梭菌”)。

(2) 暗视野悬滴法检测动力试验及抑动试验阳性则报告为“可见呈穿梭状运动的细菌，疑为弧菌”，“O1 群霍乱弧菌多价血清抑动试验阳性，疑为 O1 群霍乱弧菌”或“O139 血清抑动试验阳性，疑为 O139 群霍乱弧菌”。

(3) 显微镜检未见细菌者，报告“涂片革兰氏染色未找到细菌”。

3. 培养结果报告。

(1) 阳性结果报告：报告细菌种名(血清型)和标准的细菌药物敏感性试验结果。

(2) 阴性结果报告：常规细菌培养阴性应报告“未检出沙门菌、志贺菌、气单胞菌、邻单胞菌、迟缓爱德华菌(沿海地区应加报弧菌),未检出金黄色葡萄球菌、铜绿假单胞菌及酵母菌过度生长";特殊病原菌培养阴性时应报告相应的阴性筛选结果,如"弯曲菌培养阴性"。

五、注意事项

1. 为提高阳性检出率,标本最好在用药前、急性期采集;采集后应在2 h内送检;直肠拭子必须置于运送培养基中;疑为霍乱患者应置碱性蛋白胨水中;疑有耶尔森菌或弯曲菌等标本应置运送培养基中送检。用于厌氧菌培养的标本应尽量避免接触空气,最好立即培养。若疑为痢疾患者则可挑取脓血、黏液部分检验。

2. 肠道内存在大量的正常菌群,一般分离可疑致病菌应使用选择性平板。

3. 除怀疑霍乱弧菌、结核分枝杆菌和菌群失调引起的腹泻外,粪便标本一般不做涂片检查。

4. SS琼脂对气单胞菌、邻单胞菌有抑制作用,初次分离时应接种血琼脂平板和Mac平板。

5. 正常人体肠道内可以存在金黄色葡萄球菌,因此只有每克粪便细菌数达到10^5 CFU时才有临床意义。

6. 沙门菌属容易丢失鞭毛抗原,此时要通过诱导使鞭毛恢复,才能鉴定。

7. 药物敏感性试验时,沙门菌和志贺菌常规仅报告氨苄西林、一种喹诺酮类药和磺胺类药物的敏感试验结果;艰难梭菌引起的腹泻在停用抗生素之后,口服甲硝唑或万古霉素一般可以收到较好的治疗效果,不需作药敏测试;培养出铜绿假单胞菌、金黄色葡萄球菌或者酵母菌过度生长,不需要做药敏试验。

实验三　呼吸道标本的细菌学检验

一、实验目的

掌握呼吸道标本的正确采集方法;掌握常见细菌的检验方法;掌握特殊病原菌的检验程序和方法。

二、实验材料

1. 标本:鼻咽拭子,痰液标本。

2. 培养基:血琼脂平板,巧克力琼脂平板,吕氏血清斜面,亚碲酸钾血琼脂平板,活性炭酵母琼脂(BCYE)。

3. 试剂:氧化酶试剂,3% H_2O_2,革兰氏染液,阿尔伯特(Albert)异染颗粒染色液,灭菌生理盐水等。

4. 器材:二氧化碳孵箱,显微镜等。

三、实验方法

1. 标本采集。在抗生素使用前采集。

(1) 咽拭子采集：嘱患者先用清水漱口，由检查者将患者的舌向外拉，使悬雍垂尽可能向外牵引，用无菌拭子揩去溃疡或创面浅表分泌物，然后用咽拭子越过舌根到咽后壁式悬雍垂的后侧在红肿或白膜部位反复涂抹数次，但拭子要避免接触口腔和舌黏膜。

(2) 鼻咽拭子采集：嘱患者先用清水漱口，用无菌拭子伸入鼻腔至少 1 cm 处，在鼻内病灶边缘部分，先用力旋转拭子，停留 10～15 s 后取出，立即送检。

(3) 痰液标本采集：患者自行采样，留痰前用清水反复漱口后，用力自气管深部咳出，吐入无菌痰杯内立即送检。对于无法自行采样的，可采取诱导咳痰、气管吸出法、气管镜采集法和气管或环甲膜穿刺法（主要用于厌氧菌培养）等。

2. 标本运送。及时快速运送，常规培养应在 2 h 内送到实验室立即接种。对疑有脑膜炎奈瑟菌、嗜血杆菌等苛养菌的鼻咽拭子，最好采用运送拭子取样。

3. 标本检验，主要有上呼吸道标本的检验和下呼吸道标本的检验。

(1) 上呼吸道标本的检验。

① 标本接收。肉眼观察标本并记录标本的相关性状。

② 直接显微镜检查。

a) 直接涂片检查。白喉棒状杆菌检查：将咽拭子标本做 2 张涂片，干燥固定，一张进行阿尔伯特异染颗粒染色（已固定的涂片上加甲液染 3～5 min，水洗后，再加乙液染色 1 min，水洗待干，镜检）；另一张进行革兰氏染色。如有革兰氏阳性棒状杆菌，则呈 X、V、Y 等形排列。异染颗粒染色菌体呈蓝绿色，异染颗粒呈蓝黑色，位于菌体一端或两端，即可作出“找到有异染颗粒的革兰氏阳性杆菌”的初步报告。

b) 涂片革兰氏染色。见革兰氏阳性，圆形或卵圆形的孢子，有时可见出芽，可报告“找到酵母样孢子”。

③ 分离培养检查。

a) 常规需接种血琼脂平板、巧克力琼脂平板、麦康凯琼脂平板，在 35 ℃下 5% CO_2 孵育 18～24 h，如发现疑似病原菌菌落，则进行涂片染色观察，选择相应的生化试验及血清学鉴定。如未生长，则继续孵育至 48 h，观察平板记录并报告。

b) 真菌培养接种显色培养基，35 ℃培养 48 h，记录和报告。

c) 百日咳鲍特菌的培养。将标本直接接种在鲍特菌培养基上，置有盖的玻璃缸（缸内加少许水，并在水中加入少许硫酸铜，防止细菌及霉菌生长）中，35 ℃下孵育 3～5 d 后，如有细小、隆起、灰白色、水银滴状、不透明、有狭窄溶血环的菌落，应涂片染色观察。如为革兰氏阴性小杆菌、卵圆形、单个或成双排列，则结合菌落特点，可作初步结论。进一步进行血清学凝集、生化反应及荧光抗体染色确认。

d) 白喉棒状杆菌培养。将标本接种于吕氏血清斜面，35 ℃孵育 8～12 h 后，如有灰白色或淡黄色的菌落或菌苔生长，则取菌落进行革兰氏染色和异染颗粒染色镜

检;如为典型革兰氏阳性棒状杆菌,若有明显的异染颗粒,则可初步报告“有异染颗粒的革兰氏阳性棒状杆菌生长”。进一步转接至亚碲酸钾血琼脂平板画线分离,取纯菌落后进行各项鉴定试验和毒力试验,作出最后鉴定报告“有白喉棒状杆菌生长”。

e) 脑膜炎奈瑟菌培养。将鼻咽拭子接种于无万古霉素的巧克力琼脂平板,35 ℃下,5%~10% CO_2 环境孵育 18~24 h,挑选可疑菌落进行氧化酶试验、生化反应和血清学分型。

f) 流感嗜血杆菌培养。将标本接种于血琼脂平板和巧克力琼脂平板,并在血琼脂平板中央直线接种金黄色葡萄球菌(或在四角点种),35 ℃、5%~10% CO_2 环境孵育 24~48 h。如有“卫星”现象、水滴样小菌落,则为革兰氏阴性小杆菌,根据对 V、X 因子的营养要求等进行鉴定。

(2) 下呼吸道标本的检验。

① 标本接收。肉眼观察标本并记录标本的相关性状。肉眼观察下呼吸道标本多为咳出的痰液,选取脓血性的痰液用于细菌学检验。异常恶臭的脓性痰,常见于肺脓疡患者,而且可能与厌氧菌有关。痰液中有颗粒状、菌块和干酪样物质可能与放线菌和曲霉菌感染有关。

② 取样本中脓性部分涂片。a) 确定痰液标本是否适合做细菌培养,采用标本直接涂片镜检,以低倍镜下观察上皮细胞数目的多少来判定(每低倍视野中≤10 个鳞状上皮细胞,为符合要求的痰标本,否则视为不合格的痰标本)。b) 初步判定是否有病原菌存在,涂片干燥固定后,进行革兰氏染色镜检。如发现比较纯的、形态典型、有特殊结构的,则可初步确定所属菌属或种的细菌,直接报告。如查见革兰氏阳性双球菌、矛头状、有明显荚膜时,则可报告“痰液涂片查见革兰氏阳性双球菌,形似肺炎链球菌”。如果不能直接确定菌属或种的细菌,则可报告“痰液涂片查见革兰氏×性×菌”。

③ 涂片检查抗酸杆菌。对临床怀疑结核分枝杆菌感染或需要排除结核分枝杆菌感染的标本,进行痰涂片检查抗酸杆菌。抗酸染色的具体操作步骤如下:a) 直接涂片,在生物安全柜里,取痰液脓性部分涂片,自然干燥后固定,进行抗酸染色后,用油镜观察;应至少检查 300 个视野或全片;记录发现的红色细菌数量。b) 离心集菌涂片,在标本中加入等量 2% NaOH,消化痰液;然后 121.3 ℃ 灭菌 20 min 后,3 000 r/min 取沉淀涂片,抗酸染色,油镜检查。

④ 分离培养。

a) 结核分枝杆菌:将痰液标本进行前处理后制成悬液,用无菌吸管加 2~3 滴滴于罗一琴培养基或 7H-10 液体培养基中,35 ℃空气环境孵育至 8 周,每周观察一次。如有淡黄色、干燥、表面不平的菌落生长,则进行涂片抗酸染色,如为抗酸杆菌,结合菌落形态、生长时间、色泽及鉴定试验,则可报告“结核分枝杆菌生长”,也可结合菌落数量和生长时间进行报告。8 周后未生长者报告“经 8 周培养无结核分枝杆菌生长”。

b) 嗜肺军团菌培养:取气管分泌物接种于活性炭酵母琼脂(BCYE),在 35 ℃下 2.5 % CO_2 环境培养,每天用肉眼和显微镜观察,直至第 14 天。如有小的、灰白色

菌落生长，则在 F～G 上的菌落，360 nm 紫外光下可见黄色荧光。取已生长的菌落做涂片革兰氏染色，该菌为不易着色的革兰氏阴性多形性杆菌，可用嗜肺军团菌的直接荧光抗体染色进行鉴定。

c) 诺卡菌培养：在镜下直接见到革兰氏阳性或多形的丝状分枝形态可以怀疑其存在。

四、实验结果

1. 实验记录：实验过程中认真观察并做好各项记录，如实填写“临床标本检验实验记录表”。

2. 呼吸道标本报告原则：

(1) 对任何气管镜标本如支气管吸出液(BAsp)、支气管肺泡洗液(BAL)和支气管刷液，必须在标本接收当日通知病房其革兰氏染色结果。

(2) 可用于细菌培养的合格标本为：每低倍视野中≤10 个鳞状上皮细胞及≥25 个白细胞，否则为不合格痰标本。记录不合格痰标本，并发出初步报告：“要求重送样本”。

(3) 报告呼吸道一般病原菌和少见却重要的病原菌及其药物敏感性试验结果。

(4) 对于呼吸道潜在病原菌及其药敏结果，仅在其大量存在或优势生长或口腔正常混合菌丛不存在时才予以报告。从 ICU 和肿瘤病房分离的潜在病原菌均应报告菌种和药敏试验结果。

(5) 对于正常菌群失调或白血病、激素治疗期、骨髓移植和囊性纤维化的患者，所有一般病原菌，即使仅少量存在，都应报告。

3. 呼吸道标本应报告的微生物：

(1) 只要存在就应报告的微生物：① 所有的丝状真菌；② 化脓性链球菌；③ 肺炎链球菌；④ 流感嗜血杆菌。

(2) 呼吸道标本中大量存在或优势生长应报告的微生物：① β-溶血性链球菌(除 A 群外)；② 假丝酵母菌；③ 需氧革兰氏阴性杆菌；④ 副流感嗜血杆菌或其他嗜血杆菌属细菌；⑤ 巴斯德菌属；⑥ 铜绿假单胞杆菌；⑦ 金黄色葡萄球菌。

4. 呼吸道标本阴性报告：呼吸道正常混合菌群生长，未检出致病菌。

五、注意事项

1. 特别对于下呼吸道标本应记录其是否为：唾液(清亮、起泡沫和水样标本，应拒收)；黏液样(清亮且有黏性)；黏液脓性；化脓性(不透明的黄色或绿色)；带血的。

2. 报告的细菌应根据其在平板上生长菌落占所有菌落的比例来注明在标本中的含量，如“混合菌丛，多量××菌，药敏如下”。未检出致病菌时，应报告“正常菌群”。

3. 不建议用鼻咽拭子标本做常规细菌培养，鼻咽拭子标本主要用于诊断脑膜炎奈瑟菌携带百日咳患者。

4. 白喉棒状杆菌引起的白喉是法定传染病，越早诊断对治疗越有利，同时能及时防止扩散。

第十三章　农业微生物应用技术

实验一　食用菌原种及栽培种的制作

一、实验目的

学习食用菌菌种的定义及分级标准；掌握食用菌三级菌种的制备方法。

二、实验原理

菌种是食用菌生产的基础，只有优良的菌种才可能有良好的收成。食用菌的菌种制作在生产实践中通常分3步：将自行分离的纯种或从专业单位购买的试管斜面菌种扩大繁殖而成的试管斜面菌种称为母种（一级菌种）；将母种在以木屑、棉籽壳或谷粒等为主的培养料上扩大繁殖而成的瓶（袋）装菌种称为原种（二级菌种）；将原种扩大繁殖而成的直接用于栽培的瓶（袋）装菌种称为栽培种或生产种（三级菌种）。栽培种所用的培养基配方和制作方法与原种基本相同。制作原种的目的：一是为了扩大种量，满足生产上的需要；二是让菌丝对各种秸秆类基质具有适应能力，并在适应的同时产生各种酶类；三是在培养过程中还可以对菌种的生命力、纯度等进行检验，存优弃劣。若生产规模较小、用种量不大时，也可直接将原种用于生产。

经过三级培养，食用菌菌丝体数量大大增加。一般1支试管母种可以繁殖4～6瓶原种，每瓶原种可扩接60～100瓶（袋）栽培种，以满足生产上对菌种的大量需求。

三、实验材料

1. 食用菌母种：平菇试管菌种5～7支。

2. 培养料配方：棉籽壳78%，麸皮（或米糠）20%，蔗糖1%，石膏粉1%，料水比1∶1.2。

注：原料一定要新鲜、无霉变、干燥、洁净。

3. 器材：灭菌锅，超净工作台，接种用具，台秤，盆子，菌种瓶，聚丙烯塑料袋（直径15 cm，厚度0.004 5 cm），袋口套盖（套环＋海绵盖）。

四、实验方法

（一）培养料的配制

按上述配方称取原料，把麦麸、石膏拌匀，洒在棉籽壳上反复拌2～3次进行混

合；蔗糖用水溶化，掺到适量的水中，泼洒在干料上，充分翻拌均匀，使料的含水量达到60%～65%（即用手紧握培养料，手指缝中有水珠渗出，但不形成水流）。

（二）培养料的分装及灭菌

配置好的培养料均匀装入菌种瓶（用于原种制作）或菌种袋（用于栽培种制作）中。装料时要求松紧适当，同时振动瓶身，装至瓶肩或袋肩，压平料面，再用尖形木棒在培养基正中钻一个直达底部的孔洞，以便接种块放入，利于菌丝的生长蔓延。装好后，用干净的纱布将菌种瓶和菌种袋外壁残留的培养料擦干净（以免接种后感染杂菌），菌种瓶用聚丙烯塑料膜扎口；菌种袋用配套的套环和海绵盖直接封口，0.14 MPa 湿热灭菌 1.5～2 h，冷却后备用。

（三）原种的制作

用蚕豆大的母种放于原种培养瓶中培养料面的孔洞处，包扎瓶口，放到培养架上，25 ℃左右避光培养。注意通风换气，室内相对湿度 65%～70%，每天检查瓶内发菌状况，检出污染瓶。一般经 20～30 d，菌丝可长满菌种瓶，即可得到原种（质量标准：菌丝体浓白、粗壮、有菇香、无异味，与培养料紧密结合，瓶颈有水珠，不得有干缩现象。菌种菌龄适宜，如果瓶壁有黄水等均为菌龄过长，不得再作菌种使用）。

（四）栽培种的制作

用接种匙取枣粒大小原种一块放于培养袋中培养料面的孔洞处，套盖封口，25 ℃左右发菌培养。保持通风、暗光条件；室内相对湿度 65%～70%，每天检查袋内发菌状况，检出污染袋。一般经 20～30 d，菌丝可长满菌种袋，即可得到三级种（栽培种）（质量标准：菌丝洁白、密集粗壮，上下部生长均匀，在培养料上蔓延时齐头并进，无明显菌丝束，菌丝顶端分泌无色透明水珠；后期在培养料表层不结菌皮，如图 13.1 所示）。

图 13.1　平菇的栽培

实验二　香菇栽培技术

一、实验目的

掌握香菇代料栽培的工艺流程和栽培方法；学习香菇生长发育所需要的环境条件。

二、实验原理

香菇,是一种著名的食用菌和药用菌。由于它味道鲜美,菌肉肥厚,且香味浓郁,口感纯正,营养丰富,有十分明显的医疗保健作用,因此多年来为各国消费者所喜爱。在寒冷和干燥的特殊环境中,菌盖表面开裂成菊花或龟甲状,露出菇内白色的菌肉,此为花菇,由于其生长缓慢、组织致密、口味风味俱佳,是香菇中的珍品。

构成香菇蛋白质的氨基酸种类齐全,且人体必需的氨基酸含量丰富,约占氨基酸总量的35.7%。香菇所含的碳水化合物以半纤维素最多,此外尚有甘露醇、海藻糖(菌糖)、葡萄糖、糖原、戊聚糖、甲基戊聚糖等。香菇的鲜味成分,是一类水溶性物质,其中主要成分是谷氨酸和5′-鸟苷酸(5′-GMP)。

三、实验材料

1. 菌种:香菇(*Lentinula edodes*)栽培种。
2. 原料:木屑,麦麸或米糠,玉米粉或黄豆粉,棉籽壳。
3. 试剂:蔗糖,石膏,尿素或硫酸铵,过磷酸钙,高锰酸钾,75%乙醇。
4. 器材:高压灭菌锅,15 cm×50 cm的聚丙烯塑料袋筒,水盆,水桶,磅秤,75%酒精棉球,酒精灯,镊子、打孔器,胶布,接种工具,铁锹等拌料工具。

四、实验方法

香菇代料栽培法工艺流程为:

配料→拌料→装袋→灭菌→接种→培养→检查生长情况→揭胶布→移入出菇室或荫棚内→脱袋排场→转色→催蕾→出菇管理→采收

(一) 原料的选择

栽培香菇最好使用不含芳香族化合物的山毛榉科、桦树科等阔叶树的木屑,其他杂木屑也可使用,但以硬质木树种加工的木屑更有利于提高香菇的质量。混有松、柏、杉、樟等木屑时一定要经暴晒或蒸煮,使芳香性物质挥发掉,以免抑制菌丝生长。麦麸是主要的氮源,无论是木屑还是麦麸都要新鲜、无霉变。木屑要过筛,去掉碎木块等杂质,以免刺破塑料袋。

(二) 培养料配方

培养料的配方可因地、因材料而异,但各种物质的用量一定要注意碳氮比的要求。3种配方分别为:① 杂木屑78%,麦麸20%,糖1%,石膏1%,含水量60%;② 杂木屑60%,棉籽壳20%,麦麸18%,石膏1%,糖1%,含水量60%;③ 杂木屑78%,麦麸16.6%,糖1.5%,石膏2%,尿素或硫酸铵0.4%,过磷酸钙0.5%,玉米粉或黄豆粉1%,含水量60%。

（三）拌　料

将木屑、麦麸及玉米粉等按需要量称好，其他糖、石膏等辅料称取后溶于水中，然后倒入木屑干料中搅拌均匀。培养料的含水量以手攥料能成团，且指缝中无水溢出为含水量适中；若指缝中有水溢出，则说明水分偏高。水分含量偏高时培养料会通气性不良，菌丝生长缓慢；含水量偏低同样阻碍菌丝的生长。

（四）装　袋

培养料配好后，装入塑料袋中，并压实培养料，直至袋筒上方留有 6 cm 空间，清理筒口，擦掉袋筒表面粘附的培养料，随后用线绳在紧贴培养料处扎紧，再将袋口反折后用线绳扎上数圈，称双层扎封。

（五）灭　菌

培养料装完之后立即进行灭菌，当生产量小时可使用高压灭菌，当生产量大时可采用常压灭菌。

常压灭菌时必须注意以下两点：

① 锅内清洗干净，换上清水，将料袋移入常压灭菌灶内，料袋在灶内呈“井”字形排放，或将料袋先装入周转筐再整筐装入灶内，使灶内蒸汽流畅，筒袋受热均匀，避免出现灭菌死角。

② 火力要“攻头、保尾、控中间”，即料筒入灶后用旺火猛攻，尽可能在 3 h 之内使灶内的温度达到 97～100 ℃；然后改大火为文火，100 ℃保持 9～10 h；最后用旺火猛烧。灭菌后自然冷却，待温度降至 60 ℃以下方能出锅。将筒袋摆放在清洁、干燥、通风处进行冷却。筒袋冷却的场所事先要做好清理和消毒工作。

（六）接　种

当料温降至 25 ℃时进行接种，接种应在无菌室内进行。在生产实际中，为减少接种后的搬运，降低污染率，多改在培养室内接种，就近上架培养。① 用剪刀将栽培香菇专用胶布剪成 3.5 cm×3.5 cm 的小块，使用前放在无菌箱内熏蒸灭菌；② 用镊子夹取 75%酒精棉球将筒袋接种的部位擦拭消毒；③ 用接种打孔器在筒袋的正面打 3 个孔，孔径 1.5 cm，孔深 2 cm；④ 将香菇栽培种横置在支架上，瓶口靠近酒精灯火焰，轻轻打开瓶盖，挖取小块菌种，立即对准料筒上接种孔，将菌种推入，填满接种孔。菌种块应略高出料袋 2～3 mm，左手用灭菌羽毛将接种孔周围培养料扫净；⑤ 用剪好的胶布贴封接种孔，再将筒袋翻转 180°，按前面的方法在筒袋上消毒、打孔、接种，孔位与对面错开。如果采用套袋（双层袋）接种和发菌，则可不用胶布贴封接种穴。

（七）堆垛养菌

将接种后的菌筒搬入培养室进行养菌。培养室应预先消毒，并要求通风、黑暗、清洁、地面平整，最好为水泥地或砖地，先在地面薄薄地撒一层石灰粉，室温控制在 22～24 ℃，按每层 4 袋，层间纵横交错，呈“井”字形码放，菌筒上的接种孔穴应位于两侧,利于通气。堆高80～100 cm,当堆温达到28 ℃时,应拆高堆为矮堆。每天定时通风1～2次,以调节空气,排出CO_2,还可降温。室内相对湿度维持在70%以下,减少杂菌污染。

(八) 揭胶布

接种7 d后,应拆堆检查,此时接种孔内菌丝应呈放射状蔓延,直径可达6～8 cm,若发现污染袋则应及时挑出。这时可将胶布揭开一个角,增加供氧量,以满足菌丝继续生长时对氧气的要求。揭角后,接种孔内氧气增加,菌丝生长旺盛,堆温急速上升,因此应将每层4个菌筒改为每层3个菌筒,拉大筒间的距离。当气温较高时可以继续将堆间的距离拉宽,加强室内通风,切勿让室温超过30 ℃,否则将发生"烧菌"现象。

(九) 脱　袋

接种后,在正常情况下,经过40～50 d菌丝即可长满菌筒。52～60 d,菌筒内瘤状隆起占培养料表面的2/3,接种孔附近出现棕色斑,预示菌筒内菌丝已达到生理成熟。此时应利用自然条件出菇,气温如果未稳定在22 ℃,则不要急于外移,这时可用刀片在菌筒上划2～3处"V"字形,以增加菌筒内的氧气,同时增加室内光照,使菌筒边成熟边转色。当平均气温下降至22 ℃以下时,即可搬入出菇棚内脱袋。脱袋时左手提菌棒,右手拿刀片,在袋的两端划割一圈,袋的纵向划一刀(尽量不要伤及菌丝),顺手把薄膜脱离。脱袋后的菌棒排放到菇床的排架横木上,与畦曲成60°～70°夹角,菌棒间距约10 cm,每排可放8～9个菌棒。菌棒脱袋排架后,畦上拱棚随即用0.1%高锰酸钾消毒过的塑料薄膜覆盖,薄膜四周用泥土压住,防止菌棒脱水。菌筒脱袋后出菇面积增大,但菌棒易脱水干燥,所以有些栽培者不脱袋直接让其出菇。

(十) 转　色

菌棒在薄膜内2～4 d,不宜翻动薄膜,保持膜罩内恒温恒湿。当膜罩内超过25 ℃时应短时间掀膜降温,膜内有大量水珠出现属正常现象。4～7 d后,菌棒表面出现浓密白色绒毛状菌丝。当菌丝长2 mm时,就要增加掀膜次数,降温降湿,促使菌丝倒伏,形成菌膜,同时分泌色素,菌膜由白色转为粉红色,逐渐变为棕褐色,最后形成树皮状的褐色菌膜。

(十一) 催　蕾

香菇属低温、变温结实性食用菌。菌棒转色后要使它能顺利出现原基,就必须给予一定的昼夜温差刺激。昼夜温差大,有利于诱发子实体原基的形成。一般白天温度在20 ℃左右时采取盖膜保温,夜间掀膜通风降温。连续2～3 d后即会有菇蕾产生。

(十二) 出菇管理

原基能否形成并顺利发育成子实体的关键取决于昼夜温差大小、菌棒含水量多

少、空气相对湿度大小及菌棒表皮的干湿差等条件；子实体形态是否正常关键在于温度和通风供氧量；菇体色泽深浅主要取决于空气相对湿度大小和光线强弱。必须根据气候的变化情况进行人为的调节控制，创造一个适宜香菇生长发育的环境条件，才能取得香菇栽培的优质和高产。保持菇棚内空气相对湿度、增加通风、给予足够的光线是香菇优产的主要因素。

(十三) 采　收

适时采收是香菇栽培中的重要一环，过迟或过早采收都会影响其产量和质量。采收时期还应根据销售鲜菇或干菇的不同来决定，一般干菇销售及鲜菇内销时，以子实体7～8分成熟，即菌膜已经破裂、菌盖尚有少许内卷时采收为宜，这时采收的香菇质量好、价值高。鲜菇出口时，以菌盖5～6分开伞、子实体5～6分成熟，即菌膜微破裂或刚刚破裂时采收为宜，如图13.2所示。

采收前数小时不能喷水，以减少菇体内的含水量。采摘时，用拇指和食指捏住菇柄的基部左右转动即可采下。采摘时注意菇柄不能残留在菌棒上，以免腐烂污染杂菌；不要碰伤、碰掉菌盖造成次菇；不要触摸菌褶，以防菌褶褐变、倒伏；不要碰伤周围小菇蕾。总之，采菇时应小心。采下的香菇应轻轻放入筐内，不要堆压过多；采后应立即进行烘烤或保鲜加工。

图13.2　香菇栽培

(十四) 采收后的管理

出菇后菌棒含水量减少，因此采收后应喷水保湿并增加通风的次数，促使菌丝恢复，积累养分以供第二潮菇的需要。经一周左右的恢复，采摘菇痕处开始发白，这时应加大湿度，白天盖紧薄膜，晚间掀开，人为拉大温差，诱导第二潮菇的形成。菇蕾形成后的喷水次数与喷水量根据天气情况而定，直至第二潮菇采收。

第二潮菇采收后，若菌棒失水太多，可采用刺棒补水的方法，即将菌棒用8号铁丝刺数个洞，然后将菌棒放入浸水池中，在池上面盖木板，压上石块，以防菌棒飘浮，一般浸4～6 h即可，然后放掉水，使菌棒表面的水蒸发后，重复前面的管理办法。

秋菇采收2～4潮后，气温低于12 ℃以下时，每天通风1～2次，保持菌棒湿润，可顺利越冬。待到春季气温回升到12 ℃以上时，再进行补水、催蕾等出菇管理。花菇的形成需要更大的昼夜温差、较低的空气相对湿度和较强的光照。

实验三 黑木耳栽培技术

一、实验目的

掌握黑木耳的栽培方法;学习黑木耳生长发育的特点;了解黑木耳的保健作用。

二、实验原理

木耳属中有15～20个种,广泛分布于温带和热带,我国有10余个种。黑木耳是我国传统的出口商品之一,产量一直位居世界首位。黑木耳营养丰富,口感酥、滑、脆,是我国人民餐桌上的佳肴。黑木耳中维生素B2的含量是一般米、面、大白菜及肉类的4～10倍,钙含量是肉类的4～10倍。

黑木耳还有很高的药用价值,据《神农本草经》等记载,黑木耳具有清肺、润肺、益气补血等功效,因此是矿工、纺织工的保健食品。现代医学证明,黑木耳多糖具有增强人体免疫力、防癌抗癌等功效。明代医学家李时珍在《本草纲目》中写道:"木耳生于朽木之上,主治益气不饥,清身强志,并有治疗痔疮,血淤下血等作用"。美国科学家发现黑木耳能降低血液凝块,缓解冠状动脉粥样硬化,并且能防止血栓形成。

三、实验材料

1. 菌种:黑木耳(*Auricularia auricula*)栽培种。
2. 培养料:木屑或棉籽壳,麦麸。
3. 试剂:蔗糖,石膏,碳酸钙。
4. 器材:高压灭菌锅,圆锥形木棒,颈圈或无棉盖体,防潮纸,棉塞,线绳,铁锹,水桶,磅秤,接种铲,75%乙醇消毒瓶,棉球,酒精灯,镊子,聚丙烯塑料袋等。

四、实验方法

代料栽培黑木耳的工艺流程为:

配料→拌料→装袋→灭菌→接种→培养→耳芽诱导→出耳管理→采收

(一) 培养料的配制

用于代料栽培黑木耳的原料有木屑、棉籽壳、甘蔗渣等。应选用无霉变的、新鲜培养料。黑木耳栽培的配方很多,常用的配方有:① 木屑(或棉籽壳)78%,麦麸20%,蔗糖1%,石膏粉1%。② 玉米芯59%,木屑30%,麦麸10%,石膏1%。③ 棉籽壳79%,麦麸18%,大豆粉0.5%,蔗糖1%,石膏粉1%,过磷酸钙0.5%。

(二) 拌 料

拌料时,先称好棉籽壳,倒在已消毒的水泥地面或桌面上,再把称好的石膏及多

菌灵用水溶解，搅拌均匀，然后倒入棉籽壳中，边拌料边加水，直到均匀为止。培养料含水量60%。

(三) 装　袋

选用17 cm×33 cm的聚丙烯塑料袋，装料时要压实培养料，装至料筒2/3即可。把料面压平，再把圆锥形木棒从中央打一个距袋底2～3 cm的洞，增加透气性。用无棉盖体封口，也可以用防潮纸封口，把料袋表面的培养料擦净。

(四) 灭　菌

装袋后应及时灭菌，将装好料的塑料袋摆放在筐里再放到常压灭菌锅或高压灭菌锅进行灭菌。常压灭菌100 ℃维持9～12 h，高压灭菌采用的压强为0.124～0.135 MPa，保持1.5～2 h，待其自然降温后出锅接种。

(五) 接种与培养

适宜的菌种是获得高产稳产的关键，选用适龄、纯净、菌丝生长旺盛的栽培种。接种时可适当增加接种量，在接种室或超净工作台内按无菌操作进行接种。接种方法同原种制作。

接种完毕，将料袋送至培养室的培养架上培养。料袋间应留有一定距离，以防袋内温度过高出现“烧菌”的现象。培养室前期室温为26～28 ℃，后期降至22～23 ℃。养菌前期，菌丝未长满料面时不宜翻动，以防污染。发菌中期要每隔5～7 d翻堆一次，争取发菌均匀，同时挑出污染菌袋。发菌期要避光，并适当通风换气。一般木屑料菌袋需40～45 d菌丝即可长满袋，菌丝长满料袋后，增加光照，促使菌丝生理成熟。

(六) 出耳管理

黑木耳是好氧、喜湿的菌类，因此出耳场地必须满足这些要求，才能获得高产。

1. 出耳场地的要求。以室内栽培为例，出耳室要设多个对流窗，以保证室内通风良好；窗户应安装尼龙纱窗，门也要安纱门，防止菇蝇、菇蚊等飞入。出耳室内应安装照明灯。

为了充分利用室内空间，在室内可设栽培架。栽培架可用竹竿、塑料管或金属角铁搭。最好不用木架，因其易长霉菌。栽培架的规格一般长3 m，宽0.8 m，高2.1 m，全架4层，底层离地60 cm，上边每层间隔50 cm，室内过道宽60 cm，靠墙两侧各留50 cm。每层架上相隔20～25 cm横架短竹竿，以便吊袋使用。这样25 m^2的出耳室，分层进行架式吊袋栽培，可吊栽黑木耳3 000袋。

2. 催耳与上架。栽培架准备好以后，将培养好的菌袋取出，拔掉棉塞(透气塞)及颈圈，扎紧袋口，用消毒过的刀片在袋的表面划“V”形口，刀口长1.5 cm，共划3行，每行3～4个口，孔口交替排列，每袋划10～12个口。这种划口不仅保湿性能好，水分不易散失，而且喷水时可避免过多水分渗入料内，同时也不会因喷水而使划口部位积水及导致污染。此外，出耳时，由于耳片将划口薄膜向上撑起，可防止耳片基部积水过多造成烂耳。菌袋开口以后放在潮湿的地上，加大通风量，增加光照，使室温降至15～20 ℃,以刺激原基分化。此时湿度不能过低,否则开口处形成硬菌膜,影响出耳。当开口处露出粒状耳基后,即可上架出耳。吊菌袋的绳子有长有短,相互错开悬挂,保证袋内通风良好,并防止子实体相互影响生长。耳基形成后,保持室温23～24 ℃。室温不能低于20 ℃,也不能超过27 ℃;空气相对湿度应保持在90%,不能向幼耳上直接喷水。

3. 成耳的管理。幼耳形成后一周左右,逐渐展开成绣球状,这时逐渐增加通风量,否则易成“团耳”。每日喷雾状水3～4次。室内相对湿度维持在85%～90%,温度控制在18～20 ℃为宜。如外界温度高,则应加大通风量并向四周墙壁喷水降温,以防高温引起“流耳”。每次喷完水后,立即加大通风量,直至耳片上不见反光水膜为止。随着耳片展开,光照强度应增强,除散射光外,还需要一定强度的直射光,保持1 250 lx的光照。一般从幼耳长到成熟需7～20 d。

(七) 适时采收

当耳片颜色变浅且舒展变软,耳根由粗变细,基部收缩,腹面略见白色孢子时(见图13.3),为采收的最适期。采耳时本着采大留小的原则,用拇指和食指捏住耳片中部,稍用力向上扭动将耳片采下。采完耳片后要清理残留的耳根,以免引起溃烂进而导致病菌侵染。袋栽木耳一般可产3茬,每茬采收后停水2 d,促使菌丝恢复。以后仅需保持出耳室空气相对湿度为80%～85%即可。一周左右,第二茬幼耳形成,管理方法同头茬。

图13.3　黑木耳人工栽培

实验四　灵芝栽培技术

一、实验目的

掌握灵芝栽培技术;学习灵芝的生物学特性和药用价值。

二、实验原理

灵芝属担子菌门,灵芝的早期人工栽培主要用段木栽培,目前采用段木栽培(分为短段木熟料栽培和长段木生料栽培)、代料栽培及菌丝深层培养并举,广泛应用于灵芝生产及其深加工产品的不同领域。

灵芝菌丝呈白色、纤细,具有分隔,具锁状联合,菌丝分泌白色草酸钙结晶;子实体一年生,有柄,木栓质;菌盖肾形、半圆形,罕近圆形,直径12～20 cm,厚达2 cm,表

面褐黄色或红褐色，向边缘逐渐变淡，有同心环沟和环带且有皱，有漆样光泽，边缘锐或钝，往往向内卷；菌柄圆柱形，侧生，罕见偏生，长3～19 cm，粗0.5～4 cm，紫褐色，其皮壳的光泽比菌盖显著；菌肉近白色至淡褐色，厚0.2～1 cm，管长0.2～1 cm，近白色，后变为浅褐色，管口初期白色，后期呈褐色，平均4～5个/mm；孢子褐色，卵形，一端平截，8.5～11.5 μm，外孢壁光滑，内孢壁粗糙，中央含一个大油滴。

三、实验材料

1. 菌种：灵芝(*Ganoderma lucidum*)栽培种。

2. 原材料：锯末屑或棉籽壳，麦麸。

3. 试剂：石膏，蔗糖，过磷酸钙。

4. 器材：高压灭菌锅，聚丙烯塑料袋，磅秤，量杯，水桶，大镊子或接种勺，75%酒精棉球，75%乙醇消毒瓶，无棉盖体，防潮纸，小线绳，圆锥形木棒，酒精灯，记号笔，火柴等。

四、实验方法

灵芝袋栽工艺流程为：

配料→装袋→灭菌→接种→养菌→出菇管理→采收

(一) 原料的选择

灵芝的代料栽培取材广泛，柳、榆、栎等阔叶树种的木屑、棉籽壳等加些辅料均可用来栽培灵芝。

(二) 培养料配方

灵芝的培养料配方有3种：① 棉籽壳78%，麦麸或米糠20%，蔗糖1%，石膏粉1%；② 木屑76%，麦麸或米糠20%，玉米粉3%，石膏粉1%；③ 棉籽壳98%，尿素0.5%，过磷酸钙0.1%，石膏粉1.4%。

(三) 拌　料

按配方称量所需要的棉籽壳和麦麸，在光滑水泥地面上撒棉籽壳，再撒一层麦麸，重复上述操作，直至混完。再将所需的糖、石膏粉溶于水中，充分搅拌均匀。然后泼洒在棉籽壳和麦麸堆上，边倒水边搅拌，直至均匀。培养料拌好后，闷30 min，使料吸水均匀，含水量60%左右，pH值为5.5～6.5。

(四)装　袋

将拌好的料装入聚丙烯塑料袋中(采用常压灭菌时，也可用聚乙烯塑料袋)，装料时，先在袋中放入少量培养料，用手指将袋底部的培养料压实，装料时要求松紧适宜，袋面要平整，使袋底成方形，便于竖放在床架上。每袋装3/4容积的料，用锥形木棒从袋口向底部打孔，用无棉盖体封口，最后擦净表面。

(五)灭　菌

将栽培袋放入高压灭菌锅内灭菌,137 kPa 保持1.5～2 h,或常压灭菌100 ℃,保持8～10 h。

(六)接　种

栽培袋冷却至30 ℃左右,即可搬进接种室进行接种。先挖去菌种表面的老化菌丝,将菌种捣散后再接种。料袋的长度应小于20 cm,只需在袋的一端接种;若料袋的长度大于20 cm,则需在袋的两端分别接种。接种量以布满培养料表面为好,可使发菌均匀,料面菌龄一致,出芝整齐。

(七)培　养

接种后的栽培袋搬进培养室内,摆放在架上进行培养,一般可叠放4～5层,培养室温度应控制在25～27 ℃,并要求通风、清洁、黑暗,空气相对湿度保持在60%～65%。7～10 d菌丝长满培养料的表面,一般每隔4～5 d翻堆一次,使发菌一致,每次翻堆后,及时挑出污染袋。

(八)出芝管理

菌丝长满袋后,将栽培袋移入出芝室。菌袋着地横卧,一般放3～4层,菌袋放好后,将棉塞拔掉,但不去颈圈,袋口直径约2 cm。灵芝属于高温恒温结实型食用菌,因此,出芝室温度要求控制在25～28 ℃,最好将室温稳定在27 ℃,室内空气相对湿度要保持在85%～90%,每天喷雾1～2次,室内空气要清新。菌盖形成后相对湿度要提高到90%～95%,每天向菌盖喷雾化水2～3次,喷水时要打开门窗,喷水结束后1～2 h,待子实体表面水迹干后方可关闭门窗。喷水可使菌盖长大长厚,随着菌盖长大,盖面颜色变为红褐色,菌盖边缘白色生长点消失,这时应停止喷水。出芝期间,每天开窗通风2～3次,增加通气量,降低CO_2浓度,子实体形成期CO_2十分敏感,空气中CO_2浓度超过0.1%时,菌盖生长受抑制,只长菌柄,形成尾角芝。灵芝子实体具有很强的趋光性,因此要求光照均匀。子实体生长和孢子形成时需要一定的散射光,光照强度为1 000～2 000 lx。光照不足,菌盖薄,颜色浅,影响产量和质量。

(九)采　收

当菌盖边缘的白色生长点消失,色泽和中间的色泽相同,菌盖不再增厚时采收最合适(见图13.4),采收时握住菌柄转动将其摘下,然后用小刀挖去残留的菌柄。停止喷水2～3 d进行再生芝的管理,整个周期可采收两批。再生芝要比第一批芝菌盖小且薄。

图13.4　灵芝的人工栽培

实验五　豆科植物根瘤的固氮酶活性测定

一、实验目的

学习根瘤的固氮酶活性测定方法。

二、实验原理

根瘤菌剂是指以根瘤菌为生产菌种制成的微生物制剂产品，它能够固定空气中的氮元素，为宿主植物提供大量氮肥，从而达到增产的目的，是固氮菌肥料中的代表。根瘤菌剂是种植豆科作物的主要菌性肥料，因为它里面含有大量活体的根瘤菌，人们称它为活肥料。目前根瘤菌剂的生产既有工业化的生产方法，也有花钱少的简易生产方法。工业化生产根瘤菌肥，技术比较复杂，投资较多。在多年不用绿肥或新开垦地种植豆科绿肥时接种根瘤菌，能确保豆科植物生长良好。

根瘤菌在根瘤中演变为类菌体，利用固氮酶的催化作用，将空气中的氮气还原为氨，供宿主植物利用。其反应如下：

$$N_2+6e+6H^++12ATP\rightarrow 2NH_3+12ADP+12Pi$$

固氮酶活性反映了根瘤固氮能力的强弱。但用氮同位素(^{15}N)法直接测定固氮酶活力不适于常规使用，常用的是乙炔还原法（Acetylene Reduction Activity，ARA），即固氮酶还可催化乙炔还原成乙烯：

$$CH=CH+2H^++2e\rightarrow CH_2=CH_2$$

用气相色谱可检测乙烯的生成量，以此间接测定根瘤固氮活性，该法操作简便、灵敏度较高。

三、实验材料

1. 根瘤样品：根瘤收获后，应于当天测固氮酶活。较大的根瘤，应从根上摘下；小根瘤可带少量根剪下。

2. 供试气体：乙烯（作标准曲线），乙炔（反应底物），氢气（离子火焰检测的燃气），氮气（色谱柱载气）。

3. 气相色谱仪：如日立163型气相色谱仪；色谱柱：长1 m，内径3 mm，填充GDX－502作吸附剂。

4. 其他器材：体积相近(20 mL左右)的小玻璃瓶（带橡皮塞）若干，2 mL医用注射器，微量移液器。

四、实验方法

(一) 气相色谱的参数设定

本实验用氢离子火焰法(FID)检测乙烯、乙炔的峰值。

日立163型气相色谱仪的工作参数：气化室温度105 ℃、层析室温度65 ℃、检测室温度105 ℃、载气(N_2)流量25 mL/min、燃气(H_2)压力78.48 kPa、空气压力156.96 kPa、衰减1×或2×、色谱柱GDX-502。检测时，用微量进样器吸取气体样品50～100 μL，乙烯在色谱柱的保留时间为1.5～2.5 min。

(二) 根瘤固氮酶活检测

将适量根瘤放入小玻璃瓶中，用橡皮塞密封。先用注射器从瓶中抽出10%体积的空气，造成瓶内负压，再注入10%瓶体积的乙炔气作为固氮酶底物。小瓶置28 ℃反应1 h后取出作检测。在记录仪上，每个样品将有两个峰出现，先出现的是乙烯峰，然后是乙炔峰。每个实验处理可做3～6个重复。如一次检测的瓶数较多，为保证各瓶间还原反应的时间一致，可向瓶中注入2 mol/L的NaOH 1～2 mL终止反应。

(三) 乙烯标准曲线制作

取6～7个相同体积的玻璃瓶，用微量进样器分别加一定体积梯度的乙烯气体，检测其峰值。乙烯体积梯度的选择根据根瘤样品的乙烯还原能力而定。原则是：样品和标准曲线均在色谱仪的同一衰减倍数下测定时，标准曲线的峰面积值范围应覆盖所有样品的乙烯峰值范围，这样可使结果量准确。如样品为一株大豆的全部根瘤，在步骤2的条件下，可还原产生20～200 μL乙烯，则乙烯曲线可选用在20～200 μL设置5～6个梯度。

(四) 固氮酶活计算

固氮酶活性可表示为单位质量的根瘤在单位时间内还原乙炔的微摩尔数：

$$\text{固氮酶活}=C_2H_4\text{物质的量}(\mu\text{mol})/[\text{鲜瘤重}(g)\times\text{反应时间}(h)]$$

气体的物质的量与体积、温度、压力的关系：

$$C_2H_4\text{物质的量}(\mu\text{mol})=C_2H_4\text{体积}(\mu L)\times P/760\times 273/(273+t)\times 1/22.4$$

式中：t 为摄氏度温；P 为气压(毫米汞柱)。

如果忽略各样品玻璃瓶之间的容积差别，则在一定测量范围内，乙烯体积与色谱峰面积应呈线性关系：

$$\text{乙烯体积}(\mu L)=K\times\text{峰面积}(mm)$$

式中：K 为响应系数，可由标准曲线中乙烯体积值与对应的峰面积值进行线性回归计算而求得。较简便的办法是：在坐标纸上绘制乙烯体积与峰高的标准曲线，然后在坐标图上根据样品的峰高查出相应的还原生成乙烯的体积。

实验六　生物有机肥的制备

一、实验目的

掌握生物有机肥的概念;学习和掌握制备生物有机肥的操作方法。

二、实验原理

微生物菌肥可以提高化肥的利用率,能改善农产品的品质,有利于绿色食品生产和环保。利用微生物的特定功能分解发酵城市生活的垃圾及农牧业废弃物而制成微生物肥料是一条经济可行的有效途径。微生物菌肥生产主要包括如下过程:选育优质菌种,探索和优化培养条件,研究最佳工艺条件,寻找最佳质量检测控制方法。

此外,还有一种生物有机肥(microbial organic fertilizers),它是以禽畜粪便、农作物秸秆、农副产品或食品加工产生的有机废弃物为原料,并加入促进有机物料分解、腐熟的非病原微生物菌剂,使之快速除臭、腐熟后,再与具有固氮、解磷、解钾等特定功能的微生物菌剂进行复合,从而制备的一类兼具微生物肥料和有机肥效应的肥料。微生物菌种是生物有机肥生产的核心。一般在生产过程中,有两个环节涉及微生物的使用:一是在腐熟过程中加入的腐熟菌剂,多由复合菌系组成,常见菌种有芽孢杆菌、乳酸菌、酵母菌、放线菌、青霉、木霉、根霉等;二是在物料腐熟后加入的功能菌,以固氮菌、溶磷菌、硅酸盐细菌、乳酸菌、假单胞菌、芽孢杆菌、放线菌、光合细菌等为主,在产品中发挥特定的肥料效应。

三、实验材料

1. 生物有机肥发酵腐熟剂:市售,有效活菌数≥2 亿个/g。

2. 细黄链霉菌功能菌剂:市售,活菌数≥80 亿个/g。

3. 原料:干燥的秸秆,尿素。

四、实验方法

1. 原料处理。将原料中的石子、塑料等杂物进行清理,用铡草机切短,一般长度以 3～5 cm 为宜,麦秸、稻草、树叶、杂草、花生秧、豆秸等也可直接用于发酵,但切短后发酵效果更佳。

2. 原料配制。把切短后的秸秆用水浇湿、渗透,秸秆含水量一般掌握在 60%～70%为宜。

3. 拌菌。以 100 kg 干秸秆为例。将 500 g 尿素和 200 g 腐熟剂拌匀,均匀地撒在用水浇过的秸秆表面。用铁锹等工具翻拌一遍,堆成宽 1.2～2 m,高 0.6～1.5 m,长度不限的草垛(注意:堆制过程中,人不可上去踩)。用塑料布覆盖(目的在于保水、保肥、保温、防雨,以麻布类稍具通气性者为佳)。

4. 翻堆及通气。在堆上插温度计进行堆温检测,当温度升至60 ℃左右时翻堆,把堆温控制在50～60 ℃,最高温度不能超过65 ℃(此温度范围有利于微生物活动,可加快秸秆分解并杀死病菌、虫卵)。经几次翻堆后,温度不再明显升高,即视为腐熟。除散发热量外,翻堆目的还在于增加堆肥的通气性,并将外层未发酵物料向内翻,使其充分腐熟。注意:腐熟标志是秸秆颜色变深,呈褐色或黑褐色,用手握之柔软有弹性;堆体比刚堆时塌陷1/3或1/2。

腐化过程根据温度的变化分为3个阶段。

(1) 升温阶段:从常温升到50 ℃,一般只需1 d。

(2) 高温阶段:从50 ℃升到70 ℃,一般需要2 d。

(3) 降温阶段:从高温降到50 ℃以下,一般需2周左右。

5. 二次加菌。在物料腐熟后,按干秸秆重量的0.1%拌入细黄链霉菌功能菌剂,边撒菌剂边翻堆以拌匀,待物料表面长出大量菌丝,即表示功能菌大量繁殖,达到生物有机肥标准。

6. 干燥、粉碎、包装。将发酵完成的物料风干或低温烘干、粉碎机粉碎、包装。注意:要求有效活菌数(CFU)≥2亿个/g,有机质(以干基计)≥40.0%,水分≤30%,pH值为5.5～8.5。

五、实验结果

检验秸秆腐熟的进度:秸秆腐熟过程中,微生物代谢活跃,迅速繁殖,放出大量热量。此时,若室温较低,翻堆时可见明显的"冒气"现象。

实验七　微生物对纤维素的降解

一、实验目的

了解微生物分解纤维素的原理;掌握检测微生物分解纤维素的方法。

二、实验原理

纤维素是由许多β-葡萄糖分子,以1,4-糖苷键连接,聚合而成的大分子碳水化合物,化学性质极为稳定。它是植物细胞壁的主要成分,在植物的木质部、韧皮部中也含有大量的纤维素(50%以上)。在农业生产上,由作物产生的枯枝、落叶、残茬以及施用的大量有机肥料中,约有50%以上是纤维素成分。因此,纤维素的分解对于维持土壤的生物活性,提高土壤肥力,改善植物营养,提高作物产量等方面有着重要意义。

牛胃能消化草而人不能是因为牛胃中有特殊的微生物群,这种微生物群在牛胃

中进行着降解反应，即将纤维素降解为葡萄糖，葡萄糖可供牛吸收利用。实验证明有好几种纤维素降解相关的菌参与了此过程，它们联合进行了大分子纤维素、果胶、半纤维素的降解，且缺了任何一种菌纤维素都不能变成葡萄糖。这也是很难从牛胃中分离得到“一种纤维素降解菌”的原因。

自然界中，分解纤维素的微生物种类很多，包括细菌、放线菌、真菌等许多种群。根据纤维素分解微生物对分子态氧的要求，可分为需氧性纤维素分解微生物和厌氧性纤维素分解微生物两类。其中以需氧性纤维素分解微生物为主，尤其是需氧性黏细菌对纤维素分解能力特别强，如生孢食纤维菌属（*Sporocytopaga*）、食纤维菌属（*Cytopaga*）、多囊黏菌属（*Polyangium*）等。在厌氧性纤维素分解微生物中，主要是一些芽孢杆菌，例如奥氏梭菌（*Clostridium omeliamskii*）。纤维素在微生物产生的纤维素酶的作用下，最终分解为葡萄糖。

三、实验材料

1. 材料：肥沃土壤。

2. 培养基：赫奇逊（Hutchinson）琼脂培养基，赫奇逊培养液（装于 150 mL 三角瓶中，每瓶装 30 mL），装有滤纸条的纤维素发酵培养液，发酵液高出滤纸条 1～2 cm。

3. 试剂：5% $FeCl_3$ 溶液。

4. 器材：镊子，直径 9 cm 的无菌圆形滤纸，无菌培养皿，接种匙，解剖针，试管。

四、实验方法

（一）需氧性纤维素分解细菌对纤维素的分解

1. 土粒法。

（1）取已熔化的赫奇逊琼脂培养基 1 支，倒入无菌培养皿中，冷凝成平板。

（2）用镊子取直径 9 cm 的无菌滤纸一张紧贴于平板上，使滤纸表面湿润（必要时可滴加少许赫奇逊培养液）。

（3）然后用镊子取肥沃土壤 10 余粒，均匀排放在滤纸表面，进行接种。

（4）放入 28～30 ℃温箱中培养 7～10 d。

（5）检查实验结果：先观察土粒周围有无黄色、橘黄色等黏液状斑点出现，滤纸有无破碎变薄现象。再用解剖针或接种环于有黄色黏液状斑点处挑取少许纤维，置载玻片上加一滴蒸馏水制成涂片，进行简单染色，干燥后用油镜观察需氧性纤维素分解细菌的细胞形态。

2. 三角瓶液体培养法。

（1）取已灭菌的直径 9 cm 的无菌滤纸一张折成圆锥体，用镊子将其放入装有 30 mL 赫奇逊培养液的三角瓶中，使滤纸在瓶内直立，锥体绝大部分露在液面上。

（2）用接种匙取少许肥沃土壤送入三角瓶底部进行接种，注意勿使土粒撒在滤纸上。

(3) 置 28～30 ℃温箱中培养 7～10 d。

(4) 检查实验结果：先观察滤纸与液面交界处是否变薄，有无黄色黏液斑点，当滤纸分解严重时可造成锥形滤纸的倒塌。再用解剖针或接种环在滤纸与液面交界处有黄色黏液斑点的地方挑取少量纤维，制涂片，简单染色后，用油镜观察需氧性纤维素分解细菌的细胞形态，并与土粒法的观察结果相比较。

(二) 厌氧性纤维素分解细菌对纤维素的分解

1. 以接种匙取肥沃土壤少许，接种在装有滤纸条的纤维素发酵液的试管中。塞好棉塞后置于 35～37 ℃温箱中培养 10～15 d。

2. 检查实验结果。

(1) 先观察滤纸条有无变黑、被分解变薄、产生孔洞，滤纸边缘是否破碎等现象，若滤纸条毫无变化，则应继续培养。

(2) 取发酵液 2 mL 倒入空试管中，再加 5% $FeCl_3$ 溶液 2 mL，将试管慢慢加热，如有棕褐色沉淀产生，说明纤维素分解后产生丁酸。反应式如下：

$$3CH_3CH_2CH_2COOH + FeCl_3 \rightarrow Fe(CH_3CH_2CH_2COO)_3 + 3HCl$$

(3) 于滤纸孔洞或破碎处，挑取少许纤维，制涂片，染色后，用油镜观察厌氧性纤维素分解细菌的细胞形态。

实验八　苏云金芽孢杆菌杀虫剂的生物测定

一、实验目的

了解苏云金芽孢杆菌杀虫剂的生物测定的意义及原理；掌握生物测定法测定苏云金芽孢杆菌杀虫剂效价的操作步骤。

二、实验原理

苏云金芽孢杆菌是目前研究最多的杀虫微生物，其制剂的产量也最大，应用最广。其产品质量检测已采用国际通用的生物测定方法，生物测定程序也已标准化。测定中用标准试虫、标准样品及标准测定程序等。根据生产菌株的不同、杀虫对象的不同及使用地区的差异等，采用不同的标准试虫、相应的标准样品及测定程序。在测定中，当死亡率接近 0 或 100%时，浓度每增加一个单位，引起死亡率的变化不明显；而当死亡率在 10%～90%时，浓度每增加一个单位，引起死亡率的变化较大，说明在这段浓度范围内，所测得的死亡率最能代表昆虫种群对杀虫剂的反应。因此在生物测定中，无论是标准品，还是待测样品，所选用的 5 个稀释度的相应死亡率均应在 10%～90%。

三、实验材料

(一) 以棉铃虫为试虫的生物测定实验材料

1. 活材料：棉铃虫(*Heliothis armigera*)初孵幼虫。

2. 试剂：标准品(CS95，H3abc，效价 20 000 IU/mg)，悬浮剂样品，可湿性粉剂样品，黄豆粉(黄豆炒熟后磨碎过 60 目筛)，大麦粉(过 60 目筛)，酵母粉，36%乙酸溶液(乙酸溶于蒸馏水)，苯甲酸钠，维生素 C，琼脂粉，磷酸缓冲液(氯化钠 8.5 g，磷酸氢二钾 6.0 g，磷酸二氢钾 3.0 g，聚山梨酯-80 溶液 0.1 mL，蒸馏水 1 000 mL)。

3. 器材：250 mL 磨口三角瓶，1 000 mL 烧杯，18 mm×180 mm 试管，50 mL 烧杯，50 mL 注射器，玻璃珠，标本缸(内径 20 cm)，搪瓷盘，24 孔组织培养盘，恒温培养箱，水浴锅，振荡器，微波炉，电动搅拌器，分析天平等。

(二) 以小菜蛾为试虫的生物测定实验材料

1. 活材料：小菜蛾(*Plutella xylostella*)三龄初幼虫。

2. 试剂：标准品(CS95，H3abc，效价 20 000 IU/mg)，悬浮剂样品，可湿性粉剂样品，食用菜籽油，酵母粉(工业用)，维生素 C，琼脂粉，磷酸缓冲液(同上)，菜叶粉(甘蓝型油菜叶，80 ℃烘干，磨碎，过 80 目筛)，蔗糖，纤维素粉 CF-11，氢氧化钾，氯化钠，15%尼泊金(对羟基苯酸甲酯溶于 95%乙醇)，10%甲醛溶液(甲醛溶于蒸馏水)，干酪素溶液(干酪素 2 g 加 2 mL 1 mol/m^3 氢氧化钾，8 mL 蒸馏水，灭菌)。

3. 器材：250 mL 磨口三角瓶，18 mm×180 mm 试管，50 mL 烧杯，玻璃珠，养虫管(9 cm×2.5 cm)，搪瓷盘，10 mL 移液管，水浴锅，振荡器，微波炉，电动搅拌器，分析天平等。

四、实验方法

(一) 以棉铃虫为试虫的生物测定实验步骤

1. 制备饲料。

饲料配方：酵母粉 12 g，黄豆粉 24 g，维生素 1.5 g，苯甲酸钠 0.42 g，36%乙酸 3.9 mL，蒸馏水 300 mL。

饲料配制：将黄豆粉、维生素 C、苯甲酸钠和 36%乙酸放入大烧杯内，加 100 mL 蒸馏水湿润，将余下的 200 mL 蒸馏水加入装有琼脂粉的另一大烧杯内，在微波炉内加热到沸腾，使琼脂粉完全熔化，取出冷却至 70 ℃，再与其他成分混合，在电动搅拌器内高速搅拌 1 min，快速移至 60 ℃水浴锅内保温。

2. 配制感染液。

(1) 配制标准品的感染液：称取 100～150 mg 标准品，放入装有玻璃珠的磨口三角瓶中，加入磷酸缓冲液 100 mL，浸泡 10 min，在振荡器上振荡 1 min 制成母液。将标准品母液用磷酸缓冲液以一定的倍数等比稀释，每一样品稀释 5 个浓度，并设一组缓冲液为对照,吸取每一浓度感染液和对照液各3～50 mL小烧杯内待用。

(2) 配制悬浮剂样品的感染液:将悬浮剂样品充分振荡后,吸取1 mL放入装有玻璃珠的磨口三角瓶,加磷酸缓冲液99 mL,浸泡10 min,振荡1 min制成母液。将样品母液用磷酸缓冲液以一定的倍数等比稀释,每一样品稀释5个浓度,并设缓冲液为对照,吸取每一浓度感染液和对照液各3～50 mL小烧杯内待用。

(3) 配制可湿性粉剂样品感染液:用分析天平称取相当于标准品毒力效价的样品适量,加100 mL磷酸缓冲液,然后参照标准品的配制方法配制成样品感染液。

3. 制备感染饲料。

用注射器吸取27 mL饲料,注入上述已装有对照液和样液的小烧杯中用电动搅拌器高速搅拌0.5 min,并迅速倒入组织培养盘的各小孔中,以铺满各孔底为准,凝固待用。

4. 接虫感染。

感染实验在26～30 ℃室温下进行,将未经取食的初孵幼虫(孵化后12 h内)抖入标本缸内,待数分钟后,选取爬上标本缸口的健康幼虫作试虫,用毛笔轻轻将其移入已待用的各组织盘的小孔内,每孔一头试虫。每个浓度和对照皆为两盘(共放48头试虫),用垫有薄泡沫塑料片的配套盖板盖住。然后将组织培养盘叠起,用橡皮筋捆紧。直立放入30 ℃恒温培养箱培养72 h。

5. 结果检查及统计分析。

结果检查时,用细签触动虫体,完全无反应者为死虫,计算死亡率。如对照有死亡,则查校正值表或按式(13-1)计算校正死亡率。对照死亡率在6%以下不用校正,6%～15%需校正,若大于15%则测定无效。将浓度换算成对数值,死亡率或校正死亡率换算成概率值,用最小二乘法或用有统计功能的计算器,分别求出标准品的LC_{50}。按式(13-2)计算毒力效价。毒力测定法允许相对偏差,但每个样品3次重复测定结果的最大偏差不得超过20%。毒力测定制剂各浓度所引起的死亡率应为10%～90%,在50%死亡率上下至少要各有两个浓度。

$$\text{校正死亡率}=(\text{处理死亡率}-\text{对照死亡率})/(1-\text{对照死亡率}) \tag{13-1}$$

$$\text{待测样品效价}=\text{标准品}\ LC_{50}\ \text{值}\times\text{标准品效价}/\text{待测样品}\ LC_{50}\ \text{值} \tag{13-2}$$

(二) 以小菜蛾为试虫的生物测定实验步骤

1. 配制感染液。

(1) 标准品感染液的配制:用分析天平准确称取标准品100～150 mg,放入装有玻璃珠的磨口三角瓶中,加入磷酸缓冲液100 mL,浸泡10 min,在振荡器上振荡30 min,得到浓度约为1 mg/mL的标准品母液。将样品母液用磷酸缓冲液稀释成5个稀释度(1 mg/mL、0.5 mg/mL、0.25 mg/mL、0.125 mg/mL、0.062 5 mg/mL)的感染液。

(2) 可湿性粉剂样品感染液的配制:用分析天平称取相当于标准品毒力效价的

样品适量，加 100 mL 磷酸缓冲液，然后参照标准品的配制方法配制成样品感染液。

(3) 悬浮剂样品感染液的配制：将样品用力振荡 20 min，充分摇匀；用移液管吸取样品 10 mL，加入装有 90 mL 无菌蒸馏水的磨口三角瓶中，吸洗 3 次，充分摇匀得到含 100 μL/mL 的母液；将母液稀释成含量分别为 5 μL/mL、2.5 μL/mL、1.25 μL/mL、0.625 μL/mL 和 0.313 μL/mL 的 5 个稀释液。

对有些效价过高或过低的样品在测定前，先以 3 个距离相差较大的浓度做预备试验，估计 LC_{50} 值(半致死浓度)的范围，进而设计稀释度。

2. 配制感染饲料。

饲料配方：蔗糖 6.0 g，酵母粉 1.5 g，维生素 C 0.5 g，干酪素溶液 1.0 mL，菜叶粉 3.0 g，纤维素粉 1.0 g，琼脂粉 2.0 g，菜籽油 0.2 mL，10%甲醛溶液 0.5 mL，15%尼泊金 1.0 mL，蒸馏水 100 mL。

将蔗糖、酵母粉、干酪素溶液、琼脂粉加入 45 mL 蒸馏水调匀，搅拌煮沸，使琼脂完全熔化，加入尼泊金，搅匀。将其他成分及剩余的 5 mL 蒸馏水调成糊状，当琼脂冷却至 75 ℃左右时与其混合，搅匀，置 55 ℃水浴中预热；将每个 50 mL 烧杯进行编号，并分别加入 0.5 mL 对应浓度的感染液及对照缓冲液；向每个烧杯中分别加入 4.5 mL 熔化的感染饲料，用电动搅拌器搅拌 5 s，使烧杯中的感染液与饲料充分混匀，并迅速倒入已编号的养虫管中，每一烧杯倒 3 管，凝固待用。

3. 接虫感染。随机取已倒饲料的养虫管，用毛笔挑取小菜蛾三龄初幼虫放入，每管 10 头，塞上棉塞，放入围有黑布的铁丝篓内，于 25 ℃感染饲养。

4. 结果检查及统计分析。感染 48 h 后检查试虫的死亡情况，用细签触动虫体，完全无反应者为死虫。

五、实验结果

统计分析方法同以棉铃虫为试虫的生物测定方法。

第十四章　微生物的工业技术

实验一　短杆菌的谷氨酸发酵实验

一、实验目的

学习短杆菌谷氨酸发酵实验的基本原理和操作方法;学习谷氨酸发酵全过程的控制和检测技术。

二、实验原理

谷氨酸是第一个利用微生物发酵方法进行大规模生产的氨基酸,也是发酵工业的重大革新。在谷氨酸短杆菌各种酶系作用下,葡萄糖经糖酵解途径、单磷酸己糖途径、三羧酸循环途径和乙醛酸循环途径等生物合成谷氨酸。因此,谷氨酸发酵是好氧性发酵。谷氨酸短杆菌是生物素营养缺陷型,当培养基中含有充足的生物素时,菌体大量生长,但不积累谷氨酸产物,因此发酵培养基中的生物素要控制在一个亚适量的水平。

生物素是谷氨酸发酵的主要控制因素,本实验拟对提供生物素来源的甘蔗糖蜜用量进行优化,同时也介绍了谷氨酸发酵实验的基本过程。在本实验中,甘蔗糖蜜用量分别采用 0.12%、0.16%、0.20%三种用量;作为氮源的尿素单独灭菌后采取分次流加的形式,以防尿素经脲酶分解后 pH 值过高影响菌体的生长和产物的生成。

三、实验材料

1. 菌种:谷氨酸短杆菌(或谷氨酸棒状杆菌)。
2. 培养基:斜面种子培养基,一级种子培养基,摇瓶发酵培养基。
3. 试剂:40%尿素流加液,裴林氏液。
4. 器材:超净工作台,往复式摇床,华勃氏检压仪,恒温培养箱,光电比色计,高压灭菌锅,锥形瓶,微量移液器,纱布,牛皮纸,pH 计。

四、实验方法

(一) 斜面种子的活化

1. 斜面培养基的制备。

(1) 分别称取葡萄糖 0.2 g,牛肉膏 0.35 g,蛋白胨 1 g,酵母膏 0.5 g,NaCl 0.5 g,琼脂 2 g,加水 100 mL,调 pH 值为 7.2～7.4。

(2) 加热使琼脂溶化,补足水分,分装试管(4~5 mL/支),包扎。

(3) 于 121 ℃灭菌 20 min,取出待冷却至约 50 ℃,摆成斜面。

2. 斜面接种与培养。

取制备好的斜面培养基数支,在超净工作台上,以无菌操作接入保藏于 4 ℃冰箱中的谷氨酸短杆菌,置于 30~32 ℃的温箱中,培养 14~16 h 使其活化,备用。

(二) 一级种子的培养

(1) 在超净工作台上,用接种环以无菌操作取一满环经活化的斜面菌苔,接入装有 40 mL 一级种子培养基的锥形瓶中,加盖 8 层纱布,用线扎紧并打活结。

(2) 置于往复式摇床上(冲程 8 cm,往复次数为 100 次/min),于 32 ℃振荡培养 12 h。

(三) 谷氨酸发酵

1. 摇瓶发酵培养基的制备。

(1) 分别称取口服葡萄糖 14 g,K_2HPO_4 0.25 g,加水约 90 mL 溶解,加入 0.1%的 $FeSO_4$ 和 0.1%的 $MnSO_4$ 各 0.2 mL,调 pH 值为 6.5,再加入 $MgSO_4$ 0.06 g,定容至 100 mL。

(2) 分装入 4 个 500 mL 的锥形瓶中(25 mL/瓶)。

(3) 分别依次添加 10%的甘蔗糖蜜 0.3 mL(A)、0.4 mL(B)、0.5 mL(C)和 0.4 mL(O)校正 pH 值为 6.5,瓶口包扎 8 层纱布,并覆盖牛皮纸防潮,于 121 ℃灭菌 15 min。

2. 40%尿素流加液的制备。

(1) 称取尿素 8 g,溶于水并定容至 20 mL,装入 100 mL 小锥形瓶中。

(2) 于 0.5 kg/cm^2 灭菌 5 min,即成。

3. 接种与摇瓶发酵。

(1) 在上述每瓶发酵培养基中加入 40%尿素液 0.75 mL(即加入初尿 1.2%)。

(2) 在超净台上用微量移液器接入 0.5 mL 刚培养好的一级种子菌液(接种量为 2%)。

(3) A、B、C 三瓶置于上述往复式摇床上,于 32 ℃进行摇瓶发酵。

(4) 剩下一瓶 O 瓶摇匀后,用于测定零时的初糖、pH 值和 OD 值,并记录。

4. 发酵过程中尿素的流加。

(1) 待发酵至 12~14 h,取出,在超净工作台上用 pH 计测定各发酵瓶的 pH 值。

(2) 当 pH 值降至 7.4~7.2 时,流加第一次尿素 1%(加入 40%尿素液 0.63 mL)。

(3) 将摇床室温度升高至 34 ℃。

(4) 继续摇瓶发酵 6~8 h,当 pH 值降至 7.3~7.2 时,再流加第二次尿素 1%(即 40%尿素液 0.63 mL)。

(5) 最后一次尿素应视残糖和 pH 值酌情流加 0.1%~0.3%或不必流加。

(6) 总发酵时间36～40 h。

5. 发酵结果分析。

(1) 用pH计测定发酵液的最终pH值。

(2) 用光电比色计于650 nm波长测定发酵液的终OD值。

(3) 用裴林氏法测定发酵液的残还原糖(RG)。

(4) 用华勃氏检压仪测定发酵液中谷氨酸(GA)的含量。

(5) 根据发酵结果进行分析,初步确定发酵培养基中甘蔗糖蜜的较适用量(必要时再做正交设计实验进一步优化)。

五、结果统计

根据谷氨酸发酵过程中测定的pH值和OD值,试作出pH值和OD值随时间变化的曲线,并加以分析。

六、注意事项

1. 每次取出发酵瓶在超净工作台上流加尿素时,要注意无菌操作,防止染菌,尽量缩短时间,以免影响正常发酵。

2. 流加尿素要及时,尤其是流加第一次、第二次尿素更要及时,若pH值降低至7.0以下,会对产酸率产生较大影响。

实验二　枯草芽孢杆菌的α-淀粉酶发酵实验

一、实验目的

学习α-淀粉酶发酵实验的基本原理、控制条件和操作方法;掌握α-淀粉酶酶活力测定的具体方法。

二、实验原理

α-淀粉酶(α-amylase EC 3.2.1.1)能分解淀粉,能以随机的方式切割淀粉分子内部的α-1,4-葡萄糖苷键,产物为糊精、低聚糖和单糖类,使淀粉的黏度迅速降低而还原力逐渐增加。α-淀粉酶具有以下优点:在较高温度下有最适酶反应温度,节约冷却水;降低淀粉醪黏度,减少输送时的动力消耗;杂菌污染机会少;热稳定性好。

近几年来,耐高温α-淀粉酶的研究相当活跃,国外生产耐高温α-淀粉酶发展较快,已从嗜热真菌、高温放线菌,特别是从嗜热脂肪芽孢杆菌(*Bacillus stearothermophilus*)和地衣芽孢杆菌(*Bacillus licheniformis*)等中分离得到了耐高温的α-淀粉酶菌种。工业生产上α-淀粉酶的生产菌有枯草芽孢杆菌、地衣芽孢杆菌和淀粉液化芽孢杆菌等,主要是利用微生物液体深层通风发酵法大规模生产α-淀粉酶,使

用的菌株大多是野生菌株经过多次诱变后的突变株。

三、实验材料

1. 菌种：枯草芽孢杆菌(*Bacillus subtilis*)。

2. 培养基：马铃薯培养基(PDA)，种子培养基，发酵培养基。

3. 试剂：Na_2HPO_4，$(NH_4)_2SO_4$，NH_4Cl，$CaCl_2$，标准糊精液，标准碘液。

4. 器材：恒温振荡培养箱，光电比色计，pH 计，高压灭菌锅，电炉，锥形瓶，纱布，小刀，比色用白瓷板。

四、实验方法

(一) 培养基的制备

1. 制备马铃薯斜面培养基，其配方详见附录。

2. 制备种子培养基。

种子培养基的配方：豆饼粉 3%，玉米粉 2%，Na_2HPO_4 0.6%，$(NH_4)_2SO_4$ 0.3%，NH_4Cl 0.1%，pH 值为 6.5。

3. 制备发酵培养基。

(1) 发酵培养基的配方：可溶性淀粉 8%，豆饼粉 4%，玉米浆 2%，Na_2HPO_4 0.4%，$(NH_4)_2SO_4$ 0.3%，NH_4Cl 0.1%，$CaCl_2$ 0.2%，pH 值为 6.5。

(2) 分别装入 500 mL 锥形瓶中(50 mL/瓶)，于 121 ℃灭菌 20 min，冷却后备用。

(二) 液体种子的制备

1. 斜面菌种活化。

(1) 取枯草芽孢杆菌菌苔 1 环，移接于马铃薯斜面培养基上。

(2) 置于 37 ℃恒温箱中培养 12～16 h，备用。

2. 制备液体种子。

(1) 取活化的枯草芽孢杆菌斜面菌种 2 环，移接于装有 50 mL 种子培养基的 250 mL 锥形瓶中。

(2) 置于电热恒温振荡培养箱中于 37 ℃振荡培养 16 h，备用。

(三) α-淀粉酶的发酵

1. α-淀粉酶的发酵。

(1) 吸取液体种子培养物 5 mL，移接于装有 50 mL 发酵培养基的 500 mL 锥形瓶中。

(2) 置于电热恒温振荡培养箱中于 37 ℃振荡发酵培养 36 h。

(3) 每隔 4 h 取样，测定发酵培养液的 pH 值、OD 值和酶活力，并做记录。

2. α-淀粉酶酶活力测定。

(1) 吸取1 mL标准糊精液，转入装有3 mL标准碘液的试管中，以此作为比色的标准管(或者吸取2 mL转入比色用白瓷板的空穴内，作为比色标准)。

(2) 在ϕ2.5 cm×20 cm试管中加入2%可溶性淀粉液20 mL，再加入pH值为6.5的柠檬酸缓冲液5 mL。

(3) 在60 ℃水浴中平衡约5 min，加入0.5 mL酶液，立即计时并充分混匀。

(4) 定时取出1 mL反应液于预先盛有比色稀碘液的试管内(或取出0.5 mL加至预先盛有稀碘液的白瓷板空穴内)。

(5) 当颜色由紫色逐渐变为棕橙色，与标准色相同时，即为反应终点，记录时间。

(6) 以未发酵的培养液作为测定酶活力的空白对照液。

五、注意事项

1. α-淀粉酶酶活力测定：根据国家标准局发布的方法进行(国家标准局颁布的GB 24401—2009)实施。

2. 酶活力定义：1 mL酶液于60 ℃、pH值为4.8条件下，1 h液化1 g可溶性淀粉为1个酶活力单位。

3. 测定α-淀粉酶酶活力的可溶性淀粉和标准糊精液要冰箱低温保存，注意防腐，标准管应做到当天使用当天配制。

实验三 紫外线诱变选育抗药性的淀粉酶高产菌株

一、实验目的

学习应用物理因素诱变育种的基本方法；掌握抗药性变异株和高产淀粉酶产生菌的筛选方法。

二、实验原理

紫外线(UV)是一种最常用的有效的物理诱变因素。诱变效应主要有DNA链或氢键的断裂，胞嘧啶的水合作用，胸腺嘧啶二聚体的形成等。紫外线诱变一般采用15 W或者30 W紫外线杀菌灯，照射距离为20～30 cm，照射时间依菌种而异，一般为1～3 min，死亡率控制在50%～80%为宜。被照射的细胞必须呈均匀分散的单细胞悬浮液状态，以利于均匀接触诱变剂，并减少不纯菌的出现。同时，对于细菌细胞的生理状态则要求最好培养至对数生长期。本实验以紫外线处理枯草芽孢杆菌BF7658。首先筛选出抗药性(抗氨苄西林)变异株，再进一步用琼脂块透明圈法初筛，选择淀粉酶酶活力有明显提高的生产菌株。

三、实验材料

1. 微生物菌种：枯草芽孢杆菌（*Bacillus subtilis* BF7658）（37 ℃振荡培养 12 h 至对数生长期）。

2. 培养基与试剂。

（1）淀粉药物培养基：可溶性淀粉 2 g，葡萄糖 1 g，蛋白胨 1 g，牛肉膏 0.5 g，NaCl 0.5 g，酵母浸出物 0.1 g，琼脂 2 g，蒸馏水 100 mL，121 ℃灭菌 20 min。

（2）选择培养基：可溶性淀粉 2 g，牛肉膏 1 g，NaCl 0.5 g，琼脂 2.5 g，蒸馏水 100 mL，121 ℃灭菌 20 min。

（3）种子培养基（用于菌体增殖）：玉米粉 3%，豆饼粉 4%，Na_2HPO_4 0.4%，NH_4Cl 0.15%，液化酶 50 U/100 mL，自然 pH。

（4）发酵培养基（用于发酵产酶）：玉米粉 9.5%，豆饼粉 6.5%，Na_2HPO_4 0.8%，$(NH_4)_2SO_4$ 0.4%，NH_4Cl 0.5%，$CaCl_2$ 0.5%，液化酶 50U/100 mL，自然 pH。

（5）无菌生理盐水：NaCl 1.3 g，蒸馏水 150 mL，121 ℃灭菌 20 min。

（6）氨苄西林液如下：① 500 μg/mL（1 瓶），称取氨苄西林 50 mg，加蒸馏水 100 mL；② 200 μg/mL（1 瓶），称取上述溶液 40 mL，加蒸馏水 60 mL。

3. 器材：离心机，紫外线照射装置，暗箱，磁力搅拌器，培养皿，试管，玻璃珠，锥形瓶，离心管，打孔器。

四、实验方法

（一）培养基的制备

1. 淀粉药物平板培养基的配制：实验前预先制备。配制 100 mL，装入 250 mL 锥形瓶中，灭菌备用。使用前加热溶化，冷却至约 50 ℃，按规定加入药物后倒制平板。

2. 无菌生理盐水的制备：实验前预先制备。配制 150 mL，装入 250 mL 锥形瓶中，灭菌备用。

3. 选择培养基的配制：实验前预先制备。配制 100 mL，装入 250 mL 锥形瓶中，灭菌备用。

（二）紫外线诱变处理

1. 倒制淀粉药物平板。

加热溶化淀粉药物平板培养基 100 mL，冷却至约 50 ℃，按下列规定浓度加入氨苄西林液，倒制平板备用。药物浓度分别为以下几种：0.5 μg/mL，加入 0.25 mL 200 μg/mL 氨苄西林液；1.0 μg/mL，加入 0.50 mL 200 μg/mL 氨苄西林液；1.5 μg/mL，加入 0.75 mL 200 μg/mL 氨苄西林液；2.0 μg/mL，加入 1.00 mL 200 μg/mL 氨苄西林液;2.5 μg/mL,加入1.25 mL 200 μg/mL 氨苄西林液。另分装无菌生理盐水6支(4.5 mL/支),以备稀释使用。

2. 紫外线诱变处理方法。

(1) 吸取枯草芽孢杆菌菌液5 mL于无菌离心管中,以3 000 r/min,离心15 min,弃上清液。

(2) 用无菌玻璃棒搅松管底菌体,加入10 mL生理盐水洗涤,离心10 min,弃上清液。

(3) 搅松菌体,再加入10 mL生理盐水制成菌液,全部移入50 mL锥形瓶中(内有玻璃珠)。

(4) 激烈振荡5 min,使其均匀分散成菌体悬浮液。

(5) 吸取5 mL菌悬液于直径6 cm的无菌培养皿中(内放一磁力搅拌棒)。

(6) 置磁力搅拌器于紫外灯下(距30 cm)照射0.5 min(单号组)或1 min(双号组)。

(7) 在红灯下吸取经处理的菌液0.5 mL,稀释至10^{-6},取10^{-1}~10^{-6}稀释液各一滴于6个平板中,并按10^{-6}~10^{-1}依次涂布均匀。

(8) 置暗箱内于37 ℃培养48 h。

3. 琼脂块透明圈法初筛。

(1) 每组含选择培养基6皿(其中2皿较厚,用于打制琼脂块用)。取其中较厚的2皿用打孔器或玻璃管打制圆形琼脂块。

(2) 每皿平移5块琼脂块至一个选择平板上,再用接种针挑取4个单菌落的少量菌体分别接种于4块琼脂块中心,另一琼脂块接入出发菌株作为对照。

(3) 正置于37 ℃培养42~48 h后取出,观察生长情况。

(4) 在培养好的选择平板中滴加碘液数滴,观察并测定透明圈的直径。

(5) 选取透明圈比出发菌体大的菌落接入斜面备复筛用。

4. 摇瓶发酵复筛。

将经初筛选出的菌株分别接入增殖培养基中培养12~14 h,再分别接种于发酵培养基中,置37 ℃恒温摇床上发酵38~48 h(此期间不断检测酶活力至少达产酶峰高),选取酶活力较高者备进一步复筛用。

五、注意事项

1. 紫外线诱变处理前必须充分振荡,使细胞处于分散悬浮状态。

2. 在琼脂块上培养细胞时,勿使菌体扩散到平板上。

实验四　硫酸二乙酯诱变选育腺嘌呤营养缺陷型菌株

一、实验目的

学习应用化学因素诱变育种的基本方法；初步掌握选育营养缺陷型菌株的原理和方法。

二、实验原理

化学诱变剂的种类很多，使用最多和最有效的是烷化剂。烷化剂的诱变效应主要有使DNA的碱基和磷酸基团发生烷基化作用，使烷化嘌呤丧失或使糖-磷酸骨架发生断裂等，从而引起DNA复制时碱基配对的转换或颠换。硫酸二乙酯（DES）是烷化剂中的一种，其处理浓度为0.5%～1%，处理时间为15～60 min，为防止其分解而使pH值发生变化，处理时必须采用pH值为7.0的磷酸缓冲液。终止反应时，可以采用大量稀释法或加入硫代硫酸钠等方法。

凡是在完全培养基上生长而在基本培养基上不生长的菌株即为营养缺陷型菌株。在腺嘌呤补充培养基上生长而在次黄嘌呤补充培养基上不生长的缺陷型菌株则为精确的腺嘌呤营养缺陷型（Ade^-）菌株。本实验以DES处理野生型产氨短杆菌，拟选育腺嘌呤营养缺陷型菌株，该菌株的精确腺嘌呤营养缺陷型可积累中间产物——肌苷酸（IMP）。

三、实验材料

1. 菌种：产氨短杆菌（*Brevibacterium ammoniagene*）（37 ℃振荡培养12 h）。

2. 培养基与试剂。

（1）基本培养基：葡萄糖2%，尿素0.4%，KH_2PO_4 0.1%，$MgSO_4$ 0.005%，谷氨酸0.12%，胱氨酸0.01%，$(NH_4)_2SO_4$ 0.296 mg/L，$FeSO_4$ 3 mg/L，$MnSO_4$ 3 mg/L，生物素20 μg/L，维生素B1 100 μg/L，泛酸钙500 μg/L，琼脂2.5%，pH值为7.2，115 ℃灭菌20 min。

（2）完全培养基：葡萄糖2%，蛋白胨1%，酵母膏1%，牛肉膏0.5%，尿素0.2%，$MgSO_4$ 0.2%，NaCl 2.5%，琼脂2.5%，pH值为7.0，121 ℃灭菌20 min。

（3）腺嘌呤补充培养基：在上述基本培养基中加入5 μg/100 mL腺嘌呤；次黄嘌呤补充培养基：在上述基本培养基中加入5 μg/100 mL次黄嘌呤。

（4）0.1 mol/L pH值为7.0磷酸缓冲液：Na_2HPO_4 1 g，KH_2PO_4 0.5 g，蒸馏水100 mL，121 ℃灭菌20 min。

（5）硫酸二乙酯（DES）醇溶液：DES原液3 mL，加入12 mL无水乙醇（现用现配）。

(6) 3.25%硫代硫酸钠($Na_2S_2O_3$):$Na_2S_2O_3$ 2.5 g,蒸馏水 10 mL。

(7) 无菌生理盐水。

3. 器材:离心机,恒温振荡器等。

四、实验方法

1. 倒制完全培养基平板。

加热熔化完全培养基 100 mL,冷却至约 50 ℃倒制 7 个平板。另两组分装无菌生理盐水 6 支(4.5 mL/支),备稀释用。

2. 诱变处理。

(1) 吸取产氨短杆菌菌液 5 mL 于无菌离心管中,以 3 000 r/min 离心 15 min,弃上清液。

(2) 用无菌玻璃棒搅松管底菌体,加入生理盐水 10 mL 洗涤菌体,离心 10 min,弃上清液。

(3) 搅松菌体,加入 10 mL 磷酸缓冲液制成菌悬液,搅匀。

(4) 吸取 4 mL 菌悬液于预先装有 15 mL 缓冲液的 50 mL 锥形瓶中(内有玻璃珠),激烈振荡 5 min。

(5) 加入 DES 醇溶液 1 mL,置摇床振荡处理 30 min(单号组)或 40 min(双号组)。

(6) 取出立即加入 25%$Na_2S_2O_3$ 0.5 mL 进行终止反应(解毒)。

(7) 吸取 0.5 mL 反应液于 4.5 mL 生理盐水中,按 10 倍稀释法稀释至 10^{-6},取 10^{-1}~10^{-6} 稀释液各 0.1 mL 涂布 6 个平板,置 32 ℃温箱培养 36~48 h。

3. 营养缺陷型菌株的检出。

(1) 在 2 个基本培养基平板和 2 个完全培养基平板的皿底背面打格编号。

(2) 用无菌牙签挑取每一个单菌落,先后在 MM 平板和 CM 平板上对号进行点植。

(3) 置 32 ℃温箱培养 36~48 h,观察结果(凡在 MM 平板上明显不长的菌株可初步认为是营养缺陷型菌株)。

(4) 挑取营养缺陷型菌株分别接入斜面,备鉴定用。

4. 腺嘌呤营养缺陷型菌株的鉴定。

(1) 倒制基本培养基(MM)、次黄嘌呤补充培养基(MM+HX)、腺嘌呤补充培养基(MM+Ade),并在皿底背面打格编号。

(2) 用灭菌牙签挑取营养缺陷型菌体,分别点种于上述 3 种培养基上。

(3) 32 ℃培养 48 h 后观察。凡在 MM 和 MM+HX 上不生长,而只在 MM+Ade 生长的,即为精确的腺嘌呤营养缺陷型菌株。

(4) 将选出菌株进行摇瓶发酵实验,测定其是否产生 IMP 及产酸率。

五、注意事项

1. 化学诱变剂均有毒性,很多还具有致癌作用,故操作时应戴手套进行防护。

2. 硫酸二乙酯(DES)醇溶液必须现配现用。

实验五 酵母菌原生质体的融合育种

一、实验目的

掌握酵母菌原生质体的制备、融合和再生的操作方法;学习融合子的选择及实用性优良菌株的筛选思路和方法。

二、实验原理

原生质体融合就是用酶法将细胞膜外侧的细胞壁除去,制备成无细胞壁的球状细胞体——原生质体,将两种来源于微生物细胞 A 和 B 的原生质体,在融合诱导剂(或促进剂)聚乙二醇和 Ca^{2+} 存在下等量混合起来,可使原生质体表面形成电极性,相互之间易于吸引,脱水黏合形成聚集物,进而使原生质体收缩变形,紧密接触处的膜先形成一个新细胞,这个细胞有可能具有 A、B 两个原生质体原有的特性或更加优良的新特性。本实验是将实验四获得的两个精确营养缺陷型菌株作为亲本菌株进行原生质体融合育种。

原生质体融合育种是基因重组育种的一种重要方法。它具有以下一些特点:① 杂交频率明显高于常规杂交法;② 可在不同种属的微生物制剂实现杂交,应用范围较广;③ 两亲株遗传物质的交换更为完整,既有细胞核中也有细胞质中 DNA 的重组交换;④ 可有两种以上的亲株参与融合形成融合子;⑤ 可采用不带标记的产量较高的菌株作为融合亲株,并可较容易地获得结构基因拷贝数增加的多倍体菌株;⑥ 可与诱变方法结合起来,使生产菌株提高产量的潜力更大。

三、实验材料

1. 菌种:酵母菌 A 为耐高温酒精酵母(单倍体、营养缺陷型),酵母菌 B 为高糖面包酵母(单倍体、营养缺陷型),酵母菌 C 为耐高温酒精酵母(二倍体、不带标记、适于淀粉发酵),酵母菌 D 为耐高温酒精酵母(二倍体、不带标记、适于糖蜜发酵)。实验时,可选用酵母菌 A 和 B 为融合亲株,也可选用酵母菌 C 和 D 为融合亲株。

2. 培养基与试剂。

(1) 麦芽汁或米曲汁培养基:按需要分别配制成斜面或液体(糖度为 8 °Bx 或 15 °Bx)。

(2) 酵母菌基本培养基(MM)和酵母菌完全培养基(CM)。

(3) 高渗再生基本培养基:在上述基本培养基(MM)中加入 0.8 mol/L 山梨醇或甘露醇(渗透压稳定剂)制成。半固体培养基的琼脂改为 0.7%。

(4) 高渗再生完全培养基:在上述完全培养基(CM)中加入 0.8 mol/L 山梨醇

或甘露醇制成。半固体培养基的琼脂改为0.7%。

(5) 糖蜜乙醇发酵培养基：将原糖蜜加水稀释至40 °BX,用 H_2SO_4 调pH值为4.0,煮沸静置。取上清液再稀释至约25 °BX,添加 $(NH_4)_2SO_4$ 0.1%、过磷酸钙0.1%,调pH值为4.5～5.0,量取250 mL,测其温度及糖浓度,并校正为20 ℃的糖浓度,灭菌备用。

(6) 面粉团培养基：面粉100 g,蔗糖10 g,蒸馏水50 mL,用于面包酵母发面能力的测定。

(7) 微量元素液,维生素液,缓冲液,混合盐液。

(8) 蜗牛酶：用高渗缓冲液配成50 mg/mL溶液。

(9) 1 mol/L巯基乙醇,聚乙二醇(PEG、MW6000),无菌生理盐水。

3. 器材：显微镜,水浴锅,培养箱,离心机,摇床,各种常用玻璃器皿。

四、实验方法

(一) 酵母菌原生质体的制备

1. 将酵母菌接入装有CM的锥形瓶中,置30 ℃振荡培养20 h,吸取2 mL菌液接入30 mL新鲜的液体CM中,继续振荡培养6 h。

2. 上述菌液于3 000 r/min离心10 min,用无菌生理盐水洗涤两次,调整并制成约 10^8 个/mL的菌悬液。

3. 在无菌离心管中加入：① 菌悬液2 mL;② 1 mol/L巯基乙醇0.1 mL;③ Tris-HCl缓冲液0.4 mL;④ 混合盐液1.6 mL;⑤ 蜗牛酶1 mL(作用浓度1%)。置30 ℃水浴中处理约60 min,镜检。

4. 以3 000 r/min离心5 min去酶,用高渗缓冲液洗涤原生质体两次,恢复原体积,振荡分散制成原生质体悬浮液。

5. 用高渗缓冲液经适当倍数稀释后,以双层法在高渗CM上测定再生菌落数。

6. 用无菌蒸馏水稀释后(此时原生质体破裂)在CM上测定活菌数。

7. 根据实验结果计算出原生质体形成率和再生率(%)：

$$\text{原生质体数} = \text{未经酶处理的总菌数} - \text{经酶处理总菌数}$$

$$\text{原生质体形成率}(\%) = \text{原生质体数}/\text{未经酶处理总菌数} \times 100\%$$

$$\text{原生质体再生率}(\%) = \frac{\text{再生培养基上总菌数} - \text{经酶处理后剩余菌数}}{\text{原生质体数}} \times 100\%$$

(二) 酵母菌原生质体的融合

1. 将两种酵母菌(A+B或C+D)原生质体以等量混合于离心管中,达 10^8 个/mL,3 000 r/min,弃上清液,收集细胞。

2. 将细胞悬浮于含有35%PEG和50 mmol/L $CaCl_2$ 的高渗磷酸盐缓冲液中,于30 ℃融合20～60 min。

3. 加入高渗缓冲液稀释并离心去上清液，再洗涤一次，使细胞悬于高渗缓冲液中，在 5 ℃放置 60 min，使原生质体融合完全。

4. 融合液细胞经适当稀释后，以双层法倒制高渗再生 CM 平板（A＋B 亲株融合的同时以双层法倒制高渗再生 MM 平板）。

5. 置 30 ℃培养 3～6 d，观察计数。

（三）融合细胞的选择及实用性菌株的筛选

1. 对于在 MM 平板上长出的 A＋B 融合子，分别于 MM 和 CM 上画线验证，以获得营养缺陷互补的原养型融合子。

2. 对所获得的原养型融合子进行定向筛选，以获得面团发酵力强的耐高温高糖面包酵母。

3. 对于无标记的 C＋D 亲株，可直接从 CM 平板上选择再生菌落（融合或未融合），然后进行人工的定向筛选，以期获得酒精发酵力强的耐高温高渗优良菌株。

4. 最终获得的优良菌株，须经几代分离纯化，以便获得生产性能稳定的实用菌株。计算原生质体形成率和再生率。

五、注意事项

1. 原生质体融合时，加入的两亲本原生质体量（每毫升所含原生质体的量）要一致。

2. 所有培养、洗涤原生质体的培养基和试剂都必须含有渗透压稳定剂。

3. 为了获得生产性能稳定的实用菌株，筛选到含有融合子的再生菌株后，必须进行几代分离纯化，测定其生产性能后才可以保藏。

实验六　葡聚糖内切酶基因的克隆及在大肠杆菌中的表达

一、实验目的

了解构建基因工程菌的过程；掌握外源基因在原核细胞中表达的方法；熟练掌握分子生物学实验的各项操作技能。

二、实验原理

重组 DNA 分子只有导入合适的受体细胞（宿主）才能大量地进行复制、增殖和表达，导入宿主细胞的目的是通过宿主来生产大量的基因表达产物。由于大肠杆菌的遗传学和分子生物学背景较为清楚，开发了许多含不同筛选标记的质粒和突变宿主菌，因此大肠杆菌是目前基因工程中最常用的宿主菌，许多有价值的多肽和蛋白质在大肠杆菌中已成功进行了表达。另外，由于大肠杆菌具有培养条件简单、生长繁殖快、易操作、可以高效表达外源蛋白等特点,利用大肠杆菌为宿主菌进行基因操作具有很大的实用性。表达系统的核心是表达载体,一般来说,大肠杆菌的表达载体应满足以下要求:表达量高、适用范围广、表达产物容易纯化和稳定性好等。

β-1,4-葡聚糖内切酶(简称葡聚糖内切酶)又称碱性纤维素酶,是纤维素酶系的一个组分,它在碱性环境下具有很高的活力,因此广泛应用于洗涤剂中。本实验从产碱性纤维素酶短小芽孢杆菌中克隆出葡聚糖内切酶基因,接着克隆到表达载体 pET20b 中,得到重组质粒,然后转化到大肠杆菌 TOP10 中进行诱导表达。通过表达产物对羧甲基纤维素钠(CMC)的水解活性,分析葡聚糖内切酶基因在大肠杆菌中的表达情况,同时通过 SDS-PAGE 也可检测葡聚糖内切酶的表达及含量。

三、实验材料

1. 菌种:产碱性纤维素酶短小芽孢杆菌(H9、H12 或 S-27 菌株)和大肠杆菌 TOP10 菌株。

2. 培养基:

(1) 种子培养基:1%蛋白胨,2%葡萄糖,1%酵母膏,K_2HPO_4 0.1%,NaH_2PO_4 0.1%,$MgSO_4 \cdot 7H_2O$ 0.01%,$FeSO_4 \cdot 7H_2O$ 0.015%,$MnSO_4$ 0.000 05%,pH 值为 7.0,121 ℃灭菌 20 min。

(2) 发酵培养基:1%葡萄糖,2%淀粉,0.5%麸皮,1%蛋白胨,1%酵母膏,K_2HPO_4 0.1%,NaH_2PO_4 0.1%,$MgSO_4 \cdot 7H_2O$ 0.01%,$FeSO_4 \cdot 7H_2O$ 0.015%,$MnSO_4$ 0.000 05%,pH 值为 7.0,121 ℃灭菌 20 min。

(3) SOB 培养基:胰蛋白胨 2.0 g,酵母浸出物 0.5 g,氯化钠 0.05 g,90 mL 水溶解后用 NaOH 调节 pH 值为 7.0,加入 1 mL 250 mmol/L KCl 后定容至 100 mL,121 ℃ 灭菌 20 min 后再加入 0.5 mL 的 2 mol/L $MgCl_2$。

(4) SOC 培养基:SOB 培养基+20 mmol/L 葡萄糖(115 ℃灭菌 15 min)得 SOC。

(5) LB 琼脂平板和 LB 液体培养基。

(6) LB-CMC 筛选平板:在 LB 固体培养基中加入 1%羧甲基纤维素钠。

3. 主要溶液与试剂:表达载体 pET20b 质粒,DNA 提取溶液(溶液Ⅰ、Ⅱ、Ⅲ),裂解缓冲液,酵母浸出粉,胰蛋白胨,溶菌酶,蛋白酶 K,Rnase A,限制性内切核酸酶 *Xho* Ⅰ、*Ban*H Ⅰ和 T_4DNA 连接酶,*Taq* DNA 聚合酶,dNTP,琼脂糖,氨苄西林,CMC,IPTG,X-gal,Triton-X,饱和酚,Tris,EDTA,SDS,刚果红,丙烯酰胺,考马斯亮蓝,DNA 标准分子质量 λDNA/*Hin*d Ⅲ和 D2000,蛋白质低分子质量标准,Qiagen 公司的 Qiaquick DNA 凝胶纯化回收试剂盒。

4. 器材:电子天平,超净工作台,冷冻离心机,微量移液器,高压蒸汽灭菌锅,恒温摇床,恒温培养箱,分光光度计,电泳仪,电泳槽,紫外透射检测仪,层析仪,PCR 自动扩增仪,凝胶成像系统,核酸蛋白分析仪,超低温冰箱,离心管,吸头,各种常用玻璃器皿等。

四、实验方法

(一) 短小芽孢杆菌总 DNA 的提取与纯化

1. 取短小芽孢杆菌 H9 画 LB 平板，在 37 ℃生化培养箱培养过夜(14～16 h)；次日挑取单菌落接种于 3 mL LB 液体培养基中，37 ℃振荡培养过夜。

2. 取 1 mL 过夜培养物转接至 50 mL(装于 250 mL 锥形瓶)新鲜的 LB 液体培养基中继续培养至 OD_{600} 值为 0.6～0.8。

3. 取 5 mL 菌液至离心管中，4 000 r/min 离心 5 min，弃上清液；加入 500 μL TE 重新悬浮洗涤两次，4 000 r/min 离心 5 min，弃上清液。

4. 加入 200 μL 裂解缓冲液(10 mg/mL 溶菌酶、10 mmol/L Tris - HCl、2 mmol/L EDTA、1.2%Triton - X)，悬浮沉淀，室温放置 1 h，12 000 r/min 离心 5 min，弃上清液。

5. 加入 500 μL DNA 抽提缓冲液(10 mmol/L Tris - HCl(pH 值为 8.0)、50 mL/L EDTA(pH 值为 8.0)、20 μg/mL Rnase A、0.5%SDS)，2.5 μL 蛋白酶 K(20 mg/mL)，轻轻颠倒混合，55 ℃水浴过夜，补加 10 μL 蛋白酶 K(20 mg/mL)和 5 μL RNase A(20 mg/mL)。

6. 加入等体积(500 μL)饱和酚，轻轻颠倒混合 5～10 min，10 000 r/min 离心 10 min，吸上清液至干净的离心管中。

7. 加入等体积的氯仿异戊醇液，轻轻颠倒混合 5～10 min，10 000 r/min 离心 10 min，吸上清液至干净的离心管中。

8. 加入上清液 1/10～1/5 体积的 3 mol/L 乙酸钠(pH 值为 5.2)，再加入 2.5 倍体积的无水乙醇，轻度混合，－20 ℃冷冻 20 min，13 000 r/min 离心 10 min。

9. 弃上清液，加入 500 μL 70%乙醇洗涤沉淀，13 000 r/min 离心 10 min。

10. 弃上清液，把离心管倒置于滤纸上，自然干燥 20～30 min。

11. 加入 50 μL TE 缓冲液或无菌蒸馏水溶解 DNA，储存于－20 ℃备用。

12. 检测抽提 DNA 的 OD_{260}/OD_{280} 值。

13. 用 0.8%琼脂糖凝胶电泳分析 DNA 片段大小。

(二) 质粒 pET20b 的小量提取

1. 取 1.5 mL 过夜培养的菌液于 1.5 mL 离心管中，4 ℃，10 000 r/min 离心 30 s，弃上清液。

2. 加入 100 μL 用冰预冷的溶液Ⅰ，剧烈振荡悬浮菌体。

3. 加入新配制的 200 μL 溶液Ⅱ，缓慢上下颠倒离心管多次，温和混匀，室温下放置 5 min。

4. 加入 150 μL 用冰预冷的溶液Ⅲ，温和颠倒均匀，充分中和溶液，直至形成白色絮状沉淀，冰浴 5 min。

5. 12 000 r/min 离心 10 min,移取上清液至另一新的 1.5 mL 离心管中。

6. 加入等体积的酚氯仿液(约 400 μL),振荡摇匀,12 000 r/min 离心 5 min,移取上清液至另一新的 1.5 mL 离心管中。

7. 加入 2 倍体积的无水乙醇。振荡混匀,于 −20 ℃放置 30 min,12 000 r/min 离心 5 min,弃上清液。

8. 用 1 mL 70%乙醇洗涤 DNA 沉淀,12 000 r/min 离心 2 min,弃上清液,把离心管倒置于滤纸上,自然干燥 20~30 min。

9. 加 50 μL 含 20 μg/mL RNA 酶的 TE 缓冲液或无菌蒸馏水溶解 DNA,−20 ℃储存备用。

(三) 葡聚糖内切酶基因的 PCR 扩增

根据短小芽孢杆菌 β-1,4-葡聚糖内切酶基因可读框两端的保守碱基序列设计两条引物。引物 1 为

5′-ATCT<u>GGATCC</u>ATGCACATTTTTG-3′

引物 2 为

5′-ATCG<u>CTCGAG</u>TTATTTATTCGGAAG-3′

分别引入 *Bam*H Ⅰ和 *Xho* Ⅰ酶切位点,进行 PCR 扩增。

1. 反应体系:10×缓冲液 5.0 μL,dNTP(10 μmol/L)1.0 μL,引物 1(10 μmol/L)1.0 μL,引物 2(10 μmol/L)1.0 μL,模板 DNA 1.0 μL,*Taq* DNA 聚合酶(5 U/μL)0.5 μL,加 ddH_2O 至 50 μL,将上述各成分混匀,然后进行 PCR 扩增。

2. 按下列程序进行扩增:① 94 ℃预变性 5 min;② 94 ℃变性 1 min;③ 55 ℃退火 1 min;④ 72 ℃延伸 1 min;⑤ 重复步骤②~④30 次;⑥ 72 ℃延伸 10 min。

3. 将 PCR 扩增产物用 0.8%的琼脂糖凝胶电泳进行分析。

(四) 回收 PCR 扩增产物

采用 Qiagen 公司的 PCR 及酶反应纯化试剂盒。

1. 将 PCR 反应混合物转移到一个干净的 1.5 mL 离心管中,加入 5 倍体积的 PB 缓冲液,混匀。

2. 将样品转移到一个 DNA 回收纯化柱中,柱下放一个试剂盒提供的 2 mL 干净收集管,在室温下以 10 000*g* 离心 1 min,弃去流出液。

3. 加入 750 μL 用无水乙醇稀释过的 PE 缓冲液洗涤柱子,室温下 10 000*g* 离心 1 min。

4. 弃去滤液,以 10 000*g* 离心空柱 1 min,以甩干柱基质。

5. 把柱子装在一个干净的 1.5 mL 离心管上,将 30~50 μL 的灭菌 ddH_2O 直接加到柱基质上,10 000*g* 离心 1 min,以洗脱 DNA,离心管中的液体即为回收的 DNA 片段。

(五) DNA 的酶切、回收及连接

1. DNA 的酶切。

(1) PCR 产物的双酶切反应体系：10×缓冲液 5.0 μL，*Bam*H Ⅰ 2.0 μL，*Xho* Ⅰ 2.0 μL，PCR 纯化产物 26.0 μL，ddH_2O 15.0 μL，总体积 50 μL，混匀，30 ℃酶切 4 h。

(2) pET20b 双酶切反应体系：10×缓冲液 2.0 μL，*Bam*H Ⅰ 0.5 μL，*Xho* Ⅰ 0.5 μL，质粒，ddH_2O 12.0 μL，总体积 20 μL，混匀，30 ℃酶切 4 h。

2. 酶切产物的回收参见 PCR 产物的回收。

3. 酶切产物的连接：连接反应体系为 10×缓冲液 1.0 μL，载体 1 μL，目的 DNA 片段 1.0 μL，T_4DNA 连接酶 1.0 μL，ddH_2O 16.0 μL，总体积 20 μL，混匀，16 ℃连接过夜。

(六) 大肠杆菌感受态细胞的制备和转化

1. 将活化的大肠杆菌 TOP10 菌株接入 2 mL LB 液体培养基中 37 ℃振荡培养过夜，取 0.5 mL 培养液接入 50 mL LB 液体培养基中，37 ℃，180 r/min 振荡培养，当 OD_{600} 值达 0.5～0.6 时，停止培养。

2. 培养液放置冰上冷却 30 min，在无菌状态下转入 10 mL 离心管中，4 ℃下 4 000 r/min 离心 5 min。

3. 弃上清液，将离心管倒置，使培养液流尽，回收细胞。

4. 用冰冷的 10 mL 0.1 mol/L $CaCl_2$ 溶液悬浮细胞，冰浴 10 min。

5. 4 ℃下 4 000 r/min 离心 5 min，回收细胞。

6. 细胞重新悬浮于 2 mL 冰冷无菌的 0.1 mol/L $CaCl_2$ 溶液中。

7. 将悬液 200 μL 转移到预冷的无菌 1.5 mL 离心管中，－70 ℃保存。

8. 将 10 μL 连接产物加入含有 200 μL 感受态细胞的 1.5 mL 离心管中，混匀，在 42 ℃水浴中培养 16 h，用牙签将平板上的转化因子影印到另一筛选平板上面，置于 37°温箱中培养 48 h。

9. 用 0.2%的刚果红染色 20 min，然后用 1 mol/L 的 NaCl 洗涤 20 min，观察水解圈，选取平板上具有水解圈的阳性转化因子，提取质粒，进行酶切验证。

(七) 葡聚糖内切酶基因表达的检测

1. 挑取阳性克隆单菌落接种于 LB 液体培养基中，37 ℃振荡培养过夜。

2. 取 1 mL 菌液接种于 100 mL 含 50 μg/mL 氨苄西林的 LB 液体培养基中，37 ℃振荡培养至 OD_{600} 值达 0.5～0.8。

3. 加入 IPTG 至终浓度为 1 mmol/L，37 ℃诱导培养 3～4 h，取样进行 SDS－PAGE 分析。

4. 聚丙烯酰胺凝胶的制备及电泳。

(1) 试剂配制。

30%丙烯酰胺：29 g 丙烯酰胺和 1 g 双丙烯酰胺溶于 100 mL 去离子水中，4 ℃保存。

10%过硫酸铵(*W*/*V*)：1 g 过硫酸铵溶于 10 mL 去离子水中，4 ℃保存。

10%SDS(W/V)：1 g SDS 溶于 10 mL 去离子水中，室温保存。

分离胶缓冲液：1.5 mol/L Tris－HCl(pH 值为 8.8)。

浓缩胶缓冲液：1.0 mol/L Tris－HCl(pH 值为 6.8)。

10×电泳缓冲液(pH 值为 8.0)：30 g Tris、144 g 甘氨酸和 10 g SDS 溶于 1 L 蒸馏水中。

5×SDS 凝胶加样缓冲液：0.6 g Tris、2.88 g 甘氨酸和 0.1 g SDS 溶于 100 mL 蒸馏水中。

染色液：1.25 g 考马斯亮蓝 R－250 溶于 454 mL 50%甲醇，加 46 mL 冰醋酸，过滤。

脱色液：甲醇、水、冰醋酸以 30∶60∶10 的比例混合。

(2) SDS－PAGE 凝胶配制如表 14.1 所列。

表 14.1　SDS－PAGE 凝胶配方

组　分	浓缩胶(5%)	分离胶(12%)
ddH_2O/mL	2.1	3.3
30%丙烯酰胺/mL	0.5	4.0
1 mol/L Tris pH 6.8/mL	0.38	—
1 mol/L Tris pH 8.8/mL	—	2.5
10%SDS/mL	0.03	0.10
10%过硫酸铵/mL	0.03	0.10
TEMED/mL	0.005	0.005

注："—"表示无数据。

(3) 电泳：样品与加样缓冲液混合后点样，在 10 mA 电流下电泳 30 min，然后调节电流至 20 mA，待蓝色染料迁移至下端 1～1.5 cm 时，停止电泳。

(4) 染色：电泳后，将凝胶从电泳槽中取出，滑入大培养皿中，ddH_2O 洗两次，倒去 ddH_2O 后加入染液，染色 4 h。

(5) 脱色：倾去染液，加入脱色液，缓慢摇动，每隔 1 h 换一次脱色液，直至蓝色背景褪去。

(6) 结果观察：利用凝胶成像系统观察和分析实验结果。

实验七　纳豆激酶基因的克隆及在酵母菌中的表达

一、实验目的

了解酵母菌作为蛋白质表达系统的优点；学习和掌握外源基因在真核细胞中的

表达方法和步骤。

二、实验原理

酵母菌是单细胞真核生物，很适合作为基因工程的宿主菌。为了获得外源基因的高效表达，酵母菌表达载体的选择很重要。与其他酵母菌相比，毕赤酵母除同时兼具真核表达系统的优势及原核表达系统的快速、操作方便和廉价的特点外，其表达外源基因的水平也比其他酵母菌高 10～100 倍，因此在基因工程中的应用越来越广泛。

纳豆激酶(Natto Kinase，NK)是从日本传统食品纳豆中提取出来的一种具有溶血栓作用的酶。本实验从纳豆杆菌中提取并纯化纳豆杆菌染色体 DNA，以其为模板进行 PCR，得到纳豆激酶基因。接着用 *Eco*R Ⅰ和 *Xba* Ⅰ分别对质粒 pPICZα A 和纳豆激素基因进行双酶切，然后用 T_4DNA 连接酶将一种分泌表达型载体 pPICZα A 和目的基因连接起来，得到重组质粒 pPICZα A－NK。将重组质粒用限制性内切核酸酶 *Sac* Ⅰ线性化后，转化到毕赤酵母 GS115 中进行表达。

三、实验器材

1. 菌种：纳豆杆菌(*Bacillus subtilis natto*)，酵母菌(*Sacc haromyces*)GS115 大肠杆菌 TOP10 感受态细胞。

2. 培养基。

(1) 纳豆杆菌种子培养基：大豆蛋白胨 10 g，牛肉膏 5 g，NaCl 5 g，蒸馏水 1 000 mL，pH 值为 7.2，121 ℃灭菌 20 min。

(2) 纳豆杆菌发酵培养基：大豆蛋白胨 20 g，葡萄糖 20 g，Na_2HPO_4 1 g，$MgSO_4$ 0.5 g，$CaCl_2$ 0.2 g，蒸馏水 1 000 mL，pH 值为 7.2，121 ℃灭菌 20 min。

(3) LB 琼脂平板，LB 液体培养基，LB 低盐培养基(LB 成分中 NaCl 含量减半)。

(4) YEPD 培养基。

3. 试剂：大肠杆菌及酵母菌的穿梭质粒载体 pPICZα A，DNA 提取溶液(溶液Ⅰ、Ⅱ、Ⅲ)，裂解缓冲液，酵母提取物，大豆蛋白胨，胰蛋白胨，dNTP，Zeocin，琼脂糖，Triton－X，饱和酚，Tris，EDTA，SDS，DNA 标准分子质量 λDNA/*Hin*d Ⅲ＋*Eco*R Ⅰ，琼脂粉，牛纤维蛋白原，Qiagen 公司的 Qiaquick DNA 凝胶纯化回收试剂盒，Invitrogen 公司的毕赤酵母菌转化试剂盒。主要酶类：溶菌酶，蛋白酶 K，Rnase A，限制性内核酸切酶 *Xba* Ⅰ，*Eco*R Ⅰ，*Sac* Ⅰ，T_4DNA 连接酶，*Taq* DNA 聚合酶，凝血酶。

4. 器材：电子天平，超净工作台，恒温摇床，恒温培养箱，冷冻离心机，微量移液器，高压蒸汽灭菌锅，涡旋振荡器，分光光度计，电泳仪，电泳槽，凝胶成像系统，层析仪，PCR 自动扩增仪，凝胶成像系统，核酸蛋白分析仪，超低温冰箱，离心管，吸头及各种常用玻璃器皿等。

四、实验方法

(一) 纳豆杆菌的分离及活化

1. 取市售纳豆数粒,放于无菌生理盐水中,振荡混匀,将溶液做适量稀释后涂布纳豆杆菌种子培养基平板,37 ℃培养 24 h。

2. 待菌落长出后,挑取单菌落接入斜面种子培养基,37 ℃培养 24 h,斜面种子置 4 ℃保存。

(二) 纳豆杆菌总 DNA 的提取与纯化

1. 挑取纳豆杆菌单菌落接种于 20 mL 液体种子培养基中,37 ℃、200 r/min 振荡培养 16 h。

2. 取 1.5 mL 菌液于离心管中,4 ℃、5 000 r/min 离心 5 min,弃上清液;加入 500 μL TE 重新悬浮洗涤两次,4 000 r/min 离心 5 min,弃上清液。

3. 加入 200 μL 裂解缓冲液(10 mg/mL 溶菌酶、10 mmol/L Tris - HCl、2 mmol/L EDTA、1.2%Triton - X),悬浮沉淀,室温放置 1 h,12 000 r/min 离心 5 min,弃上清液。

4. 加入 500 μL DNA 抽提缓冲液(10 mmol/L Tris - HCl(pH 值为 8.0)、5 mmol/L EDTA(pH 值为 8.0)、20 μg/mL Rnase A、0.5%SDS),2.5 μL 蛋白酶 K(20 mg/mL),轻轻颠倒混合,55 ℃水浴过夜,补加 10 μL 蛋白酶 K(20 mg/mL)和 5 μL RNase A(20 mg/mL)。

5. 加入等体积(500 μL)饱和酚,轻轻颠倒混合 5～10 min,10 000 r/min 离心 10 min,吸上清液至干净的离心管中。

6. 加入等体积的氯仿异戊醇液,轻轻颠倒混合 5～10 min,10 000 r/min 离心 10 min,吸上清液至干净的离心管中。

7. 加入上清液 1/10～1/5 体积的 3 mol/L 乙酸钠(pH 值为 5.2),再加入 2.5 倍体积的无水乙醇,轻度混合,－20 ℃冷冻 30 min,13 000 r/min 离心 10 min。

8. 弃上清液,加入 500 μL 70%乙醇洗涤沉淀,13 000 r/min 离心 10 min。

9. 弃上清液,把离心管倒置于滤纸上,自然干燥 20～30 min。

10. 加 50 μL TE 缓冲液或无菌蒸馏水溶解 DNA,储存于－20 ℃备用。

11. 检测抽提 DNA 的 OD_{260}/OD_{280} 值。

12. 用 0.8%琼脂糖凝胶电泳分析 DNA 片段大小。

(三) 质粒 pPICZα A 的小量提取

1. 挑取携带有质粒 pPICZα A 的大肠杆菌 TOP10 单菌落接种于 20 mL LB 液体培养基中,37 ℃、200 r/min 振荡培养过夜(或培养 16～18 h)。

2. 吸取 1.5 mL 菌液于 1.5 mL 离心管中,4 ℃,10 000 r/min 离心 30 s,弃上清液。

3. 加入 100 μL 用冰预冷的溶液Ⅰ，剧烈振荡悬浮菌体。

4. 加入新配制的 200 μL 溶液Ⅱ，缓慢上下颠倒离心管多次，温和混匀，室温下放置 5 min。

5. 加入 150 μL 用冰预冷的溶液Ⅲ，温和颠倒混匀，充分中和溶液，直至形成白色絮状沉淀，冰浴 5 min。

6. 12 000 r/min 离心 10 min，移取上清液至另一新的 1.5 mL 离心管中。

7. 加入等体积的 400 μL 酚氯仿液，振荡摇匀，12 000 r/min 离心 5 min，移取上清液至另一新的 1.5 mL 离心管中。

8. 加入 2 倍体积预冷的无水乙醇，振荡混匀，于－20 ℃放置 30 min，12 000 r/min 离心 5 min，弃上清液。

9. 用 1 mL 预冷的 70%乙醇洗涤 DNA 沉淀，12 000 r/min 离心 2 min，弃上清液，把离心管倒置于滤纸上，自然干燥 10 min。

10. 加入 50 μL 含 20 μg/mL Rnase A 的 TE 缓冲液或无菌蒸馏水溶解 DNA，－20 ℃储存备用。

（四）PCR 扩增纳豆激酶基因

根据毕赤酵母的表达特点、载体 pPICZα A 的多克隆位点及纳豆激酶的基因序列，设计如下引物。引物 1 为

5′－CGCTGAATTCGCGCAATCTGTTCCT－3′

引物 2 为

5′－AGGCTCTAGATTGTGCAGCTGCTTG－3′

分别引入 *Eco*R Ⅰ和 *Xba* Ⅰ酶切位点，进行 PCR 扩增。

1. 反应体系：10×缓冲液 5.0 μL，dNTP(10 μmol/L)1.0 μL，引物 1(10 μmol/L) 1.0 μL，引物 2(10 μmol/L)1.0 μL，模板 DNA 1.0 μL，*Taq* DNA 聚合酶(5 U/μL) 0.5 μL，加 ddH_2O 至 50 μL，将上述各成分混匀，然后进行 PCR。

2. 按下列程序进行扩增：① 95 ℃预变性 3 min；② 94 ℃变性 1 min；③ 55 ℃退火 1 min；④ 72 ℃延伸 3 min；⑤ 重复步骤②～④30 次；⑥ 72 ℃延伸 15 min。

3. 将 PCR 扩增产物用 0.8%的琼脂糖凝胶电泳进行分析。

（五）PCR 扩增产物的回收

PCR 扩增产物的回收参考 PCR 产物的回收。

（六）重组质粒 pPICZα A－NK 的构建

1. DNA 的酶切。

(1) PCR 产物的双酶切反应体系：10×缓冲液 5 μL，*Eco*R Ⅰ 1 μL，*Xba* Ⅰ 2 μL，PCR 纯化产物 20 μL，ddH_2O 22 μL，总体积 50 μL，混匀，37 ℃酶切 4 h。

(2) pPICZα A 双酶切反应体系：10×缓冲液 2 μL，*Eco*R Ⅰ 0.5 μL，*Xba* Ⅰ 1 μL，质粒 5 μL，ddH_2O 12 μL，总体积 20 μL，混匀，37 ℃酶切 4 h。

2. 酶切产物的回收。

3. 酶切产物的连接：连接反应体系为10×缓冲液1 μL，载体1 μL，目的DNA片段1 μL，T_4 DNA连接酶1 μL，ddH_2O 16 μL，总体积20 μL，混匀，16 ℃连接过夜。

(七) 重组质粒转化大肠杆菌

1. 将10 μL连接产物加入含有200 μL大肠杆菌TOP10感受态细胞的1.5 mL离心管中，混匀，在42 ℃水浴中热激90 s，然后迅速转移到冰上，放置2 min。

2. 加入800 μL LB液体培养基，37 ℃、200 r/min振荡培养1 h。

3. 取100 μL转化菌液涂布到含有25 μg/mL Zeocin的LB低盐平板上，37 ℃恒温培养箱中培养16 h。

4. 用无菌牙签或接种环挑取单菌落提取质粒，进行酶切验证，筛选出重组菌。

(八) 重组质粒的线性化

1. 挑取重组大肠杆菌单菌落接种于20 mL含25 μg/mL Zeocin的LB低盐液体培养基中，37 ℃振荡培养过夜(16～18 h)。

2. 提取重组质粒。

3. 采用限制性内切核酸酶*Sac* Ⅰ进行质粒的线性化。酶切反应体系：重组质粒20 μL，10×缓冲液10 μL，*Sac* Ⅰ 3 μL，ddH_2O 17 μL，总体积50 μL，混匀，37 ℃酶切2～4 h。

4. 回收目的片段，于－20 ℃保存备用。

(九) 线性化重组DNA转化酵母菌细胞

采用Invitrogen公司的*Pichia*酵母菌转化试剂盒，操作如下：

1. 挑取酵母菌细胞单菌落接种于10 mL YEPD液体培养基中，30 ℃、200 r/min振荡培养过夜，接种1%于另一10 mL YEPD液体培养基中，30 ℃、200 r/min振荡培养4～6 h，至OD_{600}值为0.6～1.0。

2. 将菌液转入一无菌离心管中，室温下2 500 r/min离心5 min，弃上清液。

3. 重悬液体于10 mL溶液Ⅰ中，室温下2 500 r/min离心5 min，弃上清液，再重悬细胞于1 mL溶液Ⅰ即为酵母菌感受态细胞。

4. 取50 μL酵母菌感受态细胞，加入3 μg线性化的质粒DNA，再加入1 mL溶液Ⅱ，在旋涡振荡器上充分混匀。

5. 将离心管在30 ℃静置1 h，每15 min翻转离心管1次，使溶液混匀。

6. 于42 ℃温育10 min，将离心管中的溶液分装两个离心管(平均每管约525 μL)，每管中加入1 mL YEPD液体培养基，30 ℃静置1 h。

7. 在2 500 r/min下离心5 min，弃上清液，将沉淀悬浮于100～150 μL溶液Ⅲ中，混匀，涂布YEPD平板(含有100 μg/mL Zeocin)，30 ℃培养2～4 d。

(十) 重组酵母中纳豆激酶基因的诱导表达

1. 配制YEPD培养基，将培养基成分中的葡萄糖配制成一定浓度的溶液，与其

他成分分别灭菌，然后按照 YEPD 培养基成分中葡萄糖原浓度减半的量将葡萄糖加入培养基中。

2. 挑取重组酵母菌单菌落接种到 20 mL 葡萄糖量减半的 YEPD 培养基中，30 ℃，200 r/min 振荡培养 24 h，加入 1% 过滤除菌后的甲醇进行诱导，以后每隔 24 h 添加甲醇一次。

3. 72 h 后将 1 mL 发酵液于 30 ℃，10 000 r/min 离心 10 min，取上清液点样于纤维蛋白平板上，观察是否有溶纤圈。

五、注意事项

1. 毕赤酵母的生长温度及发酵表达温度都必须控制在 30 ℃，过高的培养温度会使细胞生长受到抑制。

2. 如果甲醇诱导 72 h 的发酵产物在纤维蛋白平板上观察不到溶纤圈，可适当延长诱导时间至 84～96 h。

第十五章　环境微生物应用技术

实验一　酚降解菌的分离筛选、降解能力的定量测定及菌种鉴定

一、实验目的

学习酚降解菌对苯酚降解能力的测定方法；掌握对细菌菌株进行菌种鉴定的基本方法。

二、实验原理

苯酚是一类广泛存在于自然界的芳香族化合物。苯酚及其衍生物是很多物质的组成成分，如茶叶、葡萄酒及烟草的燃烧物。动物粪便、腐殖质中也存在苯酚，苯酚还是苯光氧化的产物。环境中的酚类物质是人为起源或者说是外源性的，因此酚也是一种主要的环境污染物，大多数具有较强的毒性及致癌与致突变作用。然而苯酚在石油炼油厂、气体和焦炉工业、制药、易爆品制造、甲醛树脂生产、塑料和油漆行业及相关的冶金工业等领域都有着非常广泛的应用。资料显示，许多工业废物中酚的浓度高达 10 g/L。含酚废水通常会污染水源和土壤，导致鱼虾死亡，抑制农作物的生长。酚类物质一般都有较好的脂溶性，对人的皮肤黏膜有较强的腐蚀性，可以在人体和动物的脂肪组织内积蓄，从而造成长期的危害，还可以作用于中枢神经而引起痉挛，对人类的健康造成严重的威胁。因此，苯酚被列入有毒污染物名单，许多国家都制定了严格的含酚废水排放标准，世界卫生组织规定饮用水中含挥发性酚的浓度为 1 μg/L，水源水体中含酚最高允许浓度为 2 μg/L。

由于成本较低并且具有将其完全矿化的可能性，酚类物质的生物降解法具有更大的优势。在自然环境中，特别是在土壤中，存在着大量的可以降解代谢芳香族化合物的微生物，包括细菌、酵母菌和真菌。许多研究表明一些微生物可以利用苯酚等物质作为碳源而生长。报道较多的主要有农杆菌属、伯克霍尔德菌属、不动杆菌属、假单胞菌属、芽孢杆菌属、克雷伯杆菌属、苍白杆菌属和红环菌属。

不同种属的微生物使苯环开环裂解的途径不尽相同，但对苯酚的降解的途径主要有两条(见图 15.1)：一是邻苯二酚-2,3-加氧酶途径；二是邻苯二酚-1,2-加氧酶途径。苯酚首先在羟化酶(反应的关键酶)作用下生成邻苯二酚，苯酚羟化酶是一种依赖于 NADPH 的电子传递蛋白，它传递一个氧原子给苯环从而形成了邻苯二酚，而后通过邻苯二酚-1,2-双加氧酶(C12O)催化的邻位途径开环转化为粘糠酸，

或者经由邻苯二酚-2,3-双加氧酶(C23O)催化的间位开环反应转化为2-羟基粘糠酸半醛(2-HMS),这一反应是微生物降解苯酚的关键限速步骤。大多数芳香族化合物在微生物降解过程中的开环步骤也是由这两种关键酶催化完成的。其代谢产物随后会进入生物体主要代谢的循环(如三羧酸循环)进行物质转化与能量传递。

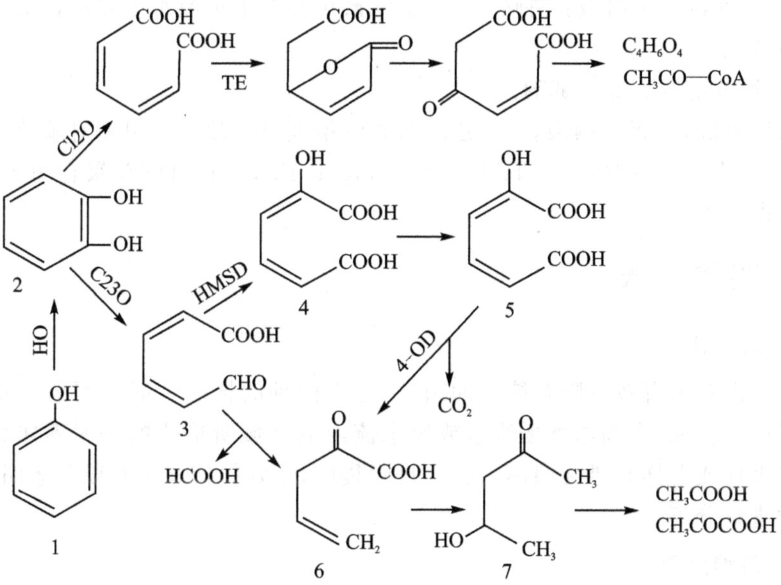

1—苯酚;2—邻二苯酚;3—2-羟基粘糠酸半醛;4—2-羟基粘酸;5—α-酮基二乙酸;6—2-氧代戊乙酸;7—乙二酸;HO—苯酚羟化酶;C23O—邻苯二酚-2,3-双加氧酶;C12O—邻苯二酚-1,2-双加氧酶;HMSD—2-羟基粘糠酸羟化酶;4-OD—4-氧化代脱羧酶;TE—粘糠酸内酯酶

图 15.1　微生物对苯酚的降解途径

三、实验材料

(一) 培养基

1. 富集培养基(1 L):葡萄糖 5 g,蛋白胨 5 g,NaCl 5 g,牛肉膏 3 g,酚浓度为 100 mg/L,pH 值为 8.0。

2. 筛选基础培养基(1 L):NH_4Cl 10 g,NH_4NO_3 4 g,$K_2HPO_4 \cdot 3H_2O$ 0.2 g,KH_2PO_4 0.8 g,$MgSO_4 \cdot 7H_2O$ 0.2 g,添加 0.1%的酚作为唯一碳源与能源物质。

3. 降解用无机盐培养基(1 L):NaCl 1 g,$K_2HPO_4 \cdot 3H_2O$ 1 g,$MgSO_4 \cdot 7H_2O$ 0.4 g,NH_4Cl 0.5 g,添加 0.1%的酚作为唯一碳源。

(二) 试　剂

1. 用于苯酚浓度测定的试剂。

(1) 苯酚标准液:精确称取 1 g 的苯酚溶于蒸馏水中,移入 1 L 容量瓶中,稀释至标线,并储存于棕色瓶中。置冰箱内 4 ℃保存,可保存一个月。

(2) 20%氨性氯化铵缓冲溶液：称取20 g氯化铵溶于浓氨水中，用浓氨水定容至100 mL，调节此缓冲液pH值为9.8，储存于具有橡皮塞的瓶中，置于冰箱中备用。

(3) 2% 4-氨基安替比啉溶液：精确称取4-氨基安替比啉2 g溶于蒸馏水中，并用蒸馏水定容至100 mL，储存于棕色瓶中，此溶液应该现用现配。

(4) 8%铁氰化钾溶液：精确称取8 g铁氰化钾溶于蒸馏水中并定容至100 mL，最好现用现配。

2. 菌种鉴定所需部分试剂。

结晶紫染液，卢哥氏碘液，95%乙醇与番红染液，1%盐酸二甲基对苯撑二胺，3% H_2O_2，DNA提取试剂盒，50×TAE与0.5 mg/L EB，引物、DNA聚合酶等PCR试剂用于显微镜等。

四、实验方法

(一) 采　样

对于获得对酚有较好降解能力的菌株，分离菌种的样品一般采用酚类物质含量较高的环境。例如，含高浓度酚废水或废水流经的区域所形成的污泥等样品。采样后立即将水样或泥样装进无菌离心管或自封袋中，最好保持在4 ℃以下运回实验室，然后及时进行分离。

(二) 菌种分离

(1) 富集培养。将采集到的样品取5 g放进装有数粒小玻璃珠的45 mL含酚浓度为100 mg/L的富集培养基的三角瓶中，于150 r/min，30 ℃振荡培养，富集24～72 h。

(2) 分离纯化。取经富集培养的菌液，用无菌水依次稀释梯度为10^{-1}、10^{-2}、10^{-3}、10^{-4}、10^{-5}与10^{-6}的稀释液，然后每个稀释度的稀释液取0.2 mL涂布于筛选培养基琼脂平板上，倒置放于30 ℃的恒温培养箱中培养2～7 d，每个稀释度做3个重复，挑取单菌落在新的琼脂平板上画线，分离纯化，直至得到菌株的纯培养。

(三) 菌种的保存

将纯化后的单一菌株部分接种于筛选培养基斜面上，4 ℃保存，供后续的形态观察及生理化鉴定使用。另一部分菌株接种至新鲜液体筛选培养基试管中，置于30 ℃摇床振荡至对数期。取菌液注入无菌甘油管中，使甘油最终浓度为20%～30%，−70 ℃保存备用。

(四) 菌株降解酚能力的测定

1. 苯酚浓度的测定方法。

采用4-氨基安替比啉分光光度法测定苯酚浓度。原理为：在pH(10.0±0.2)介质中，当铁氰化钾存在时，酚类化合物会与4-氨基安替比啉发生反应，生成橙红色的吲哚酚安替比啉，该物质的水溶液在510 nm处有最大吸收峰。

标准曲线绘制：取一组 8 支 50 mL 刻度管，分别加入 0 mL、0.5 mL、1.0 mL、3.0 mL、5.0 mL、7.0 mL、10.0 mL 与 12.5 mL 的酚标准液，加水至 50 mL 标线。加 0.5 mL 缓冲液，混匀，此时 pH 值为 10 左右。加 4-氨基安替比啉溶液 1 mL，混匀。再加 1 mL 铁氰化钾溶液，充分混匀后，静置 10 min 后，以水为空白对照，用分光光度计测定 OD_{510} 的值。以酚浓度为横坐标，OD_{510} 处的吸光度为纵坐标绘制标准曲线。

2. 培养液中苯酚浓度的测定。

将分离得到的能够降解酚的菌分别接种到苯酚浓度为 500 mg/L 的无机盐培养液中，分别取 0 h、24 h、48 h 与 96 h 培养液 2 mL，以 8 000 r/min 离心 10 min，取上清液 0.5 mL 置于 50 mL 的刻度管中，测定培养液中苯酚的浓度。若读数过大则进行适当稀释，使其读数为 0.2～0.8。根据苯酚标准曲线得出相应的苯酚浓度，分析数据，判断各个菌株降解苯酚能力的大小。

3. 菌株对苯酚的降解率计算如下：

苯酚降解率＝(起始苯酚浓度－培养液苯酚终浓度)/起始苯酚浓度×100%

(五) 高效酚降解菌菌株的鉴定

1. 表型及生理生化性质的鉴定。

菌体表型特征观察通常借助光学显微镜及扫描电子显微镜完成。菌体的革兰氏染色反应、产氧化酶与接触酶特性、碳源利用及产酸情况，以及对大分子化合物的降解特性鉴定的具体方法可参考《细菌菌种鉴定手册》(东秀珠著)。

2. 16S rRNA 基因系统发育地位分析。

DNA 的具体提取步骤可按照提取试剂盒提供的步骤进行。引物一般采用通用引物 EUB1 与 EUB2，组成如下：

EUB1(Escherichia coli position 27－46)：5'－GAG AGT TTG ATC CTG GCT CAG－3'；

EUB2(Escherichia coli position 1476－1495)：5'－CTA CGG CTA CCT TGT TAC GA－3'。

PCR 扩增体系为：10×Taq 酶反应缓冲液 2.5 μL，dNTPs(10 mmol/L) 0.5 μL，正向引物(12.5 pmol/μL)0.5 μL，反向引物(12.5 pmol/μL)0.5 μL，Taq 酶(5 U/μL)0.4 μL，模板(水煮菌体模板)1.5 μL，加无菌 ddH_2O 至反应总体积 25 μL。

PCR 反应条件：① 94 ℃，3 min；② 94 ℃，45 s；③ 58 ℃，45 s；④ 72 ℃，2 min，②～④循环 30 次；⑤ 72 ℃，10 min；⑥ 4 ℃，维持。

PCR 扩增结束后，对 PCR 产物进行琼脂糖凝胶电泳检测。

3. 序列分析。

将测定的酚降解菌株的 16S rRNA 基因序列输入生物技术信息网页 http://

www.ncbi.nlm.nib.gov/进行序列分析,采用 BLAST 软件对序列进行同源性比较,还可以利用 Clustal W 与 MEGA 3.1 等软件进行多重序列比对,构建包含高效菌株的系统发育树,以确定目标菌株的系统发育地位(序列分析所涉及的参比菌株的基因序列可从 GenBank 上下载获得)。

实验二　木质素降解菌的分离纯化及木质素酶活性测定

一、实验目的

学习木质素降解菌分离、纯化的原理和方法;掌握木质素酶活性的原理和方法。

二、实验原理

木质素的分解是一个氧化的过程,需要多种酶的协同作用。木质素降解酶主要有 3 种:木质素过氧化物酶、锰过氧化物酶和漆酶,但并不是每种菌都产生这 3 种酶。除此之外,还有芳醇氧化酶、乙二醛氧化酶、葡萄糖氧化酶等也都参与木质素的降解或对其降解产生一定的影响。另外,细菌能产生两类新的酶:阿魏酸酯酶和对香豆酸酯酶。这两种酶作用于木质纤维素可产生阿魏酸和对香豆酸。这两类酶与木聚糖酶协同作用分解半纤维素-木质素结合体,但不矿化木质素。

自然界参与降解木质素的微生物种类包括真菌、放线菌和细菌。其中只有真菌能把木质素彻底降解为 CO_2 和水。降解木质素的真菌根据腐朽类型主要分为 3 类:白腐菌、褐腐菌和软腐菌。白腐菌——使木材呈白色腐朽的真菌,褐腐菌——使木材呈褐色腐朽的真菌,二者都属于担子菌纲,软腐菌属,半知菌类。白腐菌在侵蚀木质材料中的纤维素的同时,也攻击木质素的成分,并在木质材料中形成白色,在白腐菌菌丝下细胞壁会被分解出一条沟槽,它可按一定的顺序逐渐分解纤维素、半纤维素和木质素。褐腐菌主要对纤维素起作用而对木质素影响很小,而软腐菌降解多聚糖的作用优于对木质素的降解作用,它能够使木材变软失重,软腐木材干燥后为褐色,有裂缝,质量减轻,机械强度减弱。大多数软腐菌还可以从细胞腔向复合胞间层产生腐蚀。

降解木质素的细菌中放线菌类降解能力较强,包括链霉菌、节杆菌、小单胞菌和诺卡菌等。放线菌对木质素的主要作用是在降解过程中可以增加它的水溶性。其中属于链霉菌的丝状细菌降解木质素最高可达 20%。

菌株是否具有木质素降解能力可根据特定的颜色反应进行判断。微生物若分泌木质素降解酶,则能与培养基中的指示剂愈创木酚发生反应,产生褐色的变色圈。但是该方法仅是一个定性的检测方法,必须经过酶活力测定来进行定量验证。在进行定量检测时,木质素过氧化物酶可以催化 H_2O_2 氧化 Azure - B 这种染料,使其

OD_{651} 降低。锰过氧化物酶可以催化 H_2O_2 氧化 Mn^{2+} 生成 Mn^{3+}，通过检测 OD_{240} 可以计算其活性。漆酶则通常以 2,2-连氮-双(3-乙基苯并噻唑-6-磺酸)(ABTS)为底物进行检测，在 OD_{420} 处具有最大吸收峰。

三、实验材料

1. 培养基。

(1) GU-PDA 平板培养基：先制作 PDA 培养基，其制作方法为取去皮土豆 200 g，切成 1 cm 左右小块，加入 1 L 蒸馏水，文火煮 30 min，冷却后用纱布过滤，滤液中加入葡萄糖 20 g，KH_2PO_4 3 g，$MgSO_4$ 1.5 g，琼脂 15～20 g 和维生素 B1，加热溶解，定容至 1 000 mL，调节 pH 值为 6.5。115 ℃灭菌 30 min 后，冷却至 60 ℃，加入过滤除菌的愈创木酚-乙醇溶液，使愈创木酚的最终浓度为 4 mmol/L，倒平板。

(2) 液体产酶培养基：酒石酸铵 0.2 g/L，葡萄糖 10 g/L，KH_2PO_4 2 g/L，$MgSO_4 \cdot 7H_2O$ 0.5 g/L，$CaCl_2$ 0.1 g/L，10 mL 微量元素溶液，0.5 mL 维生素溶液，加入 DMS(2,2-丁二酸二甲酯)至终浓度为 20 mmol/L，pH 值为 4.5。

微量元素溶液：氨基三乙酸 1.5 g/L，$MgSO_4 \cdot 7H_2O$ 3 g/L，$MnSO_4$ 0.5 g/L，NaCl 1 g/L，$FeSO_4 \cdot 7H_2O$ 0.1 g/L，$CoSO_4$ 0.1 g/L，$CaCl_2$ 0.082 g/L，$ZnSO_4$ 0.1 g/L，$CuSO_4 \cdot 5H_2O$ 0.01 g/L，$KAl(SO_4)_2$ 0.01 g/L，H_3BO_3 0.01 g/L，Na_2MoO_4 0.01 g/L。

维生素溶液(mg/L)：生物素 2 mg/L，叶酸 2 mg/L，维生素 B1 5 mg/L，维生素 B2 5 mg/L，维生素 B6 5 mg/L，盐酸盐 10 mg/L，维生素 B12 0.1 mg/L，烟酸 5 mg/L，DL-泛酸钙 5 mg/L，对氨基苯甲酸 5 mg/L，硫辛酸 5 mg/L。

以上培养基均在 115 ℃下灭菌 30 min。

(3) 0.125 mol/L 柠檬酸缓冲液(pH 值为 3.0)：0.125 mol/L 柠檬酸溶液为1 L 溶液中含 26.27 g 柠檬酸，0.125 mol/L 柠檬酸钠溶液为 1 L 溶液中含 36.76 g 柠檬酸钠，将柠檬酸钠溶液缓缓加入柠檬酸溶液中，不断搅拌，用 pH 计测定，直至 pH 值为 3.0。

(4) 0.16 mmol/L Azure-B 溶液：1 L 溶液中含 48.9 g Azure-B。

(5) 2 mmol/L H_2O_2 溶液：1 L 中含有 30%双氧水(8.82 mol/L)0.23 mL。

(6) 0.05 mol/L 乙酸缓冲液(pH 值为 4.5)：0.05 mol/L 乙酸溶液为 1 L 溶液中含冰醋酸(17.5 mol/L)2.86 mL，0.05 mol/L 乙酸钠溶液为 1 L 溶液中含 4.1 g 乙酸钠，将乙酸钠溶液缓缓加入乙酸溶液中，不断搅拌，用 pH 计测定，直至 pH 值为 4.5。

(7) 1.6 mmol $MnSO_4$ 溶液：1 L 中含有 0.24 g $MnSO_4$。

含 0.5 mmol/L ABTS 的 0.1 mol/L 乙醇缓冲液(pH 值为 5.0)：0.1 mol/L 乙酸溶液为 1 L 溶液中含冰醋酸(17.5 mol/L)5.72 mL，0.1 mol/L 乙酸钠溶液为 1 L 溶液中含 8.2 g 乙酸钠，将乙酸钠溶液缓缓加入乙酸溶液中，不断搅拌，用 pH 计测定,直至pH值为5.0,称取0.027 g ABTS溶于100 mL 0.1 mol/L乙酸缓冲液中。

2. 器材:恒温培养箱,超净工作台,高压蒸汽灭菌锅,电子分析天平,离心机,无菌移液管,三角瓶,玻璃珠,无菌打孔器,紫外/可见分光光度计,恒温水浴锅。

四、实验方法

(一) 样本采取

样本来自森林、公园的腐土和朽木样品,4 ℃保存。

(二) 菌株分离纯化

分别称取5 g样品捣碎后,加入装有50 mL 0.9%生理盐水和少量玻璃珠并经高压灭菌后的三角瓶中,振荡均匀后,进行逐渐梯度稀释。取0.1~0.2 mL经适当梯度稀释的样品溶液涂布于GU-PDA分离平板上,于28 ℃培养4~5 d。观察,挑取菌落周围产生褐色变色圈的菌落,画线培养于分离平板上,并通过反复平板画线进行分离纯化,直至获得纯菌株;然后将纯菌株接种到GU-PDA斜面培养基上,于28 ℃下恒温培养4 d后,放入4 ℃冰箱保存备用。

(三) 菌株复筛

从斜面培养基上将初筛产生变色圈的菌种接种到GU-PDA培养基平板上,于28 ℃恒温培养数天,直到获得大量成熟的孢子;打下直径1 cm的菌塞接入装有30 mL液体产酶培养基的150 mL三角瓶中,于28 ℃恒温静止培养7 d,取样测定发酵液中的酶活力,平行操作3次,取平均值。

(四) 各种木质素酶活力的测定

1. 粗酶液的制备。发酵液于5 000 r/min下离心15 min后的上清液即为粗酶液。

2. 木质素过氧化物酶活力的测定。以在H_2O_2存在下氧化Azure-B染料的脱色情况来表示过氧化物酶的活力。其方法为:0.125 mol/L柠檬酸缓冲液(pH值为3.0)1 mL,0.160 mmol/L Azure-B溶液0.5 mL,粗酶液0.5 mL,在30 ℃下加入2 mmol/L H_2O_2溶液0.5 mL启动反应,测反应最初3 min内OD_{651}的减小速率。以每分钟每毫升粗酶液降低0.1个OD的酶量为1个酶活力单位。

3. 锰过氧化物酶(MnP)活力的测定。0.05 mol/L乙酸缓冲溶液(pH值为4.5)3.42 mL,1.6 mmol/L $MnSO_4$溶液0.1 mL,0.4 mL粗酶液,预热至37 ℃后加入2 mmol/L H_2O_2溶液0.08 mL启动反应,测反应最初3 min内OD_{240}值的变化。以每分钟生成1 μmol产物的量定义为1个酶活力单位。

4. 漆酶活力的测定。含0.5 mmol/L ABTS的0.1 mol/L乙酸缓冲液(pH值为5.0)2 mL,加入1 mL粗酶液后启动反应,测定OD_{420}值的变化。以每分钟生成1 μmol产物的量定义为1个酶活力单位。

实验三 木质纤维素废弃物制备燃料乙醇

一、实验目的

学习纤维乙醇生产的关键工艺技术;掌握纤维乙醇稀酸预处理、酶水解和乙醇发酵工艺过程。

二、实验原理

随着新能源研究热潮的到来,涌现出许多新的绿色能源,如燃料乙醇、燃料丁醇、生物柴油、生物制氢等。其中,燃料乙醇由于无污染、可再生被公认为是最有前景的新能源之一,是化石类燃料的理想替代品。目前乙醇发酵微生物菌种均不能直接利用木质纤维素,木质纤维素需先经过预处理和水解糖化成为单糖(葡萄糖、木糖、阿拉伯糖等)后再经过酵母菌的乙醇发酵才可以得到乙醇。因此,纤维乙醇的生产步骤主要包括原料预处理、水解糖化、乙醇发酵和产物提取等过程。

三、实验材料

1. 菌种:酿酒酵母。

2. 原材料:玉米秸秆,自然风干,粉碎至10目过筛。

3. 培养基。

(1) 固体斜面培养基:200 g黄豆芽加入1 L蒸馏水中,煮沸30 min后过滤得滤液,加入蔗糖20 g,琼脂20 g,定容至1 L,pH值为5.0~5.5。121 ℃灭菌15 min。

(2) 种子培养基:200 g黄豆芽加入1 L蒸馏水中,煮沸30 min后过滤,滤液中加蔗糖20 g,定容至1 L,pH值为5.0~5.5。250 mL锥形瓶装50 mL培养基,121 ℃灭菌15 min。

(3) 发酵培养基:玉米秸秆纤维水解液1 L,酵母膏3 g,蛋白胨5 g,尿素0.2 g,磷酸氢二铵0.1 g,pH值为5.0~5.5。121 ℃灭菌15 min。

4. 试剂:1%稀硫酸(质量比),10 mol/L NaOH,纤维素酶,木聚糖酶。

5. 器材:高效液相色谱(Agilent 1200series),三角瓶,酒精灯,摇床等。

四、实验方法

(一) 纤维水解液制备

1. 玉米秸秆预处理。称取玉米秸秆粉10 g至300 mL三角瓶中,按1∶8的固液比加入80 mL 1%稀硫酸,用封口膜封口,121 ℃高温预处理1 h。

2. 玉米秸秆酶解糖化。玉米秸秆经稀硫酸水解后用10 mol/L的NaOH调节pH值至4.8,按10 FPU/g秸秆加入纤维素酶,按200 U/g秸秆加入木聚糖酶,

48 ℃、120 r/min 摇床振荡水解 48 h。

3. 秸秆水解液过滤。玉米秸秆水解糖化结束后用滤纸过滤,除去未糖化的秸秆残渣,滤液即玉米秸秆水解液。

(二) 培养基的制备与灭菌

按照发酵培养基的配方在玉米秸秆水解液中添加酵母膏、蛋白胨、尿素、磷酸氢二铵等成分,然后用 10 mol/L 的 NaOH 调节 pH 值为 5.0~5.5,按每瓶装液量为 50 mL 分装到 250 mL 的三角瓶中,封口后,121 ℃灭菌 15 min,备用。同时取过滤后的糖化液,稀释到合适的倍数,用液相色谱测定其还原糖含量和木糖含量。

(三) 纤维乙醇发酵

1. 种子液的制备。将酿酒酵母菌接种于固体斜面,于 30 ℃培养 48 h。然后取 3 环活化的酵母菌接种于液体活化培养基中,30 ℃、150 r/min 摇床培养 16 h。

2. 纤维乙醇发酵。以 10%的接种量将活化菌种培养液接入玉米秸秆水解液培养基中,30 ℃静置发酵。发酵过程中每 12 h 取样 2 mL,4 ℃、12 000 r/min 离心,取上清液储存于−20 ℃冰箱,待测。

(四) 测定方法

采用高效液相色谱法(HPLC)(Agilent 1200series)测定发酵液中的乙醇、葡萄糖和木糖的含量。HPLC 的测定条件如下:以 5 mmol/L H_2SO_4 为流动相,色谱柱为 Aminex HPX-87H(Bio Rad Laboratories,USA),流速为 0.6 mL/min,柱温为 55 ℃,进样量为 10 μL,检测器为 Refractive Index(RI)。

实验四　石油污染土壤的微生物修复

一、实验目的

比较不同微生物对石油污染土壤的修复能力;掌握气相液相色谱仪的适用原理及操作方法。

二、实验原理

我国作为石油生产、消费大国,由于生产条件、环保技术等方面相对落后,石油污染问题相当突出。据统计我国每年有 60 万吨石油经跑、冒、滴、漏途径进入环境,对土壤、地下水、地表水等造成污染。石油污染土壤的微生物修复技术通常包括两种类型,即原位修复技术和异位修复技术。其中微生物原位修复技术主要包括投菌法、生物培养法及生物通风处理法等。微生物异位修复技术主要有土耕法、生物堆制法、土壤堆肥法、生物泥浆法等。

可以降解石油的微生物主要包括细菌、真菌、酵母菌和藻类。目前已知能降解石

油中各种烃类的微生物有100余属、200多种。微生物修复技术是利用土壤中的土著菌或向污染土壤中接种选育高效降解菌，在优化的环境条件下，加速石油污染物的降解。

石油及其产品在紫外线区都有特征吸收，带有苯环的芳香族化合物主要吸收波长为260 nm，一般原油的吸收波长为225 nm及254 nm，带有共轭双键的化合物主要吸收波长为230 nm。其他油品如燃料油、润滑油等的吸收波长也与原油相近。不同产地的石油样品吸收值不同。将实验样品用石油醚进行稀释即可采用紫外分光光度法对石油含量进行测定。

三、实验材料

1. 石油来源：原油。

2. 自行制备污染土壤：选择原油作为石油污染的代表物，为使石油与土壤充分、均匀地混合，原油以石油醚(30～60 ℃)作为溶剂，与土壤充分混合，通风吹脱石油醚，制成石油污染土壤。

3. 混合菌种：细菌包括假单胞菌和芽孢杆菌；真菌包括短刺小克银汉菌和毛酶；放线菌包括链霉菌。

4. 培养基：选择性培养基包括 $MgSO_4$ 2 g/L，KH_2PO_4 1 g/L，NH_4NO_3 302.5 g/L，石油 40～50 g/L，琼脂 20 g/L，以及查氏培养基，肉汁蛋白胨培养基，高氏一号培养基。

5. 试剂：$MgSO_4$，KH_2PO_4，NH_4NO_3，NaCl，KNO_3，$FeSO_4 \cdot 7H_2O$，琼脂粉，蔗糖，酵母膏，牛肉膏，蛋白胨，可溶性淀粉，蒸馏水，石油醚，无菌滤纸等。

6. 器材：紫外/可见分光光度计，气相色谱分析仪，pH计。

四、实验方法

(一) 石油降解菌株的筛选及优势降解菌的培养

1. 降解石油菌种的筛选。以原油为唯一碳源，采用选择性培养基进行筛选。

2. 降解石油菌种的复筛。将小片无菌滤纸放入上述已涂石油的平板上，挑菌点在小滤纸片上，置30 ℃培养箱中倒置培养24 h后，观察小纸片周围，颜色变浅的为石油降解菌。

(二) 紫外分光光度法测降解率

任选两株筛选的菌种及实验室提供的混合菌种接入相应的含石油污染土壤的液体培养基中，28 ℃培养5 d，取上清液 OD_{260} 下测定石油浓度 C，以含等量石油醚的培养基做对照，初始浓度 C_0 为含石油污染土壤的上清液在 OD_{260} 下的吸收值，将结果记录下来，根据公式计算石油降解率。

(三) 不同培养条件对微生物(混合菌种)修复石油污染土壤的影响

以选择性培养基为基础，分别对不同培养条件进行单因素实验，用紫外分光光度法测定降解率,以选择最佳降解条件,并测定最有条件下的原油降解率。

1. pH值。初始pH值分别设定为4、5、6、7、8、9、10,摇床转速设为150 r/min,28 ℃培养5 d。

2. 摇床转速。培养时转速设定值分别为100 r/min、150 r/min、200 r/min和250 r/min。培养基初始pH值调至7.0,28 ℃培养5 d。

3. 培养温度。将几组菌分别在20 ℃、25 ℃、28 ℃和30 ℃下进行培养。培养基初始pH值调至7.0,150 r/min下培养5 d。

4. 培养时间。培养时间分别设定为1 d、3 d、5 d、7 d、9 d。培养基初始pH值调至7.0,28 ℃、150 r/min培养。

5. 最佳氮源。同时选择$NaNO_3$、KNO_3、$(NH_4)_2SO_4$和NH_4Cl四种氮源进行试验。

6. 最佳磷源。K_2HPO_4和KH_2PO_4作为磷源进行试验。

(四)气相色谱法分析石油降解情况

可以用气质联用的方法分析原油中烃类成分,分析不同组别的石油降解菌对石油组分的分解情况。测定降解前原油的组分和降解后的组分,分析易降解组分。执行标准为SY/T 5779—1995《原油全烃气相色谱分析方法》。测试条件为:色谱柱为弹性石英毛细柱30 cm、OV-1、内径0.22 mm;检测器为氢火焰离子化检测器,温度为320 ℃;气化室温度为310 ℃,柱温为50~310 ℃,速率为6 ℃/min;氢气为30 mL/min,空气为300 mL/min;分流为30 mL/min。

五、注意事项

1. 紫外/可见分光光度计测量应注意,空白溶液与供试品溶液必须澄清,不得有浑浊;如有浑浊,则应预先过滤,并弃去初滤液;待数值稳定后进行读数。

2. 筛选过程中应注意无菌操作,以防其他杂菌生长,混淆实验结果。

3. 配制不同pH值的培养基时应使用pH计准确进行调节。

实验五 微生物絮凝剂产生菌的筛选及絮凝剂成分分析

一、实验目的

掌握微生物絮凝剂产生菌的分离过程及方法;掌握絮凝剂絮凝活性的测定方法。

二、实验原理

当前水处理的方法有很多种,如吸附、化学氧化、电渗析、离子交换等,而针对水中的胶体和悬浮物颗粒来说,絮凝沉淀法是一种较为有效且成本较低的预处理方法。

该方法用到的絮凝剂是一类使液体中不易沉降的悬浮颗粒凝聚沉淀的物质，现已广泛应用于水处理、食品工业和发酵工业中。

絮凝剂一般可分为无机絮凝剂、有机絮凝剂及生物絮凝剂。前两者是传统的絮凝剂，目前使用的絮凝剂主要有两类：一类是以铝系、铁系混凝剂为代表的无机高分子类；另一类是以丙烯酰胺为代表的合成有机高分子絮凝剂。然而这两类絮凝剂都存在较大不安全性和潜在的二次污染的问题。例如，无机絮凝剂中铝离子容易引起老年痴呆症；铁盐絮凝剂对设备有腐蚀作用，并极易形成某些难溶的化合物沉淀。有机合成高分子絮凝剂聚丙烯胺多聚体虽本身没毒性，但其难降解性又带来了二次污染，且聚合单体丙烯酰胺具有强烈的神经毒性，是强致癌物。生物絮凝剂具有高效、安全、无毒害等优点，从而越来越受到人们的关注，是陆续开始使用的新型絮凝剂。

微生物絮凝剂一般可以分为3类。第一类是利用微生物细胞壁提取物的絮凝剂，如葡聚糖、蛋白质、褐藻酸等。第二类是利用微生物细胞代谢产物的絮凝剂，如多肽、脂类、蛋白质等。第三类是直接利用微生物细胞的絮凝剂，如某些细菌、霉菌、酵母菌等，它们大量存在于活性污泥、土壤和沉淀物中。其中微生物胞外絮凝剂絮凝效果好，易于提取分离，是现在生物絮凝剂的主要研究方向。絮凝剂产生菌包括细菌、真菌、藻类和放线菌，其合成絮凝剂的成分各自不同，包括糖、蛋白质、DNA、RNA、糖脂、糖蛋白等几大类，其中以多糖和糖蛋白最为普遍。近年来，研究者们利用傅里叶红外光谱、核磁共振等技术研究絮凝剂的基团结构，发现微生物絮凝剂的主要成分中含有亲水的活性基团，如羟基、羧基、甲氧基等。不同的微生物产生的絮凝剂的种类、分子结构、分子质量等有所不同，一般来讲分子质量越大，絮凝活性越高，线形结构的大分子絮凝效果越好。细胞的年龄也影响絮凝活性，通常絮凝剂产生菌处于培养后期，细胞表面疏水性增强，产生的絮凝活性也高。在众多影响发酵生产微生物絮凝剂的因素（氮源、碳源、碳氮比、培养基的初始pH、无机盐、温度等）中，碳氮比是影响生物产生絮凝剂的一个重要因素，而絮凝剂的投加量、助絮凝离子的添加和pH则是影响生物絮凝剂絮凝时生物活性的主要因素。

三、实验材料

1. 样品：采用污水处理厂的活性污泥。

2. 培养基。

（1）发酵培养基：酵母粉0.5 g，葡萄糖15 g，尿素0.5 g，$MgSO_4 \cdot 7H_2O$ 0.2 g，NaCl 0.1 g，KH_2PO_4 1.0 g，$FeSO_4 \cdot 7H_2O$ 0.01 g，水1 000 mL，pH值为7.2～7.5。

（2）分离培养基：酵母粉5 g，蛋白胨10 g，NaCl 10 g，葡萄糖15 g，琼脂16 g，水1 000 mL，pH值为7.2～7.5。

3. 试剂。

（1）多糖含量测定相关溶液。

① 葡萄糖标准液：准确称取干燥恒重葡萄糖100 mg，用去离子水定容至

100 mL,获得1 mg/mL的葡萄糖储存液,摇匀后准确吸取10 mL,用去离子水稀释定容至100 mL,即得100 μg/mL的葡萄糖标准液。

② 苯酚溶液:准确移取苯酚6 mL,用去离子水定容至100 mL,即得6%苯酚液,棕色瓶避光保存。

(2) 蛋白质含量测定相关溶液。

①溶液A:0.5 g $CuSO_4 \cdot 5H_2O$ 和1 g $Na_3C_6H_5O_7 \cdot 2H_2O$ 加双蒸水至100 mL。

② 溶液B:20 g Na_2CO_3 和4 g NaOH加双蒸水至1 L。

③ 溶液C:1 mL溶液A和50 mL溶液B。

④ 溶液D:10 mL Folin-酚试剂和10 mL双蒸水。

⑤ 牛血清白蛋白标准液:称取25 mg牛血清白蛋白,溶于100 mL蒸馏水中,使最终浓度为250 μg/mL。

(3) DNA含量测定相关溶液。

① DNA标准溶液:取小牛胸腺DNA钠盐以0.01 mol/L NaOH溶液配置成200 μg/mL的溶液。

② 二苯胺溶液:称取纯二苯胺(若不纯,需在70%乙醇中重结晶2次)1 g溶于100 mL分析纯的冰醋酸中,再加入10 mL过氯酸(60%以上),混匀待用。当所用药品纯净时,配得试剂应为无色,临用前加入1 mL 1.6%乙醛溶液(乙醛溶液应保存于冰箱中,一周内可使用),棕色瓶储存。

4. 器材:恒温培养箱,高压灭菌锅,分光光度计,电子天平,显微镜,摇床振荡器,无菌操作台,玻璃平皿。

四、实验方法

(一) 培养基的制备及灭菌

1. 无菌水的制备。在150 mL三角瓶中加入90 mL蒸馏水,放入20~40粒玻璃珠。另外,取5支试管装入9 mL的蒸馏水,塞上硅胶塞,包扎好,灭菌备用。

2. 分离培养基制备。按照上述分离培养基配方配置200 mL固体培养基,121 ℃灭菌20 min备用。

3. 分离平板制备。灭菌完成后,取出分离培养基,然后冷却至45 ℃左右,在无菌条件下,倾注于无菌培养皿内,其厚度约为0.3 cm。根据实验,直径为9 cm的培养皿一般倾注15~20 mL培养基为宜。

4. 发酵培养基。按照上述发酵培养基的配方配置发酵培养基,每150 mL三角瓶中加入30 mL发酵培养基,115 ℃灭菌30 min,备用。

(二) 絮凝剂产生菌的分离筛选

1. 样品稀释。称取10 g样品,以无菌操作加到90 mL无菌水(内有玻璃珠)中,

振荡，摇匀，浓度即为 10^{-1} 的菌液；静置片刻后，在无菌条件下，用微量移液器取 1 mL 上述菌液加入到一支装有 9 mL 无菌水的试管中，振荡，摇匀，浓度即为 10^{-2} 的菌液，依照此法分别制备 10^{-3}～10^{-6} 的菌液，备用。

2. 涂布平板。选取 10^{-4}～10^{-6}3 个浓度梯度的菌液，分别吸取 0.2 mL 菌液涂布于分离培养基平板上，每个稀释度涂 3 个平板作为平行，另外需要 3 个没有涂布样品的平板作为阴性对照。涂布完成后将涂布菌液的平板与对照平板一起放入 30 ℃ 恒温培养箱中倒置培养 48 h。

（三）絮凝剂产生菌初筛

1. 絮凝剂样品的制备。首先将分离到的菌株进行编号，然后用接种环分别将上述分离到的菌种接种到装有 30 mL 发酵培养液的 150 mL 三角瓶中进行预发酵培养，温度为 30 ℃，摇床转速为 160 r/min，18～24 h 后，按 2.5%的接种量将预发酵培养液接种到发酵培养基中进行发酵培养 72 h（温度和摇床转速与预发酵相同）。发酵完成后，将发酵液于 12 000 r/min 离心 10 min，取上清液作为絮凝剂样品，备用。

2. 絮凝产生菌的初选。在 100 mL 量筒中加入 93 mL 4 g/L 高岭土悬浊液，5 mL 1% $CaCl_2$，2 mL 培养液，将量筒颠倒 3～5 次，目测，使高岭土悬浊液絮凝成较大絮状体的为有絮凝活性的菌株。

（四）絮凝活性的测定

根据上述初筛的实验结果，选取絮凝能力较强的菌株，对所选菌株产絮凝剂的絮凝活性进行测定。本实验中，以絮凝率来表征该菌株产生絮凝剂的絮凝活性。具体方法如下：在 100 mL 量筒中加入 80 mL 蒸馏水、0.4 g 高岭土、5 mL 1%的 $CaCl_2$ 溶液、2 mL 絮凝剂样品，然后加蒸馏水至 100 mL，调节 pH 值至 7.0，溶液倒入 150 mL 烧杯中，放在磁力搅拌器上快速搅拌 1 min，慢速搅拌 3 min，静置 3 min，用吸管吸取一定深度的液层用分光光度计于 550 nm 处测定吸光度，以不加发酵液的吸光度为对照来确定菌株发酵液的絮凝程度。

$$絮凝率=(A-B)/A\times 100\%$$

式中：A 为对照上清液 OD_{550}；B 为样品上清液 OD_{550}。

（五）菌落特征及个体形态

对上述絮凝能力较强菌株的菌落特征和个体形态进行观察。其中菌落特征包括菌落的大小、性状、表面结构、透明度、颜色等，个体形态指微生物的个体大小、形态等。观察完毕后，对分离到的絮凝能力强的菌株进行保存。

（六）絮凝剂的提取

1. 选取上述分离到的絮凝能力较强的菌株，按步骤（三）所述条件进行培养，培养后，将发酵液于 6 000 r/min 离心 20 min 去除细胞残体，收集上清液。

2. 向上清液中加入 2 倍体积的预冷无水乙醇，然后迅速在 10 000 r/min，4 ℃下离心 10 min 收集沉淀。

3. 将收集到的离心产物溶解于少量 ddH_2O 中,4 ℃透析过夜(透析袋截留相对分子质量为 8 000)。

4. 透析后,利用冷冻干燥机将透析过的样品冻干,所得产物即絮凝剂产品。

(七) 硫酸-苯酚法沉淀多糖含量

1. 标准曲线的绘制。取 8 支干净的具塞试管分别加入不同体积的葡萄糖标准液 0 mL、0.1 mL、0.2 mL、0.4 mL、0.6 mL、0.8 mL、1.0 mL、1.2 mL,用去离子水补加至 2 mL,然后加 1 mL 苯酚溶液和 5 mL 浓硫酸,摇匀后放置 5 min,置沸水浴中加热 15 min,取出迅速冷却至室温,以 0 号作为空白对照,沉淀 OD_{490}。以葡萄糖浓度为横坐标(μg/mL),OD_{490} 为纵坐标,绘制标准曲线。

2. 待测样品中多糖含量的测定。将提取到的微生物絮凝剂用蒸馏水溶解,取溶解后的溶液,按标准曲线中的测定方法,测定吸光度 OD_{490},按照标准曲线计算微生物絮凝剂中多糖的含量。

注意:测定时根据光密度值确定取样的量,光密度值最好为 0.1~0.3。样品检测时,硫酸沿壁加入后需要立即摇匀。

(八) Lowry 法测蛋白质含量

1. 标准曲线的绘制。以牛血清白蛋白为标准液,制作标准曲线。取牛血清蛋白质 0 mL、0.1 mL、0.2 mL、0.3 mL、0.4 mL、0.5 mL、0.6 mL、0.7 mL、0.8 mL、0.9 mL、1.0 mL,用双蒸馏水样品稀释至 1 mL,配置成不同浓度的蛋白质标准液,分别加入 5 mL 溶液 C,混匀在室温下反应 10 min,加入 0.5 mL 溶液 D,混匀反应 20 min 后,用分光光度计测定 OD_{750}。以牛血清白蛋白浓度为横坐标,OD_{750} 为纵坐标,绘制标准曲线。

2. 待测样品中蛋白质含量的测定。将挑取到的微生物絮凝剂用去离子水溶解,取溶解后的溶液,按标准曲线中的绘制方法,测定吸光度 OD_{750},按标准曲线计算微生物絮凝剂中蛋白质的含量。

注意:各管加溶液 D 时必须快速并立即摇匀,不应出现浑浊。因为 Lowry 反应的显色随时间不断加深,所以各项操作必须精确控制时间。

(九) 二苯胺法测 DNA 含量

1. 标准曲线的绘制。以小牛胸腺 DNA 为标准液,制作标准曲线。分别取 0 mL、0.4 mL、0.8 mL、1.2 mL、1.6 mL、2.0 mL DNA 标准液,配置成不同浓度的小牛胸腺 DNA 溶液,分别加入 4 mL 二苯胺溶液,摇匀,60 ℃水浴保温 45 min,冷却至室温后,测定 OD_{595},然后以 DNA 浓度为横坐标、吸光度 OD_{595} 为纵坐标,绘制标准曲线。

2. 待测样品中 DNA 含量的测定。配置微生物絮凝剂溶液,按标准曲线中的测定方法,测定吸光度 OD_{595},根据标准曲线计算微生物絮凝剂中 DNA 的含量。

注意：二苯胺法测定 DNA 含量灵敏度不高，当待测样品中 DNA 含量低于 50 mg/L 时难以测定。

五、结果统计

记录分离得到的菌株及其絮凝能力，包括菌落形态、个体形态、是否有絮凝能力、絮凝率、多糖含量、蛋白质含量和 DNA 含量。

实验六　微藻生物的柴油制备

一、实验目的

学习微藻的培养和生长的测定方法；掌握微藻油脂的测定及提取方法。

二、实验原理

微藻是一类单细胞生物，能利用太阳光和 CO_2 进行光合自养。微藻可在淡水和海水中生长，一般微藻的含油量在 5%～20%，部分微藻的含油量为 50%～60%，有的甚至高达 80%。微藻对太阳能利用率高，个体小，生长繁殖迅速，对环境的适应能力强。微藻的产油率是油料作物(如大豆)的 30～100 倍，而且藻类生长在水体中，不占用耕地资源，也不依靠土壤特性，可高密度大规模生产(如生物反应器)。除了可以利用光能和 CO_2 进行正常的光和自养生长外，很多微藻还可以在无光条件下利用有机氮源，进行异养生长繁殖。

三、实验材料

1. 藻株：Chlorella minutissima UTEX2341。
2. 培养基：N8Y 培养基，IM 培养基。

四、实验方法

(一) 微藻的纯化培养及保存

取少量微藻藻种保存液在固体平板培养基画线，置 25 ℃光照恒温培养箱倒置培养，待长出单藻落后，挑取单藻落接种于液体培养基，置光照恒温培养箱静置培养。培养 4～7 d 后镜检确认无杂菌后，用于试验种子液。

取培养 4～7 d 的微藻培养液 10 mL 置 15 mL 玻璃管中，放置于 4 ℃冰箱低温无光保存。

(二) 微藻的培养

取培养 4 d 的微藻培养种子液，接种于 200 mL N8L 及 IM 培养基中，接种量

10%(注意：种子浓度 10^7～10^{10} 个/mL)，光照强度为 50 μmol/(m^2·s)，转速 250 r/min，培养温度 28 ℃，培养 7 d，每天取样测定其生物量和油脂积累量。

(三) 微藻细胞预处理剂油脂的提取

将 0.5 g 干燥体加入 20 mL 4 mol/L 的盐酸中，混匀后室温放置 30 min 后，沸水浴 3 min 后置冰上冷却。向上述处理的微藻细胞悬浮液中加入萃取剂进行萃取，萃取剂为氯仿/甲醇，体积比 1∶2。其具体步骤如下：将经过处理的藻液 20 mL 转移至 50 mL 的玻璃离心管中，加入等体积(20 mL)的萃取剂，充分混匀后，1 000 r/min 离心 10 min。取下层溶液于一预先称重的玻璃离心管中，置通风橱中通入氮气干燥。干燥后提取微藻油脂。

(四) 微藻油脂脂肪酸成分的分析

取 20～50 mg 的微藻油脂样品于玻璃管中，加入 4 mL 氯乙烯-醇(1∶10)溶液溶解。向上述溶液中加入 5 mL 正己烷及一定量的内标(正十九烷酸甲酯，C：19)，盖紧试管帽，80 ℃水浴 2 h。冷却至室温后，加入 5 mL 7%的 K_2CO_3 溶液，混匀，室温静置，待溶液分层后，取上层溶液进行气相色谱检测。

制备的待测样品使用 HP6890 气相色谱仪进行分析，使用氢火焰离子化监测仪，J&W DB-23 毛细管柱(65.0 m×250 μm×0.25 μm)。使用氦气作为载气，流量为 45 mL/min。进样口温度为 250 ℃，程序升温设置：初始温度 180 ℃，以 4 ℃/min 的速度升至 200 ℃，维持 15 min 后，再以 10 ℃/min 的速度升至 230 ℃，维持 6 min。

(五) 燃烧试验

取少量提取油脂放置于培养皿中，用火柴点燃，观察其燃烧情况。

实验七　彗星法测定化学物质对细胞的 DNA 毒性

一、实验目的

学习微生物细胞破壁技术；掌握彗星法检测和评价环境中的有毒化合物的方法。

二、实验原理

彗星实验又称单细胞凝胶电泳实验，是由 Ostling 等于 1984 年首次提出的一种通过检测 DNA 链损伤来判别遗传毒性的技术。它能有效地检测并定量分析细胞中 DNA 单、双链缺口损伤的程度。当各种内源性和外源性 DNA 损伤因子诱发细胞 DNA 链断裂时，其超螺旋结构受到破坏，在细胞裂解液作用下，细胞膜、核膜等膜结构受到破坏，细胞内的蛋白质、RNA 以及其他成分均扩散到电解液中，而核 DNA 由于相对分子质量太大不能进入凝胶而留在原位。在中性条件下，DNA 片段可进入凝胶发生迁移，而在碱性电解质的作用下，DNA 发生解螺旋，损伤的 DNA 断链及片段

被释放出来。由于这些 DNA 的相对分子质量小且变性为单链，所以在电泳过程中带负电荷的 DNA 会离开核 DNA 向正极迁移形成“彗星”状图像，而未受损伤的 DNA 部分保持球形。DNA 受损越严重，产生的断链和断片越多，长度也越大，在相同的电泳条件下迁移的 DNA 量就愈多，迁移的距离就愈长。通过测定 DNA 迁移部分的光密度或迁移长度就可以测定单个细胞 DNA 损伤程度，从而确定受试物的作用剂量与 DNA 损伤效应的关系。该法检测低浓度遗传毒物具有高灵敏性，研究的细胞不需处于有丝分裂期。同时，这种技术只需要少量细胞。

三、实验材料

1. 菌种：酵母菌。

2. 培养基：酵母菌完全培养基(CM)包括葡萄糖 2%，蛋白胨 2%，酵母膏 1%，KH_2PO_4 0.1%，$MgSO_4$ 0.05%，琼脂 2%，pH 值为 6.0，121 ℃灭菌 15 min。

3. 试剂。

(1) 缓冲液 A：0.1 mg/L pH 值为 6.0 磷酸盐缓冲液，115 ℃灭菌 15 min。

(2) 缓冲液 B(高渗)：缓冲液 A 加入 0.8mol/L 山梨醇或甘露醇，121 ℃灭菌 15 min。

(3) 混合盐液：1.2 mol/L KCl、0.02 mol/L $MgSO_4 \cdot 7H_2O$，121 ℃灭菌 15 min。

(4) 蜗牛酶：用高渗缓冲液配成 50 mg/mL 溶液。

(5) 1 mol/L 巯基乙醇、无菌生理盐水。

(6) 1%普通琼脂糖：取 100 mg 琼脂糖溶解在 10 mL PBS 缓冲液中。

(7) 1%低熔点琼脂糖：取 100 mg 琼脂糖溶解在 10 mL PBS 缓冲液中。

(8) 200 mL 裂解缓冲液：2.5 mol/L NaCl 29.22 g；100 mmol/L Na_2EDTA 7.44 g；1% N-月桂酰肌氨酸 2 g；10 mmol/L TRIS (pH 值为 10) 0.24 g；1%Triton 100 0.5 mL(裂解前立即加入)；10%DMSO 5 mL(在裂解前立即加入)。若不容易溶解，则搅拌后可加入 10 片 NaOH 以帮助溶解。

(9) 1.5 L 电泳缓冲液：300 mmol/L NaOH 12 g，溶解于 1.5 L 去离子水，0.5 mmol/L Na_2EDTA 18.6 g 溶解于 100 mL 去离子水(pH 值为 8)，在使用前将 3 mL 0.5 mmol/L Na_2 EDTA 与 300 mmol/L NaOH 混合。

(10) 200 mL 中和缓冲液：取 9.72 g TRIS 溶解于 200 mL 去离子水(pH 值用 HCl 调节至 7.5)。

(11) 制备 Fpg 酶反应缓冲液。

配方：40 mmol/L HEPES，0.1 M KCl，0.5 mmol/L Na_2EDTA，0.2 mg/mL 牛血清蛋白 BSA(BSA 100×，10 mg/mL)。

根据现有的 BSA 0.25 mL，有：0.2 mg/mL×Y＝10 mg/mL×0.25 mL，Y＝12.5 mL。

再根据 12 mL 缓冲液体积，计算缓冲液所需的试剂用量：① HEPES

(40 mmol/L) ,HEPES 称取 114.384 mg;② KCl(0.1 mol/L),KCl 称取 89.46 mg;③ Na_2EDTA(0.5 mmol/L),Na_2EDTA 称取 2.233 mg (首先称重 23.3 mg 溶解于 10 mL 蒸馏水,然后取 1 mL);④ BSA 吸取 240 μL。

配制方法:称取 HEPES、KCl、Na_2EDTA 混合,然后取 11 μL KOH 调至 pH 值为 8.0,再加入 240 μL BSA 和 760 μL 蒸馏水。用 KOH 调至 pH 值为 8,于−20 ℃下储存。

(12) Fpg 酶的准备。

配方:4 μL Fpg 酶,40 μL 甘油,360 μL 酶反应缓冲液。此时酶浓度为 100×。取 10 μL 分装到 38 个微量离心管,然后等分剩余的 610 μL 缓冲液到 19 个微量离心管中。此产品建议储存在−20 ℃条件下。两种等分样品需在−80 ℃ MEP16 样品盒中储存。使用时,取 300 μL 酶反应缓冲液与 Fpg 酶混合,作 1∶3 000 稀释后使用。

4. 器材:恒温箱,荧光显微镜,电泳装置,载玻片,锥形瓶,电磁炉,暗室,暗盒。

四、实验方法

(一) 酵母菌原生质体的制备

1. 将单倍体酵母菌接入 CM 锥形瓶中,置 30 ℃振荡培养 20 h,吸取 2 mL 菌液接入 30 mL 新鲜的液体 CM 中,继续振荡培养 6 h。

2. 上述菌液于 3 000 r/min 离心 10 min,用无菌生理盐水洗涤两次,调整并制成约 10^8 个/mL 的菌悬液。

3. 于无菌离心管中加入:① 菌悬液 2 mL;② 1 mol/L 巯基乙醇 0.1 mL;③ 缓冲液 C 0.4 mL;④ 混合盐液 1.6 mL;⑤ 蜗牛酶 1 mL(浓度 1%)。置 30 ℃水浴中处理约 60 min,镜检。

(二) 载玻片的制备

以热的 PBS(磷酸缓冲盐液)作母液,用 1%的琼脂糖包被载玻片——将 100 μL 琼脂糖均匀地铺展在温热的载玻片上(铺展需使用干净的载玻片)。完全干燥后的载玻片可以在室温条件下的气密箱中储存 1 周。

将 100 μL 细胞悬液加入到 300 μL 1%低熔点琼脂糖(保持在 37 ℃)中。将 100 μL 细胞琼脂糖混合液分次重复加在一个制备好的载玻片上,然后用盖玻片覆盖——使琼脂糖均匀地扩散(琼脂糖必须足够温暖以保持流体状态)。于 30 s 内,立即将制备好的载玻片置于冰块上,用白色卷纸覆盖,以固定琼脂糖,但是要注意避免使细胞破裂。

(三) 裂解细胞

准备两组载玻片,一组用于正常测定(不含 Fpg 酶),另一组含有 Fpg 酶以作对照。取下盖玻片,将盖玻片置于黑盒,并在 4 ℃的细胞裂解缓冲液中浸泡至少 1 h。用酶缓冲液将 Fpg 酶稀释至 1∶3 000,并在−4 ℃下储存在冰箱中。

（四）加酶处理

裂解后在 37 ℃下黑暗中孵育 30 min，并且加入：50 μL Fpg 酶，用酶缓冲液稀释 1∶3 000 稀释或 50 μL 不含酶的酶缓冲液，后者作为无酶处理的对照。将盖玻片置于琼脂糖上，进行孵育。

（五）孵　育

取出盖玻片并将盒中的载玻片移至黑暗环境在 4 ℃下凝固 30 min。在暗室中——用新制备的冷运行缓冲液填充电泳槽顶部的孔，并且注意将载玻片在不暴露于光的条件下，放置在具有磨砂边缘的槽的左手边。用电泳缓冲液覆盖电泳槽表面；盖上盖子，放置 40 min。

（六）电　泳

40 min 后，在黑暗中进行电泳，以 23 V 电压、280～300 mA 电流，进行电泳 20 min。如果电压不能保持在 23 V，则可通过调节液面来调电压。

（七）观　察

电泳后，小心地从槽中取出载玻片，加入冷的中和缓冲液，5 min 后，排出多余的缓冲液，用 25 μL 溴化乙锭溶液对载玻片染色，并盖上盖玻片。将玻片置于湿巾（用水湿润）上，并于 4 ℃密封盒中保藏。在 2 d 内进行分析。使用荧光显微镜和 Komet5.5 软件进行彗星分析，测量 100～200 个细胞的头部 DNA 百分含量和尾部 DNA 百分含量。

附　录

附录A　染色液的配置

1. 石炭酸复红染色液

A液：碱性复红(Basic Fuchsin)0.3 g，95％乙醇10.0 mL。

B液：苯酚(石炭酸)5.0 g，纯水95.0 mL。

配制方法：将碱性复红在非金属研钵中研磨后，逐渐加入95％的乙醇，继续研磨使之溶解，即为A液，以小烧杯为容器，称取苯酚，置于65 ℃的热水浴中，待溶解后再加入纯水，即为B液。把A液和B液混合得石炭酸复红。通常可将混合液稀释5～10倍使用。稀释液容易变质而失效，故每次不宜多配。

注意：苯酚是一种具有特殊气味的无色针状晶体，熔点43 ℃，常温下微溶于水，易溶于有机溶剂；当温度高于65 ℃时，能跟水以任意比例互溶。苯酚有腐蚀性，接触后会使局部蛋白质变性，其溶液沾到皮肤上可用酒精洗涤。苯酚暴露在空气中会被氧气氧化为醌而呈粉红色。

2. 美兰染色液

A液：美蓝(Methylene blue)0.3 g，95％乙醇30 mL。

B液：氢氧化钾0.01 g，纯水100 mL。

配制方法：将A液和B液混合得美兰染色液。

注意：美蓝，别名亚甲基蓝，其水溶液为碱性；低毒，避免皮肤和眼睛接触。

3. 革兰氏染色液

(1) 结晶紫染色液

结晶紫(Crystal Violet)1 g，95％乙醇20 mL，1％草酸铵水溶液80 mL。

配制方法：称取结晶紫，先将其溶解于乙醇中，然后与草酸铵溶液混合。

注意：结晶紫，也叫甲紫、甲基紫、龙胆紫，俗称紫药水，虽然目前的临床实践中已经很少使用结晶紫溶液，但是在各国和世界卫生组织的药品目录中，甲紫溶液仍然作为外用消毒剂存在。动物实验表明，长期口服可致肝癌。

(2) 路哥氏碘液

碘1 g，碘化钾2 g，纯水300 mL。

配制方法：将碘与碘化钾先进行混合，加少量纯水，充分振荡，待完全溶解后，再加纯水定容至300 mL。

注意：碘具有较高的蒸气压，在微热下即升华，纯碘蒸气呈深蓝色，若含有空气

则呈紫红色，并有刺激性气味，碘遇水也会发生反应，因此保存时要注意密封、避光、防水和低温。

(3) 蕃红染色液

蕃红(沙黄)0.25 g，95%乙醇 10 mL，纯水 90 mL。

配制方法：称取蕃红，并将其溶解于乙醇中，然后加入纯水混合。

4. 孔雀绿染色液

孔雀绿(Malachite Green)5 g，95%乙醇 100 mL。

配制方法：称取孔雀绿，加入乙醇混合。

注意：孔雀绿具有高毒素、高残留、高致癌、高致畸、致突变等副作用。

5. Bowin 氏固定液

苦味酸饱和液 5 份，福尔马林 25 份，冰醋酸 5 份。

配制方法：先取少量苦味酸，加热水制成饱和溶液，小量筒或移液管量出体积，然后取相同体积的冰醋酸与之混合，再取 5 倍于苦味酸体积的福尔马林(37%的甲醛溶液)与之混合，即得固定液。

注意：福尔马林，具有腐蚀性，且因内含的甲醛而挥发性很强，开瓶后就会散发出强烈的刺鼻味道，会强烈刺激眼膜和呼吸器官。苦味酸，化学名为 2,4,6-三硝基苯酚，是炸药的一种，纯净物室温下为略带黄色的结晶。受热，接触明火、高热或受到摩擦震动、撞击时可发生爆炸。因此其主要的化学性质是有很强的酸性，并具有强烈的苦味，故得名苦味酸。可经口鼻和皮肤吸入，引起急性或慢性中毒。

6. Tyler 法夹膜染色液

结晶紫 0.1 g，冰醋酸 0.25 mL，纯水 100 mL。

配制方法：称取结晶紫，先用纯水溶解，再加入冰醋酸，即得。

7. 契尔氏石炭酸复红鞭毛染色液

碱性复红 1 g，石炭酸(5%)100 mL，95%乙醇 10 mL。

配制方法：将碱性复红溶于乙醇中，再与石炭酸溶液混合，取上述契尔氏石炭酸复红染色液 1 mL 加 10 mL 纯水，即得稀释的石炭酸复红工作液。

8. 鞭毛染色媒染液

A 液：6% 一水合氯化铁 6 mL，10%丹宁酸水溶液 18 mL。

此液必须在使用前四天配好，可存放一个月，临用前用滤纸过滤。

B 液：A 液 3.5 mL，0.5%碱性复红乙醇液 0.5 mL，浓盐酸 0.5 mL。

此液必须按顺序先加入碱性复红乙醇液，后加入浓盐酸，且应现用现配，超过 15 h 则效果不好，24 h 则不能使用。

9. 0.5%碱性复红核染色液

碱性复红 0.5 g，95%乙醇 100 mL。

配制方法：称取碱性复红(碱性品红)加入95%的乙醇,放在搅拌器上,直到溶解。

注意：在水中溶解度为0.26%,在95%的乙醇中溶解度为5.93%。

10. 氯化汞核染色固定液

饱和氯化汞乙醇液约95 mL,5%冰醋酸约5 mL。

配制方法：这里的混合比例是个大约值,具体混合比例需要根据要观察的样本做预实验。前提是必须有足量的冰醋酸,才能避免氯化汞的收缩作用。

注意：氯化汞常温时微量挥发,可以经由呼吸道、消化道和皮肤侵入,可造成急慢性中毒,是疑似致癌物。实验室中少量 $HgCl_2$ 可以利用 Na_2S 来进行销毁($HgCl_2 + Na_2S = HgS\downarrow + 2NaCl$)。

由于HgS溶于过量硫化物中,所以往往需要加入硫酸亚铁进行共沉淀。

11. 吕氏(Loefflev)美蓝染色液

美蓝0.3 g,95%乙醇30 mL,0.01%氢氧化钾溶液100 mL。

配制方法：将美蓝溶解于乙醇中,再与氢氧化钾溶液混合。

12. 奈瑟氏(Neisser)异染颗粒染色液

A液：美蓝1 g溶于95%乙醇2 mL后,加冰醋酸5 mL及纯水95 mL,混合过滤。

B液：斯麦褐0.2 g溶于100 ℃纯水100 mL中,然后过滤。

配制方法：现用现配。

13. 苏丹黑-B液(Sudan black B)

苏丹黑B 0.5 g,70%乙醇100 mL。

注意：苏丹黑B是一种非常易燃、极度危险的化学物质,配制时要极为小心,防止皮肤和眼睛接触。

14. 乳酸石炭酸棉蓝染色液

乳酸-苯酚液：苯酚10 g,乳酸(密度为1.21 kg/m^3)10 g,甘油(密度为1.25 kg/m^3)20 g,纯水100 mL。

配制方法：将苯酚在水浴中加热到液态,然后加入乳酸和甘油。

15. Ringer氏溶液

氯化钠8.5 g,氯化钙0.12 g,碳酸氢钠0.2 g,氯化钾0.14 g,磷酸二氢钠0.01 g,葡萄糖2.0 g,纯水100 mL。

配制方法：先称取各化学物质,再将氯化钠用纯水溶解,之后将其他化学物质逐一加入,一个化合物溶解后加另外一个化合物。

16. 1%中性红染色液

中性红0.5 g,Ringer氏溶液。

配制方法：称取中性红溶于 50 mL 的 Ringer 氏溶液中。由于中性红不易溶解，要稍微加热(30～40 ℃)促溶，然后用滤纸过滤，装棕色瓶于暗处，4 ℃下保存。

17. 1∶3 000 中性红染色液

1％中性红染色液 1 mL，Ringer 氏溶液 29 mL。

配制方法：现用现配，将 1％中性红染色液 1 mL，加入到 29 mL 的 Ringer 氏溶液中，混匀，装入棕色滴瓶中备用。

18. 1∶50 000 詹纳斯绿染色液

詹纳斯绿 0.5 g，Ringer 氏溶液 50 mL。

配制方法：称取詹纳斯绿溶于 Ringer 氏溶液中，稍微加热(30～40 ℃)促溶，用滤纸过滤后，得 1％原液。使用时现用现配，取 1％的原液 1 mL 加入 Ringer 氏溶液 49 mL，即得 1∶5 000 的詹纳斯绿工作液，装入滴瓶中备用。

19. 阿尔伯特(Albert)异染颗粒染色液

甲液：甲苯胺兰 0.15 g，孔雀绿 0.2 g，溶于 95％酒精 2 mL 中再加入蒸馏水至 100 mL 及冰醋酸 1 mL，放置 24 h 后过滤备用。

乙液：将碘化钾 3 g 溶于蒸馏水 10～20 mL 中，再加碘 2 g 等溶解后加蒸馏水至 300 mL 备用。

20. 吉姆萨染液

吉姆萨染液为天青色素、伊红、次甲蓝的混合物。

配制方法：以 1 g 的吉姆色素染料加入 66 mL 甘油，混匀，60 ℃保温溶解 2 h，再加入 66 mL 甲醇混匀，即配成吉姆色素原液，此原液使用前用 PBS(pH 值为 6.8)稀释使用(此为吉姆萨工作液)。工作液可保存一个月左右。

附录 B　常用培养基

一、细菌培养基

1. 肉汤培养基(牛肉膏蛋白胨培养基)

牛肉膏 0.5％，蛋白胨 1％，氯化钠 0.5％。

pH 值为 7.2～7.4，121 ℃灭菌 20 min。

若制成固体肉汤培养基，则需再加入琼脂 2％；若制成半固体肉汤培养基，则需再加入琼脂 0.6％～0.8％。

2. 碎肉培养基

牛肉渣和牛肉汁组成，pH 值为 7.6。

配制方法如下：

购买新鲜黄牛腿肉,除去脂肪肌膜和肌腱,用刀切成小块,再用绞肉机绞碎。称取500 g碎肉置于铝锅内,加清水1 000 mL,搅拌均匀,置于冰箱冷藏室过夜。

次日上午取出,称重并记录。将牛肉浸液煮沸半小时,期间用玻璃棒不断搅拌,以防沉底。煮沸半小时后,如果蛋白质已凝固,则立即停火。

① 再次称重,用第一次称重的值减去这次称重的值计算蒸发的水分,然后用纯水补足蒸发掉的水分。

② 用纱布将其滤入1 000 mL大烧杯中,再用脱脂棉滤入大号的三角瓶内。

③ 在滤液中加入1%的蛋白胨和0.5%的氯化钠,放在磁力搅拌器上,使之溶解。

④ 用0.1 mol/L的氢氧化钠调节pH值至8.0,再加热10 min。

⑤ 再次称重,用纯水补足蒸发掉的水分。

⑥ 调整pH值为7.6,用滤纸过滤,滤液为牛肉汁,滤渣为牛肉渣。

将牛肉渣装入试管中,每管2～3 g,然后加入pH值为7.6的牛肉汁5 mL,121 ℃灭菌30 min。

3. 营养琼脂培养基

蛋白胨10 g,牛肉膏3 g,氯化钠5 g,琼脂15～20 g,纯水1 000 mL。pH值为7.2～7.4。121 ℃灭菌20 min。

4. 中性红培养基

葡萄糖40 g,胰蛋白胨6 g,酵母膏2 g,醋酸铵3 g,磷酸二氢钾0.5 g,七水合硫酸镁2 g,七水合硫酸亚铁0.01 g,中性红0.2 g,纯水1 000 mL。pH值为6.2,115 ℃灭菌20 min。

5. 5%玉米醪深层试管培养基

过筛玉米粉5 g,自来水100 mL,加热糊化,分装,pH自然,121 ℃灭菌30 min。

6. 碳酸钙明胶麦芽汁培养基

麦芽汁(10～12 °Bx)1 000 mL,碳酸钙10 g,明胶10 g,琼脂20 g,纯水1 000 mL。pH值为6.8,115 ℃灭菌20 min。

7. 不含维生素的合成培养基

葡萄糖5 g,七水合硫酸镁0.07 g,磷酸氢二钾0.1 g,氯化钙0.04 g,硫酸铵0.1 g,纯水1 000 mL。pH值为5.5～6.0,121 ℃灭菌15 min。

8. 细菌基本培养基

葡萄糖0.5%,硫酸铵0.2%,柠檬酸钠0.1%,七水合硫酸镁0.02%,磷酸氢二钾0.4%,磷酸二氢钾0.6%,琼脂粉2%,纯水配制,pH值为7.0～7.2,121 ℃灭菌20 min。

9. 细菌完全培养基

葡萄糖0.5%,牛肉膏0.3%,蛋白胨1%,七水合硫酸镁0.2%,琼脂2%,纯水配

制。pH 值为 7.2,121 ℃灭菌 20 min。

10. 酪素培养基

磷酸二氢钾 0.036%,七水合硫酸镁 0.05%,氯化锌 0.001 4%,七水合磷酸氢二钠 0.107%,氯化钠 0.016%,氯化钙 0.000 2%,硫酸亚铁 0.000 2%,酪素 0.4%,胰酶解酪蛋白 0.005%,琼脂 2%,纯水配制。pH 值为 6.5～7.0,121 ℃灭菌 20 min。

11. 枯草芽孢杆菌 168 半合成培养基

磷酸氢二钾 1.4%,磷酸二氢钾 0.6%,七水合硫酸镁 0.02%,硫酸铵 0.2%,柠檬酸钠 0.1%,葡萄糖 0.5%,胰蛋白胨 1%,纯水配制,pH 值为 7.2,121 ℃灭菌 20 min。

12. BY 固体培养基

牛肉膏 5 g,蛋白胨 10 g,葡萄糖 5 g,酵母膏 5 g,氯化钠 5 g,纯水 1 000 mL。pH 值为 7.5,121 ℃灭菌 15 min。

配制时,酵母膏的处理:将称取的酵母膏溶于少量水中,得酵母浸出液,煮沸,待浸出液冷却后,以 3 000 r/min 的速度离心,弃去沉淀,将上清液再煮沸、离心,经过如此净化后的酵母浸出液才能用于配制 BY 培养基。

13. Spizizen 无机盐溶液

硫酸铵 0.2%,磷酸氢二钾 1.4%,磷酸二氢钾 0.6%,柠檬酸钠 0.1%,七水合硫酸镁 0.02%,纯水配制,pH 值为 7.2,121 ℃灭菌 20 min。

14. GMⅠ培养基

向 Spizizen 无机盐溶液中添加葡萄糖 0.5%,水解酪素 0.05%,酵母膏 0.06%,所需氨基酸 50 μg/mL。

15. GMⅡ培养基

向 Spizizen 无机盐溶液中添加葡萄糖 0.5%,水解酪素 0.01%,酵母膏 0.025%,七水合硫酸镁 5 mg,硝酸钙 2.5 mg。

16. BPY 斜面培养基

蛋白胨 10 g,氯化钠 2 g,酵母膏 2 g,纯水 1 000 mL,pH 值为 7.2,121 ℃灭菌 20 min。

17. 噬菌体培养基

牛肉膏 8 g,酵母膏 2 g,氯化钠 4 g,七水合硫酸镁 0.2 g,磷酸二氢钾 1.5 g,磷酸氢二钾 5.7 g,纯水 1 000 mL。pH 值为 7.5,121 ℃灭菌 20 min。

18. 噬菌体稀释液

氯化钠 20 g,硫酸钾 25 g,磷酸二氢钾 7.5 g,二水合磷酸氢二钠 18.8 g,七水合硫酸镁 0.6 g,纯水 1 000 mL,1%氯化钙溶液 50 mL,使用时加入经过滤除菌的 0.5%氯化铁溶液 10 mL。

19. LB 培养基

蛋白胨 10 g,酵母浸出汁 5 g,氯化钠 10 g,纯水 1 000 mL,pH 值为 7.2,121 ℃灭菌 20 min。

20. 半乳糖 EMB 培养基

伊红 0.4 g,磷酸氢二钾 2 g,美蓝 0.05 g,蛋白胨 10 g,半乳糖 10 g,琼脂 20 g,纯水 1 000 mL。pH 值为 7.0~7.2,115 ℃灭菌 20 min。

注意:配制时,先将除染料外的化合物用水溶解,调整 pH,然后加入伊红、美蓝燃料,最后加琼脂。

21. 米曲汁碳酸钙乙醇培养基

米曲汁(10~12 °Bx)100 mL,碳酸钙 1 g,琼脂 2 g,95%乙醇 3~4 mL,pH 自然。

注意:配制时不加乙醇,灭菌后,再加入乙醇。

22. 葡萄糖碳酸钙培养基

葡萄糖 1.5%,酵母膏 1%,碳酸钙 1.5%,琼脂 2%,pH 自然,121 ℃灭菌 20 min。

23. 麦芽汁碳酸钙培养基

麦芽汁(10 °Bx)100 mL,碳酸钙(预先灭菌)1 g,琼脂 2 g,pH 自然,115 ℃灭菌 20 min。

24. BTB 肉汤培养基

蛋白胨 1%,牛肉膏 0.5%,氯化钠 0.5%,葡萄糖 0.1%,溴百里酚蓝(BTB)0.4%,乙醇溶液 2.5%(体积分数),琼脂 2%。pH 值为 7.0~7.2,121 ℃灭菌 30 min。

注意:配制时,待 pH 值调整后,再加入 BTB 试剂。

25. 淀粉培养基

牛肉膏 0.5%,蛋白胨 0.5%,氯化钠 0.5%,可溶性淀粉 2%,琼脂 1.8%,pH 值为 7.2,121 ℃灭菌 30 min。

注意:配制时,先用少量纯水将淀粉调成糊状,在火上加热,边搅拌边加水及其他成分,待溶化后补足水分即成。

26. 乙醇醋酸盐培养基

醋酸钠 8 g,氯化镁 200 mg,氯化铵 500 mg,硫酸锰 2.5 mg,硫酸钙 10 mg,硫酸亚铁 5 mg,钼酸钠 2.5 mg,生物素 5 μg,对氨基苯甲酸 100 μg,纯水 1 000 mL,pH 自然,121 ℃灭菌 20 min。冷却后,无菌操作下加入乙醇 25 mL。

27. L-谷氨酸脱氢酶液体培养基

牛肉膏 0.5%,蛋白胨 3%,玉米浆 3%~5%,磷酸氢二钾 0.1%,pH 值为 7.2,115 ℃灭菌 20 min。

28. 乳酸胆盐发酵培养基

蛋白胨 20 g，乳糖 10 g，猪胆盐 5 g，0.04%溴甲酚紫水溶液 25 mL，纯水 1 000 mL，pH 值为 7.4。

配制方法：将蛋白胨、猪胆盐和乳糖溶于水，调整 pH 值，加入溴甲酚紫，分装，每管 10 mL，并放入一个小倒管，115 ℃灭菌 15 min。

29. 乳糖发酵培养基

蛋白胨 20 g，乳糖 10 g，0.04%溴甲酚紫水溶液 25 mL，纯水 1 000 mL，pH 值为 7.4。

配制方法：将蛋白胨和乳糖溶于水，调整 pH 值，加入溴甲酚紫，分装，按检验要求分装 30 mL，10 mL 或 3 mL，并放入一个小倒管，115 ℃灭菌 15 min。

30. L-赖氨酸法培养基

A 液：硼酸 0.1 g，硫酸锌 0.4 g，硫酸锰 0.04 g，硫酸亚铁 0.25 g，钼酸铵 0.02 g，纯水 1 000 mL。

B 液：葡萄糖 50 g，磷酸二氢钾 2 g，七水合硫酸镁 1 g，氯化钙(熔融的)0.2 g，氯化钠 0.1 g，腺嘌呤 2 mg，D,L-蛋氨酸 1 mg，D,L-色氨酸 1 mg，L-组氨酸 1 mg，A 液 1.0 mL，乳酸钾(50%，体积分数)12 g，琼脂 20 g，纯水 1 000 mL。以乳酸调节 pH 值至 5.0～5.2。

C 液：L-赖氨酸 10 g，纯水 1 000 mL。

D 液：肌醇 2 g，乳酸钙 0.2 g，吡哆醇 0.04 g，盐酸硫胺素 0.04 g，烟碱酸 0.04 g，对氨基苯甲酸 0.02 g，核黄素 0.04 g，生物素 0.2 mg，叶酸 0.1 mg，纯水 1 000 mL。

31. 产酸细菌培养基

葡萄糖 50 g，氯化铁 2.5 mg，磷酸二氢钾 0.55 g，水解干酪 5 g，氯化钾 0.425 g，酵母浸膏 4 g，氯化钙 0.125 g，溴甲酚酞 0.022 g，硫酸锰 2.5 mg，七水合硫酸镁 0.125 g，琼脂 20 g，纯水 1 000 mL。

用 0.1 mol/L 盐酸调 pH 值为 5.5，121 ℃灭菌 15 min。冷却后，无菌操作下，每毫升培养基中加入放线菌酮 4 μg。

32. 测定抗生素生物效价试验菌专用培养基

蛋白胨 5 g，酵母膏 3 g，牛肉膏 1.5 g，葡萄糖 1 g，氯化钠 3.5 g，磷酸氢二钾 3.68 g，磷酸二氢钾 1.32 g，琼脂 20 g，纯水 1 000 mL，pH 值为 7.2，121 ℃灭菌 20 min。

33. 测定抗生素效价时摊布双层平板用培养基

蛋白胨 6 g，酵母膏 3 g，牛肉膏 1.5 g，葡萄糖 1 g，琼脂 18 g，纯水 1 000 mL，pH 值为 6.8，121 ℃灭菌 20 min。

34. 乳糖 EMB 培养基

蛋白胨 10 g，牛肉膏 3 g，氯化钠 5 g，20%乳糖溶液 20 mL，2%伊红溶液 20 mL，

0.5%美蓝溶液10 mL,自来水1 000 mL,琼脂20 g,pH值为7.6。

配制方法：将牛肉膏、蛋白胨、氯化钠加入水中,溶解后,调pH值至7.6,加琼脂,熔化,再加入乳糖溶液、伊红溶液和美蓝溶液,混匀,分装,121 ℃灭菌20 min。

35. 阿须贝(Ashby)无氮培养基

葡萄糖10 g,磷酸氢二钾0.2 g,硫酸镁0.2 g,氯化钠0.2 g,二水合硫酸钙0.1 g,碳酸钙5 g,琼脂18 g,纯水1 000 mL,pH值为7.2。

36. 谷氨酸脱羧酶制备用固体培养基

蛋白胨1%,牛肉膏1%,葡萄糖0.1%,氯化钠0.5%,琼脂2%,pH值为7.2,115 ℃灭菌20 min。

37. 谷氨酸产生菌初筛培养基

葡萄糖5%,磷酸氢二钾0.1%,七水合硫酸镁0.05%,玉米浆0.2%,硫酸亚铁2 mg/kg,硫酸锰2 mg/kg,尿素1.2%,pH值为7.0～7.2,分装,121 ℃灭菌30 min。

注意：尿素要单独灭菌,115 ℃灭菌15 min。

38. 谷氨酸产生菌复筛培养基

葡萄糖2%,玉米浆0.5%,磷酸氢二钾0.1%,七水合硫酸镁0.05%,硫酸亚铁2 mg/kg,硫酸锰2 mg/kg,尿素0.5%,pH值为6.8～7.2,分装,121 ℃灭菌30 min。

注意：尿素要单独灭菌,115 ℃灭菌15 min。

39. 含碳酸钙的GYP培养基

A组分：葡萄糖1 g,酵母膏1 g,蛋白胨0.5 g,肉汁浸膏0.2 g,三水合醋酸钠0.2 g,微量元素液0.5 mL(1 mL微量元素液中含有七水合硫酸镁40 mg,四水合硫酸锰2 mg,七水合硫酸亚铁2 mg,氯化钠2 mg),50 mg/mL的吐温－80水溶液1.0 mL,纯水100 mL。

B组分：碳酸钙0.5 g,琼脂1.2 g。

注意：碳酸钙使用前必须经过180 ℃干热灭菌30 min。

40. 改良的斯蒂芬逊(StepHenson)培养基

培养基A：硫酸铵2 g,磷酸二氢钠0.25 g,四水合硫酸锰0.01 g,七水合硫酸镁0.03 g,磷酸氢二钾0.75 g,碳酸钙5 g,纯水1 000 mL。

培养基B：亚硝酸钠1 g,磷酸氢二钾0.75 g,磷酸二氢钠0.25 g,碳酸钠1 g,七水合硫酸镁0.03 g,四水合硫酸锰0.01 g,碳酸钙1 g,纯水1 000 mL。

41. 反硝化细菌培养基

硝酸钾2 g,七水合硫酸镁0.2 g,磷酸氢二钾0.5 g,酒石酸钾钠20 g,纯水1 000 mL,pH值为7.2。

42. Burk's无氮培养基

磷酸氢二钾0.8 g,磷酸二氢钾0.2 g,七水合硫酸镁0.2 g,二水合氯化钙0.06 g,

六水合氯化铁 2.7 mg,钼酸钠 2.4 mg,蔗糖 20 g,琼脂 18 g,纯水 1 000 mL,pH 值为 7.2。

43. Do 氏低氮培养基

蔗糖 10 g,苹果酸 5 g,磷酸氢二钾 0.1 g,磷酸二氢钾 0.4 g,七水合硫酸镁 0.2 g,氯化钠 0.1 g,二水合氯化钙 0.02 g,氯化铁 0.01 g,钼酸钠 2 mg,蛋白胨 0.2 g,琼脂 12 g,纯水 1 000 mL,pH 值为 7.2。

44. 赫奇逊(Hutchinson)琼脂培养基

KH_2PO_4 1.0 g,$NaNO_3$ 2.5 g,NaCl 0.1 g,$CaCl_2$ 0.1 g,琼脂 20 g,$MgSO_4 \cdot 7H_2O$ 0.3 g,$FeCl_3$ 0.01 g,蒸馏水 1 000 mL,pH 值为 7.2～7.3。

45. 乳酸菌(MRS)培养基

蛋白胨 10.0 g,牛肉膏 10.0 g,酵母膏 5.0 g,葡萄糖 10.0 g,琼脂 20.0 g,蒸馏水 1 000 ml,pH 值为 6.5。

46. BAP 培养基

牛肉膏 0.5%,蛋白胨 1.0%,乙酸钠($CH_3COONa \cdot 3H_2O$)3.4%,pH 值为 7.0～7.2。

47. BP 培养基

牛肉膏 0.3%,蛋白胨 0.5%,NaCl 0.5%,琼脂 1.5%,pH 值为 7.0～7.2。倒平板前,待培养基冷却至 50～60 ℃时加入青霉素钠盐和硫酸庆大霉素,使其终浓度分别达到 400 μg/mL。

二、酵母菌、霉菌常用培养基

1. 豆芽汁培养基

将黄豆用水浸泡一夜,放在室温(20 ℃)下,上面盖湿布,每天冲洗 1～2 次,弃去腐烂不发芽者,待发芽至 3.3 cm 左右可用。取 10 g 豆芽,加水 100 mL,煮沸半小时后,用纱布过滤,再加入 5%蔗糖,pH 自然。

2. 米曲汁培养基

米曲制备如下:

① 蒸米。称取大米 20 g,洗净后,浸泡 24 h,沥干,装入 150 mL 三角瓶中,加棉塞,121 ℃灭菌 20 min。

② 接种培养。大米灭菌后,待冷却至 28～32 ℃时,通过无菌操作接入米曲霉的孢子,充分摇匀,置于培养箱中,30～32 ℃下培养 24 h,摇动一次。再培养 5～6 h,再摇动一次,2 d 后,得成熟的米曲。

③ 将培养好的米曲取出,用牛皮纸包好,放入烘箱,在 40～42 ℃下,干燥 6～8 h。

用 1 份米曲加 4 份纯水,于 55 ℃下糖化 3～4 h,然后煮沸过滤,测糖度,调节糖度为10～12 °Bx,加琼脂2%,115 ℃灭菌15 min。

3. YEPD培养基

蛋白胨2%,酵母膏1%,葡萄糖2%,pH值为6.0,121 ℃灭菌20 min。

4. 酵母甘油培养基(YEPG培养基)

蛋白胨2%,酵母膏1%,甘油1%,121 ℃灭菌15 min。

5. TTC下层培养基

葡萄糖10 g,蛋白胨2 g,酵母膏1.5 g,磷酸二氢钾1 g,七水合硫酸镁0.4 g,纯水1 000 mL,琼脂30 g,pH值为5.5～5.7,115 ℃灭菌10 min。

6. TTC上层培养基

葡萄糖0.5 g,琼脂1.5 g,TTC(三苯基四氮唑盐酸盐)0.05 g,纯水100 mL。

注意:培养基灭菌后,冷却至60 ℃左右时,加入一定量的TTC溶液后,立即倾于底层平板上,以防凝固。

7. 酵母生孢子培养基

① 含微量元素的培养基:醋酸钠0.82 g或三水合醋酸钠1.36 g,氯化钾0.186 g,微量元素溶液0.1 mL,琼脂2 g,纯水100 mL,121 ℃灭菌25 min。

微量元素溶液:十水合硼酸钠0.8 mg,四水合七钼酸铵1.9 mg,碘化钾10 mg,六水合硫酸铁22.8 mg,四水合氯化锰3.6 mg,七水合硫酸锌30.8 mg,五水合硫酸铜39 mg,纯水100 mL,加入1 mol/L盐酸使之不再浑浊为止。

② 棉籽糖培养基:醋酸钠0.4 g,棉籽糖0.04 g,琼脂2 g,纯水100 mL,pH值为6.0,115 ℃灭菌15 min。

③ 胰蛋白胨培养基:氯化钠0.062 g,醋酸钠0.5 g,胰蛋白胨0.25 g,琼脂2 g,纯水100 mL,pH值为6～7,115 ℃灭菌15 min。

8. 酵母菌完全培养基

蛋白胨3%,酵母膏0.5%,酪蛋白水解物0.5%,葡萄糖4%,硫酸锌0.14%,琼脂2%,pH自然,117 ℃灭菌10 min。

9. 酵母基本培养基

① 葡萄糖2%,磷酸二氢钾0.1%,七水合硫酸镁0.05%,硫酸铵0.5%,处理琼脂2%,纯水配制,pH值为6.0,121 ℃灭菌15 min。

② 葡萄糖10 g,氯化钠0.1 g,硫酸铵1 g,微量元素母液1 mL,磷酸氢二钾0.125 g,维生素母液1 mL,磷酸二氢钾0.875 g,七水合硫酸镁0.5 g,纯水1 000 mL,pH值为5.3～6.0,115 ℃灭菌25 min。

微量元素母液:磷酸1 mL,七水合硫酸镁7 mg,五水合硫酸铜1 mg,六水合氯化钙5 mg,纯水100 mL。

维生素母液:盐酸40 mg,肌醇200 mg,泛酸20 mg,对氨基苯甲酸20 mg,核黄

素 20 mg,维生素 B1 40 mg,生物素 0.2 mg,吡哆醇 40 mg,纯水 100 mL。

10. YNB 培养基

A 液(维生素混合液):维生素 B1 1 g,烟酸 400 mg,吡哆醇 400 mg,生物素 20 mg,泛酸钙 2 g,核黄素 200 mg,肌醇 10 g,对氨基苯甲酸 200 mg,纯水 1 000 mL。

B 液(微量元素液):硼酸 500 mg,七水合硫酸锰 200 mg,七水合硫酸锌 400 mg,五水合硫酸铜 40 mg,五水合氯化铁 100 mg,锰酸钠 200 mg,纯水 1 000 mL。

C 液(其他无机盐溶液):碘化钾 0.1 mg,二水合氯化钙 0.1 g,磷酸氢二钾 0.15 g,磷酸二氢钾 0.85 g,七水合硫酸镁 0.5 g,氯化钠 0.1 g,纯水 1 000 mL。

配制方法:取 A 液 1 mL、B 液 1 mL、C 液 10 mL、纯水 1 000 mL,混合,调 pH 值至 6.5,即得。

说明:① 配制 YNB 培养基时,先分别将已经灭菌的 A、B 液各 10 mL,在无菌条件下混合,再将已经灭菌的硫酸铵按 0.5%的量加入到所需液体培养基的纯水中,混匀即得。② 配制糖发酵培养基时,方法同上,只是按 2%浓度加入不同的糖液。

11. YPAD 培养基

葡萄糖 2%,蛋白胨 2%,酵母膏 1%,盐酸腺嘌呤 0.04%,pH 值为 5.5～6.0,121 ℃灭菌 15 min。

12. 麦芽汁培养基

取一定数量的大麦芽,粉碎,加 4 倍麦芽量 60 ℃的水,在 55～60 ℃下保温糖化,不断搅拌,经 3～4 h 后,用纱布过滤,除去残渣,煮沸后再重复用滤纸或脱脂棉过滤一次,即得澄清的麦芽汁(每 1 000 g,麦芽粉能制得 15～18 °Bx 麦芽汁 3 500～4 000 mL),加水稀释成 10～12 °Bx 的麦芽汁。若要制成固体麦芽汁培养基,则还要加入琼脂 2%,pH 自然,115 ℃灭菌 20 min。

13. 马铃薯培养基

称取去皮马铃薯 200 g,切成小块,加 1 000 mL 水煮沸 1 h,用双层纱布过滤,取上清液,加水补充因蒸发而减少的水分。pH 自然,固体培养基加入琼脂 20 g。

14. 察氏培养基(培养霉菌用)

硝酸钠 0.3%,氯化钾 0.05%,磷酸氢二钾 0.1%,硫酸亚铁 0.001%,七水合硫酸镁 0.05%,蔗糖 3%,琼脂 2%,pH 值为 6.7,121 ℃灭菌 15 min。

15. 霉菌基本培养基

葡萄糖 3%,硝酸钠 0.2%,氯化钾 0.05%,磷酸氢二钾 0.1%,硫酸亚铁 0.001%,七水合硫酸镁 0.05%,琼脂 2%,pH 值为 6.6,121 ℃灭菌 15 min。

16. 2%淀粉察氏培养基

2%淀粉,硝酸钠 0.3%,氯化钾 0.05%,磷酸氢二钾 0.1%,硫酸亚铁 0.001%,硫酸镁 0.5%,pH 值为 6.7,121 ℃灭菌 20 min。

17. 酸性蔗糖培养基

蔗糖15%,硝酸铵0.2%,磷酸二氢钾0.1%,七水合硫酸镁0.25%,1 mol/L盐酸1.7%(体积比),117 ℃灭菌20 min。

18. 葡萄汁培养基

葡萄汁(10 °Bx)100 mL,蛋白胨0.5 g,或者硫酸铵0.3 g,琼脂2 g,pH值为3.5~5.5,117 ℃灭菌15 min。(若pH自然,则灭菌条件为117 ℃灭菌20 min。)

19. 葡萄糖豆芽汁培养基

豆汁100 mL,酵母膏2 g,葡萄糖3 g,pH自然。

豆汁制备:称取黄豆100 g,加纯水1 000 mL,煮30~40 min,取汁备用。

20. 马铃薯葡萄糖培养基(PDA培养基)

称取去皮马铃薯200 g,切成小块,加1 000 mL水煮沸30 min,用双层纱布过滤,取上清液,加水补充因蒸发而减少的水分,然后加入20 g葡萄糖完全溶解,pH自然。固体培养基加入琼脂20 g。

21. 酵母菌浸出液

称取200 g无淀粉压榨酵母及2 g干蛋白,拌入2 L水,待蛋白溶解后,将其121 ℃灭菌10 min,将冷却后的酵母浸出液过滤,分装后,110 ℃灭菌15 min备用。

22. 嗜杀活性检出用培养基(MBM)

葡萄糖2 g,酵母膏1 g,蛋白胨1 g,纯水90 mL,0.3%美蓝溶液1 mL,1 mol/L柠檬酸-磷酸缓冲液10 mL,琼脂2 g,pH值为5.5,121 ℃灭菌20 min。

23. 酒石酸蔗糖培养基

酒石酸40 g,蔗糖100 g,自来水1 000 mL,pH自然,每10 mL分装一试管,常压下间歇灭菌。

24. 高氏(Golloway)培养基

沉降碳酸钙0.5 g,琼脂1.5 g,自来水100 mL,pH自然,121 ℃灭菌20 min。

25. BMDY培养基

蛋白胨20 g/L,葡萄糖20 g/L,酵母提取物10 g/L,生物素4×10^{-4} g/L溶解于100 mmol磷酸钾缓冲液,pH值为6。

26. API C培养基

$(NH_4)_2SO_4$ 5.0 g,KH_2PO_4 0.31 g,K_2HPO_4 0.45 g,Na_2HPO_4 0.92 g,NaCl 0.1 g,$CaCl_2$ 0.05 g,$MgSO_4$ 0.2 g,L-组氨酸0.005 g,L-色氨酸0.02 g,L-蛋氨酸0.02 g,凝胶剂0.5 g,维生素液1 mL,微量元素10 mL,去离子水至1 000 mL,在20~25 ℃下pH值为6.4~6.8。

27. 查氏培养基

蔗糖 30 g/L，酵母膏 50 g/L，$MgSO_4$ 10 g/L，琼脂 20 g/L。

28. 肉汁蛋白胨培养基

牛肉膏 3 g，蛋白胨 10 g，NaCl 5 g，琼脂 20 g，蒸馏水 1 000 mL，pH 值调至 7.0～7.2。

三、放线菌用培养基

1. 高氏Ⅰ号培养基(适用于多数放线菌，孢子生长良好，宜保藏)

可溶性淀粉 2%，硝酸钾 0.1%，七水合硫酸镁 0.05%，氯化钠 0.05%，磷酸氢二钾 0.05%，硫酸铁 0.001%，pH 值为 7.4，121 ℃灭菌 20 min。

2. 高氏Ⅱ号培养基(菌丝生长良好)

葡萄糖 1%，蛋白胨 0.5%，氯化钠 0.5%，pH 值为 7.2～7.4，121 ℃灭菌 20 min。

3. 葡萄糖天冬素琼脂培养基

葡萄糖 1%，天冬素 0.05%，牛肉膏 0.2%，磷酸氢二钾 0.05%，琼脂 2%，pH 值为 6.8 或者自然，115 ℃灭菌 30 min。

4. 马铃薯培养基

马铃薯 20%，麸皮浸出汁 5%。

配制方法：称取 20 g 马铃薯，加水 100 mL，煮沸半小时后取汁，称取麸皮加水 100 mL，煮沸 1 h，取汁。按所配培养基的要求，取两种汁混合即成。

5. 卡那霉素生产菌斜面及分离用培养基

葡萄糖 1%，蛋白胨 0.5%，牛肉膏 0.5%，氯化钠 0.5%，琼脂 2%，pH 值为 7.2，121 ℃灭菌 20 min。

6. 卡那霉素摇瓶发酵培养基

黄豆粉 3%，麦芽糖 2.5%，硝酸钠 0.8%，硫酸锌 0.01%，淀粉 2.5%，pH 值为 7.2，115 ℃灭菌 30 min。

7. Penassay broth 抗生素培养基

蛋白胨 10 g，牛肉膏 1.5 g，酵母浸出物 1.5 g，葡萄糖 1 g，氯化钠 3.5 g，磷酸氢二钾 3.68 g，磷酸二氢钾 1.32 g，pH 值为 7.0 或者自然。

附录C　一般培养基和专用培养基

1. 肉浸液肉汤

绞碎牛肉 500 g，氯化钠 5 g，蛋白胨 10 g，磷酸氢二钾 2 g，纯水 1 000 mL。

配制方法：将绞碎的去筋膜无油脂牛肉500 g加纯水1 000 mL,混合后放入冰箱过夜,除去液面的浮油,隔水煮沸半小时,使肉渣完全凝结成块,用绒布过滤,并挤压收集全部滤液,加水补足原量。加入蛋白胨、氯化钠和磷酸盐,溶解后校正pH值为7.4～7.6,煮沸并过滤,分装烧瓶,121 ℃灭菌15 min。

2. 肉浸液琼脂

肉浸液肉汤(pH值为7.4)1 000 mL,琼脂17～20 g。

配制方法：加热熔化琼脂,分装烧瓶或试管,121 ℃灭菌30 min。根据需要,倾注平板或放成斜面。

3. 血琼脂

豆粉琼脂(pH值为7.4～7.6)100 mL,脱纤维羊血(或兔血)5～10 mL。

配制方法：加热熔化琼脂,冷却至50 ℃,以无菌操作加入脱纤维羊血,混匀,倾注平板。亦可分装灭菌试管斜面。还可以加入其他营养丰富的基础培养基配置血琼脂。

4. 营养肉汤

蛋白胨10 g,牛肉膏3 g,氯化钠5 g,纯水1 000 mL,pH值为7.4,121 ℃灭菌15 min。

5. 缓冲蛋白胨水(BP)

蛋白胨10 g,氯化钠5 g,十二水合磷酸氢二钠9 g,磷酸二氢钾1.5 g,纯水1 000 mL,pH值为7.2,121 ℃灭菌15 min。(本培养基供沙门氏菌前增菌用。)

6. 氯化镁孔雀绿增菌液(MM)(也称作Rappaport10(R10)增菌液)

① 甲液：胰蛋白胨5 g,氯化钠8 g,磷酸二氢钾1.6 g,纯水1 000 mL。

② 乙液：氯化镁(化学纯)40 g,纯水100 mL。

③ 丙液：0.4%孔雀绿水溶液。

配制方法：分别按上述成分配好三种溶液后,121 ℃灭菌15 min备用。临用时取甲液90 mL、乙液9 mL、丙液0.9 mL,无菌条件下混合。

7. 四硫磺酸钠煌绿增菌液(TTB)

① 基础培养基：多胨或际胨5 g,胆盐1 g,碳酸钙10 g,硫代硫酸钠30 g,纯水1 000 mL。

② 碘溶液：碘6 g,碘化钾5 g,纯水20 mL。

配制方法：将基础培养基的各种成分加入纯水中,加热溶解,分装每瓶100 mL。分装时应随时振摇,使其中的碳酸钙混匀。121 ℃灭菌15 min备用。临用时每100 mL基础培养基加入碘溶液2 mL、0.1%煌绿溶液1 mL。

8. 四硫磺酸钠煌绿增菌液(换用方法)

① 基础液：蛋白胨10 g,牛肉膏5 g,氯化钠3 g,碳酸钙45 g,纯水1 000 mL。

将各成分加入纯水中，加热至约 70 ℃，溶解，调 pH 值至 7.0，121 ℃灭菌 15 min。

② 硫代硫酸钠溶液：称取五水合硫代硫酸钠 50 g，加纯水定容至 100 mL。

③ 碘溶液：碘片 20 g，碘化钾 25 g，纯水定容至 100 mL。

将碘化钾充分溶解于最少量的纯水中，加入碘片，振摇玻璃瓶至碘片完全溶解，再加入纯水至规定量。储存于棕色瓶内，盖紧瓶盖备用。

④ 煌绿水溶液：煌绿 0.5 g，纯水 100 mL。存放于暗处，不少于 1 天，使其自然灭菌。

⑤ 牛胆盐溶液：干燥的牛胆盐 10 g，纯水 100 mL。煮沸溶解，121 ℃灭菌 15 min。

配制方法：基础液 900 mL，硫代硫酸钠溶液 100 mL，碘液 20 mL，煌绿溶液 2 mL，牛胆盐溶液 50 mL。临用前，按上述顺序，以无菌操作依次加入基础液中，每加入一种成分，均应摇匀后再加入另一种成分。分装于三角瓶中，每瓶 100 mL。

9. 亚硒酸盐胱氨酸增菌液(SC)

蛋白胨 5 g，乳糖 4 g，亚硒酸氢钠 4 g，磷酸氢二钠 5.5 g，磷酸二氢钾 4.5 g，L-胱氨酸 0.01 g，纯水 1 000 mL。

1%L-胱氨酸-氢氧化钠的配制方法：称取 L-胱氨酸 0.1 g(或 D,L-胱氨酸 0.2 g)，加 1 mol/L 氢氧化钠 1.5 mL，使溶解，再加入纯水 8.5 mL，即成。

配制方法：将除亚硒酸氢钠和 L-胱氨酸以外的各成分溶解于 900 mL 纯水中，加热煮沸，冷却备用。另将亚硒酸氢钠溶解于 100 mL 纯水中，加热煮沸，待冷却，在无菌条件下与上液混合。再加入 1%L-胱氨酸-氢氧化钠溶液 1 mL，分装于灭菌瓶中，每瓶 100 mL。pH 值应为 7.0。

10. GN 增菌液

胰蛋白胨 20 g，葡萄糖 1 g，甘露醇 2 g，柠檬酸钠 5 g，去氧胆酸钠 0.5 g，磷酸氢二钾 4 g，磷酸二氢钾 1.5 g，氯化钠 5 g，纯水 1 000 mL，pH 值为 7.0，115 ℃灭菌 15 min。

11. 肠道菌增菌肉汤

蛋白胨 10 g，葡萄糖 5 g，牛胆盐 20 g，磷酸氢二钠 8 g，磷酸二氢钾 2 g，煌绿 0.015 g，纯水 1 000 mL，pH 值为 7.2，115 ℃灭菌 15 min。

12. 亚硫酸铋琼脂(BS)

蛋白胨 10 g，牛肉膏 5 g，葡萄糖 5 g，硫酸亚铁 0.3 g，磷酸氢二钠 4 g，柠檬酸铋铵 2 g，亚硫酸钠 6 g，煌绿 0.025 g，琼脂 18～20 g，纯水 1 000 mL，pH 值为 7.5。

配制方法：将蛋白胨、牛肉膏、葡萄糖、硫酸亚铁、磷酸氢二钠溶解于 300 mL 纯水中；将柠檬酸铋铵和亚硫酸钠另用 50 mL 纯水溶解；将琼脂于 600 mL 纯水中煮沸溶解，冷却至 80 ℃；将上述三液合并，补充纯水至 1 000 mL，调整 pH 值至 7.5，加入 0.5%煌绿水溶液 5 mL，摇匀；冷却至 50～55 ℃，倾注平板。

注意：此培养基不需高压灭菌。制备过程不宜过分加热，以免降低其选择性。应在临用前一天制备，储存于室温暗处，超过 48 h 不宜使用。

13. 胆硫乳琼脂培养基(Deoxycholate Hydrogen Sulfide Lactose Agar,DHL)

蛋白胨 20 g，牛肉膏 3 g，乳糖 10 g，蔗糖 10 g，去氧胆酸钠 1 g，硫代硫酸钠 2.3 g，柠檬酸钠 1 g，柠檬酸铁铵 1 g，中性红 0.03 g，琼脂 18～20 g，纯水 1 000 mL，pH 值为 7.3。

配制方法：将除中性红和琼脂以外的成分溶解于 400 mL 纯水中，调整 pH 值至 7.3，再将琼脂于 600 mL 纯水中煮沸溶解，两液合并，并加入 0.5%中性红水溶液 6 mL，待冷却至 50～55 ℃，倾注平板。

14. HE 琼脂(Hektoen Enteric Agar)

蛋白胨 12 g，牛肉膏 3 g，乳糖 12 g，蔗糖 12 g，水杨素 2 g，胆盐 20 g，氯化钠 5 g，琼脂 18～20 g，纯水 1 000 mL，0.4%溴麝香草酚蓝溶液 16 mL，Andrade 指示剂(酸性复红 0.5 g，1 mol/L 氢氧化钠溶液 16 mL，纯水 100 mL)20 mL，甲液(硫代硫酸钠 34 g，柠檬酸铁铵 4 g，纯水 100 mL)20 mL，乙液(去氧胆酸钠 10 g，纯水 100 mL)20 mL，pH 值为 7.5。

配制方法：将蛋白胨、牛肉膏、乳糖、蔗糖、水杨素、胆盐、氯化钠溶解于 400 mL 纯水中作为基础液，将琼脂加入 600 mL 纯水中，溶解。加入甲液和乙液于基础液内，调整 pH 值。再加入指示剂，并与琼脂液合并，待冷却至 50～55 ℃，倾注平板。

注意：将复红溶解于纯水中，加入氢氧化钠溶液。数小时后如复红褪色不全，再加氢氧化钠溶液 1～2 mL。另外，此培养基不可高压灭菌。

15. SS 琼脂

① 基础培养基：牛肉膏 5 g，蛋白胨 5 g，三号胆盐 3.5 g，琼脂 17 g，纯水 1 000 mL。

将牛肉膏、蛋白胨和胆盐溶解于 400 mL 纯水中，将琼脂加入 600 mL 纯水中，煮沸溶解。再将两液于 121 ℃灭菌 15 min，保存备用。

② 完全培养基：基础培养基 1 000 mL，乳糖 10 g，柠檬酸钠 8.5 g，硫代硫酸钠 8.5 g，10%柠檬酸铁溶液 10 mL，1%中性红溶液 2.5 mL，0.1%煌绿溶液 0.33 mL。

配制方法：加热熔化基础培养基，按比例加入上述除染料以外的各个成分，充分混合均匀，调整 pH 值至 7.0，加入中性红和煌绿溶液，倾注平板。

注意：① 制备好的培养基宜当日使用，或保存于冰箱内 48 h 内使用；② 煌绿溶液配制好后应在 10 d 内使用；③ 可以购买 SS 琼脂干燥培养基。

16. WS 琼脂

蛋白胨 12 g，牛肉膏 3 g，氯化钠 5 g，乳糖 12 g，蔗糖 12 g，十二烷基硫酸钠 2 g，琼脂 15 g，Andrade 指示剂(酸性复红 0.5 g，1 mol/L 氢氧化钠溶液 16 mL，纯水 100 mL)20 mL，0.4%溴麝香草酚蓝溶液 16 mL，甲液(硫代硫酸钠 34 g，柠檬酸铁铵 4 g，纯水 100 mL)20 mL，纯水 1 000 mL，pH 值为 7.0。

配制方法：除指示剂和甲液外，将其他成分加热溶解，无需消毒，调整 pH 值后加入指示剂和甲液，倾注平板应呈草绿色。

注意：此培养基是专门供沙门氏菌分离使用的。

17. 麦康凯琼脂

蛋白胨 20 g，猪胆盐(或牛、羊胆盐)5 g，氯化钠 5 g，琼脂 17 g，纯水 1 000 mL，乳糖 10 g，0.01% 结晶紫水溶液 10 mL，0.5%中性红水溶液 5 mL。

配制方法：① 将蛋白胨和猪胆盐以及氯化钠溶解于 400 mL 纯水中，调 pH 值至 7.2，将琼脂加入 600 mL 纯水中，加热溶解，将两液合并，分装于烧瓶内，121 ℃灭菌 15 min，备用。② 临用时加热熔化琼脂，趁热加热乳糖，冷却至 50～55 ℃，加入结晶紫和中性红水溶液，摇匀后倾注平板。

注意：结晶紫及中性红水溶液配好后需要经过 121 ℃灭菌 15 min。

18. 伊红美蓝琼脂

蛋白胨 10 g，乳糖 10 g，磷酸氢二钾 2 g，琼脂 17 g，2%伊红 Y 溶液 20 mL，0.65%美蓝溶液 10 mL，纯水 1 000 mL，pH 值为 7.1。

配制方法：将蛋白胨、磷酸盐和琼脂溶解于纯水中，调 pH 值至 7.1，分装于烧瓶内，121 ℃灭菌 15 min，备用。临用时加入乳糖并加热熔化琼脂，冷却至 50～55 ℃，加入伊红和美蓝溶液，摇匀，倾注平板。

19. 三糖铁琼脂(TSI)

蛋白胨 20 g，牛肉膏 3 g，酵母膏 3 g，乳糖 10 g，蔗糖 10 g，葡萄糖 1 g，氯化钠 5 g，硫酸亚铁 0.2 g，硫代硫酸钠 0.3 g，琼脂 12 g，酚红 0.025 g，纯水 1 000 mL，pH 值为 7.4。

配制方法：将除琼脂和酚红以外的各成分溶解于纯水中，调 pH 值至 7.4。加入琼脂，煮沸熔化琼脂，加入 0.2%酚红水溶液 12.5 mL，摇匀。分装入试管，装量宜多些，以得到较高的底层。121 ℃灭菌 15 min。放置成高层斜面，备用。

20. 克氏双糖铁琼脂(KIA)

上层培养基：血消化汤(pH 值为 7.6)500 mL，琼脂 6.5 g，硫代硫酸钠 0.1 g，硫酸亚铁铵 0.1 g，乳糖 5 g，0.2%酚红溶液 5 mL。

下层培养基：血消化汤(pH 值为 7.6)500 mL，琼脂 2 g，葡萄糖 1 g，0.2%酚红溶液 5 mL。

制作方法：取血消化汤按上层和下层的琼脂用量，分别加入琼脂，加热溶解。分别加入其他各种成分，将上层培养基分装于烧瓶内；将下层培养基分装于灭菌的 ϕ12 mm×100 mm试管内，每管约 2 mL，115 ℃灭菌 10 min。将上层培养基放在 56 ℃水浴箱内保温；将下层培养基直立放在室温内，使其凝固。待下层培养基凝固后，以无菌操作将上层培养基分装于下层培养基的上面，每管约 1.5 mL，放成斜面。

21. 克氏双糖铁琼脂(换用方法)

蛋白胨 20 g,牛肉膏 3 g,酵母膏 3 g,乳糖 10 g,葡萄糖 1 g,氯化钠 5 g,柠檬酸铁铵 0.5 g,硫代硫酸钠 0.5 g,琼脂 12 g,酚红 0.025 g,纯水 1 000 mL,pH 值为 7.4。

配制方法:将除琼脂和酚红以外的各成分溶解于纯水中,调 pH 值至 7.4,加入琼脂,煮沸以熔化琼脂。加入 0.2%酚红水溶液 12.5 mL,摇匀,分装于试管中,装量宜多些,以便得到较高的底层。121 ℃灭菌 15 min。放置成高层斜面,备用。

22. 半固体琼脂

蛋白胨 1 g,牛肉膏 0.3 g,氯化钠 0.5 g,琼脂 0.35～0.4 g,纯水 1 000 mL,pH 值为 7.4,121 ℃灭菌 15 min。直立凝固备用。

注意:该培养基供动力观察、菌种保存、H 抗原位相变异试验等用。

23. 葡萄糖半固体发酵管

蛋白胨 1 g,牛肉膏 0.3 g,氯化钠 0.5 g,葡萄糖 1 g,1.6%溴甲酚紫乙醇溶液 0.1 mL,琼脂 0.3 g,纯水 100 mL,pH 值为 7.4。

配制方法:将蛋白胨、牛肉膏和氯化钠加入纯水中,调 pH 值至 7.4 后,加入琼脂并煮沸溶解。再加入指示剂和葡萄糖,分装小试管,121 ℃灭菌 15 min。

24. 5%乳糖发酵管

蛋白胨 0.2 g,氯化钠 0.5 g,乳糖 5 g,2%溴麝香草酚蓝水溶液 1.2 mL,纯水 100 mL,pH 值为 7.4。

配制方法:除乳糖以外的各成分溶解于 50 mL 纯水内,调 pH 值至 7.4。将乳糖溶解于另外 50 mL 纯水内,分别于 121 ℃灭菌 15 min。将两液混合,以无菌操作分装于灭菌小试管内。

注意:此培养基内,大部分乳糖迟缓发酵的细菌可于 1 d 内发酵。

25. Honda 氏产毒肉汤

水解酪蛋白 20 g,酵母浸膏粉 10 g,氯化钠 2.5 g,磷酸氢二钠 15 g,葡萄糖 5 g,微量元素 0.5 mL,纯水 1 000 mL,pH 值为 7.5。

微量元素配方:硫酸镁 5 g,氯化铁 0.5 g,氯化钴 2 g,纯水 100 mL。

配制方法:溶解后调 pH 值至 7.5,121 ℃灭菌 15 min。待冷却至 45～50 ℃时,加入林可霉素溶液,使每毫升培养基含 90 μg。

26. Elek 氏培养基(毒素测定用)

蛋白胨 20 g,麦芽糖 3 g,乳糖 0.7 g,氯化钠 5 g,琼脂 15 g,40%氢氧化钠溶液 1.5 mL,纯水 1 000 mL,pH 值为 7.8。

配制方法:用 500 mL 纯水溶解琼脂以外的各个成分,煮沸,并用滤纸过滤。用 1 mol/L 氢氧化钠调整 pH 值至 7.8,用另外 500 mL 纯水加热溶解琼脂。将两液混合,分装于试管中 10 mL 或者 20 mL,121 ℃灭菌 15 min。临用时加热熔化琼脂倾

注平板。

27. Rustigian 氏尿素培养基

尿素 20 g，酵母浸膏 0.1 g，磷酸二氢钾 0.091 g，磷酸氢二钠 0.095 g，酚红 0.01 g，纯水 1 000 mL。

配制方法：将上述成分溶于纯水中，调节 pH 值至 6.8。不要加热，过滤除菌，无菌操作下分装于小试管，每管约 3 mL。

28. 氯化钠结晶紫增菌液

蛋白胨 20 g，氯化钠 40 g，0.01%结晶紫溶液 5 mL，纯水 1 000 mL，pH 值为 9.0。

配制方法：除结晶紫外，其他成分按上述用量配好，加热溶解，约加 30%氢氧化钠溶液 4.5 mL，调整 pH 值。加热煮沸，过滤，再加入结晶紫溶液，混合后，分装于试管中，121 ℃灭菌 15 min。

29. 氯化钠蔗糖琼脂

蛋白胨 10 g，牛肉膏 10 g，氯化钠 50 g，蔗糖 10 g，琼脂 18 g，0.2%溴麝香草酚蓝溶液 20 mL，纯水 1 000 mL，pH 值为 7.8。

配制方法：将牛肉膏、蛋白胨及氯化钠溶于纯水中，调 pH 值至 7.8，加入琼脂，加热溶解，过滤。加入指示剂，分装于烧瓶 100 mL，121 ℃灭菌 15 min，备用。临用前在 100 mL 培养基内加入蔗糖 1 g，加热熔化并冷却至 50 ℃，倒平板。

30. 嗜盐菌选择性琼脂

蛋白胨 20 g，氯化钠 40 g，0.01%结晶紫溶液 5 mL，琼脂 17 g，溶解于 1 000 mL，pH 值为 8.7。

配制方法：将蛋白胨和氯化钠溶解于纯水中，调 pH 值至 8.7，加入琼脂，加热溶解，再加入结晶紫溶液，分装，每瓶 100 mL。

31. 3.5%氯化钠三糖铁琼脂

三糖铁琼脂 1 000 mL，氯化钠 30 g。

配制方法：按 19 配制三糖铁琼脂，再加入氯化钠 30 g，分装于试管中，121 ℃灭菌 15 min。放置高层斜面备用。

32. 氯化钠血琼脂

蛋白胨 10 g，酵母膏 3 g，氯化钠 70 g，磷酸氢二钠 5 g，甘露醇 10 g，结晶紫 0.001 g，琼脂 15 g，纯水 1 000 mL。

配制方法：将上述各成分混匀后，调 pH 值至 8.0，加热 30 min，不必高压，待冷却至 45 ℃左右时，加入新鲜人血或兔血(5%～10%)混合均匀，倾注平板。

33. 嗜盐性试验培养基

蛋白胨 2 g，按不同量加氯化钠，纯水 100 mL，pH 值为 7.7。

配制方法：先配制 2%的蛋白胨水，调 pH 值至 7.7，共配制 5 瓶，每瓶 100 mL。

每瓶分别加入不同量的氯化钠：0 g,3 g,7 g,9 g,11 g。待溶解后分装于试管，121 ℃灭菌 15 min。

34. 3.5%氯化钠生化试验培养基

蛋白胨 1%,牛肉膏 0.5%,氯化钠 3.5%,十二水合磷酸氢二钠 0.2%,0.2%溴麝香草酚蓝溶液 1.2%(体积分数),纯水配制,pH 值为 7.7。

配制方法：将上述成分配好后,分装于有一个倒置杜氏管的试管内,加入 0.5%的葡萄糖,121 ℃灭菌 15 min。

或者将上述成分配制好后,分装到各种发酵管中,每管分装 10 mL,121 ℃灭菌 15 min。另将各种糖类分别配成 10%溶液,同时高压灭菌。然后在无菌操作下,用无菌吸管将 0.5 mL 糖溶液加入 10 mL 培养基内。

注意：蔗糖不纯,加热时会自行水解,应采用过滤法除菌。

35. 改良磷酸盐缓冲液(小肠结肠炎耶尔森氏菌专业)

磷酸氢二钠 8.23 g,磷酸二氢钠 1.2 g,氯化钠 5 g,三号胆盐 1.5 g,山梨醇 20 g。

配制方法：将磷酸盐及氯化钠溶于纯水中,再加入三号胆盐及山梨醇,溶解后调 pH 值至 7.6,分装于试管中,121 ℃灭菌 15 min,备用。

36. CIN-1 培养基

① 基础培养基：胰蛋白胨 20 g,酵母浸膏 2 g,甘露醇 20 g,氯化钠 1 g,去氧胆酸钠 2 g,七水合硫酸镁 0.01 g,琼脂 12 g,纯水 950 mL,pH 值为 7.5,121 ℃灭菌 15 min。

② 以 95%乙醇作为溶剂,溶解二苯醚配成 0.4%的溶液,待基础培养基冷却至 80 ℃,加入 1 mL,混匀。

③ 冷却至 50 ℃时,加入下列物质：中性红(3 mg/mL)10 mL,头孢菌素(1.5 mg/mL)10 mL,结晶紫(0.1 mg/mL)10 mL,新生霉素(0.25 mg/mL)10 mL。

配制方法：①～③之后,不断搅拌,加入 10%的氯化锶 10 mL,在琼脂凝固之前倒入平板中。

37. 改良 Y 培养基

蛋白胨 15 g,氯化钠 5 g,乳糖 10 g,草酸钠 2 g,去氧胆酸钠 6 g,三号胆盐 5 g,丙酮酸钠 2 g,孟加拉红 40 mg,水解酪蛋白 5 g,琼脂 17 g,纯水 1 000 mL。

配制方法：将上述成分混合,121 ℃灭菌 15 min,待冷却至 45 ℃,倾注平板。最终 pH 值为 7.4。

38. 改良克氏双糖

蛋白胨 20 g,牛肉膏 3 g,酵母膏 3 g,山梨醇 20 g,葡萄糖 1 g,氯化钠 5 g,柠檬酸铁铵 0.5 g,硫代硫酸钠 0.5 g,琼脂 12 g,酚红 0.025 g,纯水 1 000 mL,pH 值为 7.4。

配制方法：将除琼脂和酚红以外的各成分溶解于纯水中,调 pH 值至 7.4,加入

0.02%酚红水溶液 12.5 mL，摇匀；分装于试管中，装量宜多些，以便得到比较高的底层；121 ℃灭菌 15 min，放置高层斜面备用。

39. 胰酪胨大豆肉汤

胰酪胨（或胰蛋白胨）17 g，大豆蛋白胨 3 g，氯化钠 100 g，磷酸氢二钾 2.5 g，葡萄糖 2.5 g，纯水 1 000 mL。

配制方法：将上述各成分混合，加热并轻轻搅拌至溶解，分装后，121 ℃灭菌 15 min，最终 pH 值为 7.3 左右。

40. Raird－Parker 氏培养基

胰蛋白胨 10 g，牛肉膏 5 g，酵母膏 1 g，丙酮酸钠 10 g，甘氨酸 12 g，六水合氯化锂 5 g，琼脂 20 g，纯水 950 mL，pH 值为 7.0。

增菌剂的配制：30%卵黄盐水 50 mL，与除菌过滤的 1%亚碲酸钾溶液 10 mL 混合，保存于冰箱内备用。

配制方法：将各成分加入纯水中，加热煮沸至完全溶解，冷却至 25 ℃，调 pH 值至 7.0。分装每瓶 95 mL，121 ℃灭菌 15 min。临用时加热熔化琼脂，冷却至 50 ℃，每 95 mL 加入预热至 50 ℃的卵黄亚碲酸钾增菌剂 5 mL，摇匀后倾注平板。培养基应该是致密不透明的，使用前在冰箱储存不能超过 48 h。

41. 7.5%氯化钠肉汤

蛋白胨 10 g，牛肉膏 3 g，氯化钠 75 g，纯水 1 000 mL，pH 值为 7.4，121 ℃灭菌 15 min。

42. 匹克氏肉汤

含 1%胰蛋白胨的牛心浸液 200 mL，1∶25 000 结晶紫盐水溶液 10 mL，1∶800 三氮化钠溶液 10 mL，脱纤维兔血（或羊血）10 mL。

配制方法：将上述已灭菌的各成分，无菌操作技术依次混合，分装于无菌试管内，每管约 2 mL，保存于冰箱内备用。

43. 3.8%柠檬酸钠溶液

柠檬酸钠 3.8 g，纯水 100 mL。

配制方法：称取柠檬酸钠 3.8 g，加纯水至 100 mL，溶解后过滤，分装后 121 ℃灭菌 15 min。

注意：兔（人）血浆制备，取 3.8%柠檬酸钠溶液一份加兔（或人）全血 4 份，混合静置，则血球下降，即可得血浆，进行试验。

44. 甘露醇卵黄多粘菌素琼脂

蛋白胨 10 g，牛肉膏 1 g，甘露醇 10 g，氯化钠 10 g，琼脂 15 g，纯水 1 000 mL，0.2%酚红溶液 13 mL，50%卵黄液 50 mL，多粘菌素 B 100 IU/mL，pH 值为 7.4。

配制方法：将蛋白胨、牛肉膏、甘露醇、氯化钠、琼脂加入纯水中，加热溶解，调

pH 值至 7.4,加入酚红溶液,分装烧瓶,每瓶 100 mL,121 ℃灭菌 15 min。临用前加热熔化琼脂,冷却至 50 ℃,每瓶加入 50%卵黄液 5 mL 和多粘菌素 B 10 000 IU,混匀后倾注平板。

45. 酪蛋白琼脂

酪蛋白 10 g,牛肉膏 3 g,磷酸氢二钠 2 g,氯化钠 5 g,琼脂 15 g,纯水 1 000 mL,0.4%溴麝香草酚蓝溶液 12.5 mL,pH 值为 7.4。

配制方法:将除指示剂外的各成分混合,加热溶解(但酪蛋白不溶解),调 pH 值至 7.4,加入指示剂,分装烧瓶,121 ℃灭菌 15 min。临用前加热熔化琼脂,冷却至 50 ℃,倾注平板。

注意:将菌种画线接种于平板上,如沿菌落周围有透明圈形成,即为能水解酪蛋白。

46. 木糖-明胶培养基

胰蛋白胨 10 g,酵母膏 10 g,木糖 10 g,磷酸氢二钠 5 g,明胶 120 g,纯水 1 000 mL,0.2%酚红溶液 25 mL,pH 值为 7.6。

配制方法:将除酚红以外的各成分混合,加热溶解,调 pH 值至 7.6,加入酚红溶液,分装试管,121 ℃灭菌 15 min,迅速冷却。

47. 庖肉培养基

牛肉浸液 1 000 mL,蛋白胨 30 g,酵母膏 5 g,磷酸二氢钠 5 g,葡萄糖 3 g,可溶性淀粉 2 g,适量碎肉渣,pH 值为 7.8。

配制方法:① 称取新鲜除脂肪和筋膜的碎牛肉 500 g,加纯水 1 000 mL 和 1 mol/L 氢氧化钠 25 mL,搅拌煮沸 15 min,充分冷却,除去表层脂肪,澄清,过滤,加水补足至 1 000 mL。加入除碎肉渣外的各种成分,调 pH 值至 7.8。② 碎肉渣经水洗后晾至半干,分装于 ϕ15 mm×150 mm 试管内,2~3 cm 高,每管加还原铁粉 0.1~0.2 g。将上述液体培养基分装至每管内超过肉渣表面约 1 cm,上面覆盖熔化的凡士林或液体石蜡 0.3~0.4 cm。121 ℃灭菌 15 min。

48. 卵黄琼脂培养基

① 基础培养基:肉浸液 1 000 mL,蛋白胨 15 g,氯化钠 5 g,琼脂 25~30 g,pH 值为 7.5。

② 50%葡萄糖水溶液。

③ 50%卵黄盐水悬液。

配制方法:将基础培养基分装,每瓶 100 mL,121 ℃灭菌 15 min。临用前加热熔化琼脂,冷却至 50 ℃,每瓶内加入 50%葡萄糖水溶液 2 mL 和 50%卵黄盐水悬液 10~15 mL,摇匀,倾注平板。

49. 动力-硝酸盐培养基(A 法)

蛋白胨 5 g,牛肉膏 3 g,硝酸钾 1 g,琼脂 3 g,纯水 1 000 mL,pH 值为 7.0。

配制方法：加热溶解，调 pH 值至 7.0 分装试管，每管 10 mL，121 ℃灭菌 15 min。

50. 孟加拉红培养基

蛋白胨 5 g，葡萄糖 10 g，磷酸二氢钾 1 g，七水合硫酸镁 0.5 g，琼脂 20 g，1∶3 000 孟加拉红溶液 100 mL，纯水 1 000 mL，氯霉素 0.1 g。

配制方法：蛋白胨、葡萄糖、磷酸二氢钾、七水合硫酸镁、琼脂溶解于纯水后，再加孟加拉红溶液。另用少量乙醇溶解氯霉素，加入培养基中，分装后，121 ℃灭菌 15 min。

51. 普通乳糖蛋白胨培养基(用于水的大肠菌群测定)

蛋白胨 10 g，牛肉膏 3 g，乳糖 5 g，氯化钠 5 g，1.6%溴甲酚紫水溶液 1 mL，纯水 1 000 mL，pH 值为 7.4。

配制方法：将蛋白胨、牛肉膏、氯化钠和乳糖溶解于水中，调 pH 值至 7.4，再加入指示剂，分装于装有小倒管的试管中，121 ℃灭菌 15 min。

注意：三倍浓缩乳糖蛋白胨培养基，除纯水外，其他成分浓缩 3 倍。

52. BUG 培养基

配制方法：取一个容器，按量称取 Biolog 的 BUG 培养基产品，如需配制 1 000 mL 培养基，则方法如下：57 g BUG 琼脂培养基，1 000 mL 蒸馏水，煮沸溶解，冷却后调整 pH 值至 7.3±0.1(25 ℃)，121 ℃灭菌 15 min，冷却至 45～50 ℃，倒平板。BUG+B 培养基的制备与 BUG 培养基类似，不同之处在于称取 57 g BUG 琼脂培养基，溶于 950 mL 蒸馏水，在灭菌、冷却后，加 50 mL 新鲜的脱纤羊血，摇匀，直接倒平板。BUG+M 培养基的制备也与 BUG 培养基类似，不同之处在于称取 57 g BUG 琼脂培养基，溶于 990 ml 蒸馏水，在灭菌、冷却后，加 10 mL 已灭菌的麦芽糖(浓度 25%)，混匀，倒平板。

53. BUY 培养基

配制方法：取一个容器，按量称取 Biolog 的 BUY 培养基产品 60 g，加 1 000 mL 蒸馏水。轻微煮沸，搅拌以溶解琼脂和其他组分，冷却后调整 pH 值至 5.6±0.4(25 ℃)，121 ℃灭菌 15 min，冷却至 45～50 ℃，倒平板。

附录 D　生理生化试验培养基及试剂

1. 糖发酵培养基

蛋白胨 1%，牛肉膏 0.5%，氯化钠 0.3%，十二水合磷酸氢二钠 0.2%，0.2%溴麝香草酚蓝溶液 1.2%(体积分数)，纯水配制，pH 值为 7.4。

配制方法：将上述成分配好后，分装于有一个倒置杜氏管的试管内，加入 0.5% 的葡萄糖，121 ℃灭菌 15 min。

或者将上述成分配制好后，分装到各种发酵管中，每管分装 10 mL，121 ℃灭菌 15 min。另将各种糖类分别配成 10%溶液，同时高压灭菌。然后在无菌操作下，用无菌吸管将 0.5 mL 糖溶液加入 10 mL 培养基内。

注意：蔗糖不纯，加热时会自行水解，应采用过滤法除菌。

2. 5%乳糖发酵培养基

蛋白胨 0.2%，氯化钠 0.3%，十二水合磷酸氢二钠，乳糖 5%，0.2%溴麝香草酚蓝溶液 1.2%(体积分数)，纯水配制，pH 值为 7.4。

配制方法：除乳糖以外的其他各种成分溶解于 50 mL 纯水中，调整 pH 值至 7.4；将乳糖溶解于另外 50 mL 纯水中，分别以 121 ℃灭菌 15 min。将两种溶液混合，以无菌操作分装于已灭菌的小试管内，保存备用。

3. 三糖铁高层斜面培养基

蛋白胨 2%，牛肉膏 0.5%，乳糖 1%，蔗糖 1%，葡萄糖 0.1%，氯化钠 0.5%，硫酸亚铁铵 0.02%，硫代硫酸钠 0.02%，琼脂 1.2%，酚红 0.025%，纯水配制，pH 值为 7.4。

配制方法：将除琼脂和酚红以外各种成分溶解于纯水中，调整 pH 值至 7.4，加入琼脂，加热煮沸以熔化琼脂，加入 0.2%酚红水溶液 1.25%，摇匀，分装试管，装量约 8 mL，以便得到较高的底层。121 ℃灭菌 15 min。放置高层斜面备用。

4. ONPG 培养基

邻硝基酚-β-D-半乳糖苷(ONPG)60 mg，0.01 mol/L 磷酸钠缓冲溶液(pH 值为 7.5)10 mL，1%蛋白胨水(pH 值为 7.5)30 mL。

配制方法：将 ONPG 溶于磷酸钠缓冲液中，加入蛋白胨水，以过滤法除菌，分装于 ϕ10 mm×75 mm 试管内，每管 0.5 mL，用橡皮塞塞紧。

5. 细菌基础培养基

硫酸铵 0.2%，一水合磷酸二氢钠 0.05%，磷酸氢二钾 0.05%，七水合硫酸镁 0.02%，二水合氯化钙 0.01%，纯水配制，pH 值为 6.5。

如进行液体培养，则过滤灭菌后分装试管即可。如固体培养，则配成双倍浓度溶液后过滤除菌，另配 3%～4%水琼脂，进行加压灭菌，使用时，将双倍浓度的液体培养基和水琼脂等量混合，即可倒平板。

6. 丙二酸钠培养基

酵母浸膏 0.1%，硫酸铵 0.2%，磷酸氢二钾 0.06%，磷酸二氢钾 0.04%，氯化钠 0.2%，丙二酸钠 0.3%，0.2%溴麝香草酚蓝 1.2%(体积分数)。纯水配制 pH 值为 6.8。

配制方法：先将酵母膏和盐类溶于水，调整 pH 值后，再加入指示剂，分装试管，121 ℃灭菌 15 min。

7. 西蒙氏柠檬酸盐培养基

氯化钠 5 g，七水合硫酸镁 0.2 g，磷酸二氢铵 1 g，磷酸氢二钾 1 g，柠檬酸钠 5 g，

琼脂 20 g,纯水 1 000 mL,0.2%溴麝香草酚蓝 40 mL,pH 值为 6.8。

配制方法：先将盐类溶解于水内,调整 pH 值,再加琼脂,加热熔化,然后加入指示剂,混合均匀后分装试管,121 ℃灭菌 15 min。

8. 葡萄糖胺培养基

氯化钠 0.5 g,七水合硫酸镁 0.2 g,磷酸二氢铵 1 g,磷酸氢二钾 1 g,葡萄糖 2 g,琼脂(用自来水流水冲洗 3 d)20 g,纯水 1 000 mL。0.2%溴麝香草酚蓝 40 mL,pH 值为 6.8。

配制方法：先将盐类和糖溶解于水内,调整 pH 值,再加琼脂,加热熔化,然后加入指示剂,混合均匀后分装试管,121 ℃灭菌 15 min。

注意：仪器使用前用清洁液清洗,再用清水、纯水冲洗干净。用新棉花做棉塞,干热灭菌后备用。如果操作时不注意,有杂质进入,则易造成假阳性的结果。

9. 缓冲葡萄糖蛋白胨水

葡萄糖 5 g,蛋白胨 5 g,磷酸氢二钾 5 g,纯水 1 000 mL。调节 pH 值至 7.0～7.2,分装试管,每管装 4～5 mL,121 ℃灭菌 15 min。

10. 蛋白胨水培养基

蛋白胨(或胰蛋白胨)20 g,氯化钠 5 g,纯水 1 000 mL。pH 值为 7.4,121 ℃灭菌 15 min。

注意：蛋白胨中应含有丰富的色氨酸。每批次蛋白胨买来后,应先用已知菌种鉴定后方可使用。

11. 石蕊牛乳培养基

脱脂牛奶 100 mL,2.5%石蕊水溶液 4 mL。配制后的石蕊牛奶应呈现紫丁香色,分装小试管(ϕ10 mm×100 mm),0.05 MPa 灭菌 20 min。

12. 氰化钾培养基

蛋白胨 10 g,氯化钠 5 g,磷酸二氢钾 0.225 g,二水合磷酸氢二钠 5.64 g,纯水 1 000 mL。

将上述各种成分溶解,调节 pH 值至 7.6,分装三角瓶,121 ℃灭菌 15 min。放在冰箱内使其充分冷却。每 100 mL 培养基加入 0.5%氰化钾溶液 2.0 mL(终浓度为 1∶10 000),分装于 ϕ12 mm×100 mm 灭菌试管中,每管约 4 mL,立即用灭菌橡皮塞塞紧,放在冰箱冷藏室保存备用,至少可保存两个月。同时将不加氰化钾的培养基作为对照培养基,分装试管备用。

注意：氰化钾是剧毒化合物,取用时要非常小心,切勿沾染,以免中毒。夏天分装培养基应在冰箱内进行。试验失败的主要原因是封口不严,氰化钾逐渐分解,产生氢氰酸气体逸出,以致药物浓度降低,细菌生长,造成假阳性反应。实验过程中的每一个环节都要特别注意。

13. 半固体营养琼脂

蛋白胨10 g,牛肉膏3 g,氯化钠5 g,琼脂4 g,纯水1 000 mL。pH值为7.4～7.6,121 ℃灭菌15 min。

14. 明胶培养基

蛋白胨5 g,明胶120 g,纯水1 000 mL,调整pH值为7.2～7.4,分装试管,培养基高度为4～5 cm,0.05 MPa灭菌20 min。

15. 硝酸盐培养基

硝酸钾0.2 g,蛋白胨5 g,牛肉膏3 g,纯水1 000 mL,pH值为7.4,121 ℃灭菌15 min。

16. 硫酸亚铁琼脂培养基

蛋白胨10 g,牛肉膏3 g,酵母膏3 g,硫酸亚铁0.2 g,硫代硫酸钠0.3 g,氯化钠5 g,琼脂12 g,纯水1 000 mL,pH值为7.4,115 ℃灭菌15 min。取出直立,等待凝固。

17. 血琼脂平板培养基

蛋白胨10 g,酵母膏3 g,氯化钠50 g,磷酸氢二钠5 g,甘露醇10 g,结晶紫0.001 g,琼脂15 g,纯水1 000 mL。

配制方法:调整pH值至8.0,加热30 min,待冷却至45 ℃左右,加入新鲜的兔血(5%～10%),混合均匀,倾注平皿。

18. 耐盐性试验培养基

蛋白胨2 g,氯化钠(不同浓度0,3%,7%,9%,11%),纯水1 000 mL,pH值为7.7。

19. 酪蛋白琼脂培养基

酪素0.4%,磷酸二氢钾0.036%,七水合硫酸镁0.05%,氯化锌0.001 4%,七水合磷酸氢二钠0.107%,氯化钠0.016%,氯化钙0.000 2%,Trypticase 0.005%,琼脂2%,pH值为6.5～7.0。

配制方法:配制时酪素用0.1%氢氧化钠溶液水浴加热溶解,然后再加微量元素,调节pH值,加琼脂。121 ℃灭菌20 min。

20. 氨基酸脱羧酶试验培养基

蛋白胨5 g,酵母浸膏3 g,葡萄糖1 g,纯水1 000 mL,1.6%溴甲酚紫乙醇溶液1 mL,L-氨基酸或DL-氨基酸5 g或10 g,pH值为6.8。

配制方法:除氨基酸以外的成分加热溶解后分装每瓶100 mL,分别加入各种氨基酸:L-赖氨酸、L-精氨酸以及L-乌氨酸,按0.5%加入;若用DL-氨基酸,则按1%加入,再调整pH值至6.8。对照培养基不加氨基酸,分装于灭菌的小试管内,每管0.5 mL,上面滴加一层液体石蜡。115 ℃灭菌10 min。

21. 尿素酶试验斜面培养基(尿素琼脂)

蛋白胨 1 g，氯化钠 5 g，葡萄糖 1 g，硫酸二氢钾 2 g，0.4%酚红溶液 3 mL，琼脂 20 g，纯水 1 000 mL，pH 值为 7.2。

配制方法：除酚红外，溶解上述各种成分，调节 pH 值至 6.8～6.9，然后加入酚红指示剂。分装三角瓶，121 ℃灭菌 15 min。待培养基冷却至 50～55 ℃，加入预先过滤除菌的 20%尿素水溶液，使其在培养基中的终浓度为 2%，摇匀后(此时 pH 值为 7.2)，分装无菌试管，置成斜面备用。

22. TTC 琼脂平板培养基

胰蛋白胨 17 g，大豆蛋白胨 3 g，葡萄糖 6 g，氯化钠 2.5 g，硫乙醇酸钠 0.5 g，L-胱氨酸-盐酸 15 g，亚硫酸钠 0.1 g，琼脂 15 g，1%氯化血红素溶液 0.5 mL，1%维生素 K1 溶液 0.1 mL，2,3,5-氯化三苯四氮唑(TTC)0.4 g，纯水 1 000 mL。

配制方法：除 1%的氯化血红素、维生素 K1 和 TTC 外，将其他成分混合，并加热溶解。L-胱氨酸先用少量的氢氧化钠溶解后加入，调整 pH 值至 7.2，然后加入预先配成的氯化血红素和维生素 K1，充分摇匀，装瓶，每瓶 100 mL，121 ℃灭菌 15 min。临用前，重新熔化琼脂，每 100 mL 培养基加入 TTC 40 mg，充分摇匀，倾注平板。

注意：1%氯化血红素溶液的配制方法是称取氯化血红素 1 g，加入 1 mol/L 氢氧化钠 5 mL，混合后再用纯水稀释到 100 mL；1%维生素 K1 和纯乙醇 99 mL 混合，或用维生素 K1 的针剂。

23. 卵黄琼脂培养基

肉浸液 1 000 mL，蛋白胨 15 g，氯化钠 5 g，琼脂 25～30 g，pH 值为 7.5，121 ℃灭菌 15 min。临用时加热熔化琼脂，冷却至 50 ℃，每 100 mL 培养基中加入 50%葡萄糖水溶液 22 mL 和 50%卵黄盐水悬液 10～15 mL，摇匀，倾注平板。

24. 苯丙氨酸培养基

酵母膏 3 g，DL-苯丙氨酸 2 g(或 L-苯丙氨酸 1 g)，磷酸氢二钠 1 g，氯化钠 5 g，琼脂 12 g，纯水 1 000 mL，pH 值为 7.0，121 ℃灭菌 15 min。

25. 草酸钾血浆

称取草酸钾 0.01 g，加入 5 mL 人血，混合均匀，经 3 000 r/min 离心 5 min，吸取上清液即为血清。

26. 马尿酸钠培养基

马尿酸钠 1 g，牛肉膏 3 g，纯水 100 mL，pH 值为 7.2～7.4，121 ℃灭菌 20 min。

27. L-精氨酸盐培养基

蛋白胨 1 g，氯化钠 5 g，磷酸氢二钾 0.3 g，L-精氨酸盐 10 g，琼脂 6 g，酚红 0.01 g，纯水 1 000 mL，pH 值为 7.0～7.2，121 ℃灭菌 20 min。

28. 明胶液化试验

蛋白胨0.5 g,牛肉膏0.3 g,明胶12 g,纯水100 mL,pH值为6.8~7.0。

配制方法:加热溶解上述成分,调整pH值至7.4~7.6,分装小管,121 ℃灭菌10 min。取出后迅速冷却,使其凝固。复查最终pH值应为6.8~7.0。

29. 淀粉水解测定琼脂

可溶性淀粉10 g,硝酸钾1 g,磷酸氢二钾0.3 g,碳酸镁1 g,氯化钠0.5 g,琼脂15 g,pH值为7.2~7.4,121 ℃灭菌20 min。

30. 纤维素酶活性测定培养基

硝酸钾1 g,硫酸镁0.5 g,氯化钠0.5 g,磷酸氢二钾0.5 g,纯水1 000 mL。

将滤纸(作为碳源)切成宽1 cm,长6 cm的小条。试管装培养液5~6 mL,装入的滤纸条应有一半露出液面。121 ℃灭菌20 min。

31. 硫化氢产生测试培养基

蛋白胨10 g,柠檬酸铁0.5 g,磷酸氢二钾1 g,琼脂15 g,pH值为7.2,121 ℃灭菌20 min。

32. 碳源利用试验培养基

硫酸铵0.264%,磷酸二氢钾0.238%,硫酸氢二钾0.565%,七水合硫酸镁0.1%,五水合硫酸铜0.000 64%,七水合硫酸亚铁0.000 11%,四水合氯化锰0.000 79%,七水合硫酸锌0.000 15%,处理过的琼脂1.5%,pH值为6.8~7.0,121 ℃灭菌20 min。

33. 12.5%的豆芽汁

黄豆芽125 g加自来水1 L,煮沸半小时,过滤后补足水至1 L。115 ℃灭菌30 min。

34. 0.6%酵母浸汁

加60 g干酵母粉于1 L自来水中,必要时加一些蛋清以澄清滤液,121 ℃灭菌15 min。趁热用双层滤纸过滤,115 ℃灭菌20 min。

35. 同化碳源基础培养基

硫酸铵0.5%,磷酸二氢钾0.1%,七水合硫酸镁0.05%,酵母膏0.02%,水洗琼脂2%,115 ℃灭菌20 min。

36. 同化碳源液体培养基

硫酸铵0.5%,磷酸二氢钾0.1%,七水合硫酸镁0.05%,二水合氯化钙0.01%,氯化钠0.01%,酵母膏0.02%,糖或其他碳源0.5%。

用纯水配制,培养基过滤后分装小试管,每管3 mL,115 ℃灭菌20 min。

37. 同化氮源基础培养基

葡萄糖2%,硫酸二氢钾0.1%,七水合硫酸镁0.05%,酵母膏0.02%,水洗琼

脂 2%。

用纯水配制，过滤后装大试管，每管 20 mL，115 ℃灭菌 15 min。

38. 杨梅苷琼脂培养基

杨梅苷 0.5%，10%豆芽汁 100 mL，水洗琼脂 2%。115 ℃灭菌 20 min。

使用时熔化培养基，并在每支试管中加入一滴 10%氯化铁(用无菌水配制)搁置成斜面。

39. 产生类淀粉化合物培养基

① 固体培养基：硫酸铵 0.1%，磷酸二氢钾 0.1%，七水合硫酸镁 0.05%，葡萄糖 1%，水洗琼脂 2.5%，pH 值为 4.5，115 ℃灭菌 20 min。

② 液体培养基：硫酸铵 0.5%，磷酸二氢钾 0.1%，七水合硫酸镁 0.05%，二水合氯化钙 0.01%，氯化钠 0.01%，酵母膏 0.1%，葡萄糖 3%。

将液体培养基分装于 50 mL 三角瓶中，装量约为 5 mL，115 ℃灭菌 20 min。

40. 产脂培养基

葡萄糖 5 g，10%豆芽汁 100 mL，分装于 50 mL 三角瓶中，每瓶 20 mL，115 ℃灭菌 20 min。

41. 酵母生酸培养基

葡萄糖 5 g，经灭菌的碳酸钙 0.5 g，酵母浸出液 100 mL，琼脂 2 g，间歇常压灭菌。

42. 酵母用明胶培养基

麦芽汁 1 000 mL，加明胶 120 g，加温使其溶解，分装于试管，115 ℃灭菌20 min，凝固后备用。

43. 水解尿素斜面培养基

蛋白胨 0.1 g，氯化钠 0.5 g，硫酸二氢钾 0.2 g，酚红 0.001 2 g，纯水 100 mL，琼脂 2 g，pH 值为 6.8。

配制方法：将配好的培养基于每支试管中加 2.7 mL，灭菌后，再向每管中加入 0.3 mL，经过滤灭菌的 20%尿素溶液，混合后搁置成斜面。

44. 延胡索酸发酵用培养基

葡萄糖 100 g，七水合硫酸镁 0.1 g，硫酸二氢钾 0.15 g，硫酸铵 3 g，硫酸氢二钾 0.15 g，氯化钙 0.1 g，氯化铁痕量，碳酸钙 30～50 g，纯水 1 000 mL，121 ℃灭菌 20 min。

45. 乳酸发酵用培养基

葡萄糖 150 g，七水合硫酸镁 0.25 g，硫酸锌 0.44 g，硫酸二氢钾 0.3～0.6 g，尿素 0.522 g，纯水 1 000 mL。121 ℃灭菌 20 min。

46. 油脂培养基

蛋白胨10 g,牛肉膏5 g,氯化钠5 g,香油或花生油10 g,琼脂15~20 g,1.6%中性红水溶液1 mL,蒸馏水1 000 mL,pH值为7.2。

注意:不能使用已变质的油;油和琼脂及水先加热;调好pH值之后,再加入中性红使培养基稍呈红色为止;分装培养基时,需不断地搅拌,使油脂均匀分布于培养基中。

47. 醋酸铅培养基

pH值为7.4的牛肉膏蛋琼脂100 mL,硫代硫酸钠0.25 g,10%醋酸铅水溶液1 mL。

配制方法:将牛肉膏蛋白胨琼脂100 mL加热溶解,待冷却至60 ℃时加入硫代硫酸钠0.25 g,调至pH值为7.2,分装于三角瓶中,115 ℃灭菌15 min。取出后待冷却至55~ 60 ℃,加入10%醋酸铅水溶液(无菌的)1 mL,混匀后倒入灭菌试管或平板中。

48. 月桂基硫酸盐胰蛋白胨肉汤(LST)

胰蛋白胨20 g/L,氯化钠5 g/L,乳糖5 g/L,磷酸氢二钾0.275 g/L,磷酸二氢钾0.275 g/L,月桂基硫酸钠0.1 g/L,pH值6.8±0.2(25 ℃),配制时可能需要加热。

49. 煌绿乳糖胆盐肉汤(BGLB)

蛋白胨10 g,乳糖10 g,牛胆粉20 g,煌绿0.013 3 g,加水定容至1 000 mL,最终pH值为7.2±0.2。

50. 结晶紫中性红胆盐琼脂

蛋白胨7 g,酵母膏粉3 g,乳糖10 g,氯化钠5 g,3号胆盐1.5 g,中性红0.03 g,结晶紫0.002 g,琼脂15 g,加水定容至1 000 mL,最终pH值为7.4±0.2。

51. 木糖赖氨酸脱氧胆盐(XLD)琼脂

酵母膏3.0 g,L-赖氨酸5.0 g,木糖3.75 g,乳糖7.5 g,蔗糖7.5 g,脱氧胆酸钠1.0 g,氯化钠5.0 g,硫代硫酸钠6.8 g,柠檬酸铁铵0.8 g,酚红0.08 g,琼脂15.0 g,蒸馏水1 000 mL,pH值为7.4 ±0.2。

配制方法:除酚红和琼脂外,将其他成分加入400 mL蒸馏水中,煮沸溶解,调节pH值。另将琼脂加入600 mL蒸馏水中,煮沸溶解。将上述两溶液混合均匀后,再加入指示剂,待冷却至50~55 ℃倾注平皿。

注意:本培养基不需要高压灭菌,在制备过程中不宜过分加热,避免降低其选择性,储存于室温暗处。本培养基宜于当天制备,第二天使用。使用前必须去除平板表面上的水珠,在37~55 ℃温度下,琼脂面向下、平板盖亦向下烘干。另外如配制好的培养基不立即使用,则在2~8 ℃条件下可储存2周。

52. 尿素琼脂

磷酸二氢钾 2 g,0.4%酚红溶液 3 mL,琼脂 20 g,蒸馏水 1 000 mL,20%尿素溶液 100 mL,pH 值为 7.2±0.1。

配制方法:尿素琼脂将除尿素和琼脂以外的成分配好,并校正 pH,加入琼脂,加热熔化并分装烧瓶。121 ℃高压灭菌 15 min。冷却至 50～55 ℃,加入经除菌过滤的尿素溶液。尿素的最终浓度为 2%,最终 pH 值应为 7.2±0.1。分装于灭菌试管内,放成斜面备用。

53. 脑心浸出液肉汤(BHI)

胰蛋白质胨 10 g/L,氯化钠 5 g/L,磷酸氢二钠 2.5 g/L,葡萄糖 2 g/L,牛心浸出液(脑心浸出粉) 500 mL(17.5 g),最终 pH 值为 7.4±0.2。

54. EC 培养基

胰蛋白胨 20.0 g/L,乳糖 5.0 g/L,氯化钠 5.0 g/L,磷酸氢二钾 4.0 g/L,磷酸二氢钾 1.5 g/L,三号胆盐 1.5 g/L,pH 值为 6.9±0.2。

55. EC - MUG 培养基

胰蛋白胨 20.0 g/L,三号胆盐 1.5 g/L,乳糖 5.0 g/L,磷酸氢二钾 4.0 g/L,磷酸二氢钾 1.5 g/L,氯化钠 5.0 g/L,MUG 0.05 g/L,pH 值为 6.9±0.2。

56. 甘露醇卵黄多黏菌素琼脂培养基(MYP)

蛋白胨 10.0 g/L,甘露醇 10.0 g/L,牛肉粉 1.0 g/L,氯化钠 10.0 g/L,酚红 0.025 g/L,琼脂 15.0 g/L,pH 值为 7.2±0.1。

57. 动力-硝酸盐培养基

蛋白胨 5 g,牛肉膏 3 g,硝酸钾 1 g,琼脂 3 g,蒸馏水 1 000 mL,pH 值为 7.0。

58. 硫代硫酸盐柠檬酸盐胆盐蔗糖琼脂培养基(TCBS)

酵母粉 5.0 g/L,蛋白胨 10.0 g/L,硫代硫酸钠 10.0 g/L,柠檬酸钠 10.0 g/L,牛胆粉 5.0 g/L,牛胆酸钠 3.0 g/L,蔗糖 20.0 g/L,氯化钠 10.0 g/L,柠檬酸铁 1.0 g/L,麝香草酚兰 0.04 g/L,琼脂 15.0 g/L,pH 值为 8.6±0.1,保存温度 25 ℃。

配制方法:称取本品 8.9 g,煮沸溶解于 100 mL 蒸馏水中,冷却至 60 ℃时,倾入无菌平皿,无需高压灭菌。

59. 巧克力琼脂培养基

蛋白胨 10 g,牛肉粉 3 g,氯化钠 5 g,脱纤维羊血 50 mL,琼脂 15 g,蒸馏水 1 000 mL。

60. 吕氏血清(斜面)培养基

10 g/L 葡萄糖,肉浸液 100 mL,动物血清(马、牛、羊等)300 mL,蒸馏水定容至 1 000 mL。

配制方法：用 pH 值为 7.4 的肉浸液 100 mL，加入 1 g 葡萄糖，溶解后与动物血清混合，分装于中试管内，每管 45 mL。放于血清凝固器内制成斜面，加热至 80 ℃并维持 30 min，待血清充分凝固，但加热不能过高过快，否则其表面易产生气泡。于第二天和第三天继续用 85 ℃灭菌 1 h。

61. 亚碲酸钾血琼脂培养基

琼脂基础 100 mL，10%葡萄糖 2 mL，1%亚碲酸钾 4.5 mL，绵羊血 10 mL。

配制方法：将琼脂基础溶解好，加入羊血，马上加热使其成咖啡色后，稍冷再加入 10%葡萄糖 2 mL 与 1%亚碲酸 4.5 mL 混合后倒入无菌平板，凝固后存冰箱备用。

62. 9K 培养基

$(NH_4)_2SO_4$ 3.0 g/L，KCl 0.1 g/L，K_2HPO_4 0.5 g/L，$MgSO_4 \cdot 7H_2O$ 0.5 g/L，$Ca(NO_3)_2$ 0.01 g/L，蒸馏水 700 mL，pH 值为 3.0，121 ℃灭菌 15 min，加入 300 mL 预先配制的 14.78%的 $FeSO_4 \cdot 7H_2O$ 溶液。

63. N8Y 培养基

KNO_3 1 g，KH_2PO_4 0.74 g，Na_2HPO_4 0.207 g，$CaCl_2 \cdot 2H_2O$ 0.013 g，FeNaEDTA 0.01 g，$MgSO_4 \cdot 7H_2O$ 0.025 g，酵母粉 0.1 g，微量元素母液 1 mL，加去离子水定容至 1 L，调节 pH 值至 7.0。1 L 微量元素母液中包括 $Al_2(SO_4)_3 \cdot 18H_2O$ 3.58 g，$MnCl_2 \cdot 4H_2O$ 12.98 g，CuSO4 · $5H_2O$ 1.83 g，$ZnSO_4 \cdot 7H_2O$ 3.2 g。

64. IM 培养基

甘油 1 g，酸水解酪蛋白 1.385 g，酵母粉 0.1 g，KH_2PO_4 0.74 g，Na_2HPO_4 0.207 g，$CaCl_2 \cdot 2H_2O$ 0.013 g，FeNaEDTA 0.01 g，$MgSO_4 \cdot 7H_2O$ 0.025 g，微量元素母液 1 mL，定容至 1 L，调节 pH 值至 7.0。微量元素母液包括 $Al_2(SO_4)_3 \cdot 18H_2O$ 3.58 g，$MnCl_2 \cdot 4H_2O$ 12.98 g，$CuSO_4 \cdot 5H_2O$ 1.83 g，$ZnSO_4 \cdot 7H_2O$ 3.2 g。

65. 果罗德科瓦(Gorodkowa)培养基

葡萄糖 0.1%，蛋白胨 1%，氯化钠 12%，水洗琼脂 2%，纯水配制，分装于试管，115 ℃灭菌 20 min。

66. Alsever 液

配制方法：将柠檬酸三钠 · $2H_2O$ 8 g，柠檬酸 0.5 g，无水葡萄糖 18.7 g，NaCl 4.2 g，溶于 1 000 mL 蒸馏水用滤纸过滤，分装，灭菌 20 min。冰箱保存备用。

67. 柯凡克氏试剂

对二甲基氨基苯甲醛 5 g，戊醇 75 mL，浓盐酸 25 mL。

将 5 g 对二甲基氨基苯甲醛溶解于 75 mL 戊醇中，然后缓慢加入浓盐酸 20 mL。

68. 欧波试剂

对二甲基氨基苯甲基醛 1 g，95%乙醇 95 mL，浓盐酸 20 mL。

将 1 g 对二甲基氨基苯甲醛溶解于 95 mL 乙醇(95%)中,然后缓慢加入浓盐酸 20 mL。

69. 硝酸盐还原试验试剂

(1) 硝酸盐还原试剂 Ⅰ

甲液:称取 0.8 g 对氨基苯磺酸溶解于 100 mL 5 mol/L 乙酸溶液中。

乙液:称取 0.5 g α-甲萘胺溶解于 5 mol/L 乙酸中。

(2) 硝酸盐还原试剂 Ⅱ

试剂 A 液:2%淀粉溶液。称取 2 g 可溶性淀粉,用少量纯水调成糊。缓慢加入 100 mL 沸腾的纯水中,随加随搅拌至透明溶液为止。注意:此液不可久存。

试剂 B 液:6 mol/L 盐酸溶液。取 50 mL 浓盐酸缓慢加入 50 mL 纯水中,边加边缓慢搅拌。

试剂 C 液:5%碘化钾溶液。称取碘化钾 5 g,溶解于 100 mL 纯水中。

70. 12%三氯化铁盐溶液

称取 12 g 的六水合氯化铁,溶于 100 mL 2%盐酸溶液中。

71. pH 值为 4.5 的醋酸缓冲液

水合硫酸钙 5.1 g,硫酸钠 6.8 g,冰醋酸 4.05 g,纯水 1 000 mL。

72. V-P 试剂

6% α-萘酚-乙醇溶液和 40%氢氧化钾溶液。

73. 纤维蛋白平板的制备

① 称取 60 mg 牛纤维蛋白原,加入 20 mL 无菌生理盐水搅拌,使其溶解完全,取 5 mL 放入培养皿中混匀,使平铺铺满底部。

② 称取 0.3 g 琼脂粉放入 50 mL 小烧杯,加入 20 mL 无菌生理盐水,加热熔化,然后自然冷却至 45 ℃左右,加入 1 mL 凝血酶(10 U/mL),混匀。

③ 取 5 mL 倒入上述培养基中迅速混匀,冷却。

74. 氧化酶试验

试剂:① 1%盐酸二甲基对苯二胺溶液——少量新鲜配制,于冰箱内避光保存。② 1% α-奈酚-乙醇溶液。

试验方法:取白色洁净滤纸沾取菌落。加盐酸二甲基对苯二胺溶液一滴,阳性者呈现粉红色,并逐渐加深;再加 1% α-奈酚-乙醇溶液一滴,阳性者于半分钟内呈现鲜蓝色。阴性于两分钟之内不变色。以毛细吸管吸取试剂,直接滴加于菌落上,其显色反应与上面相同。

75. 酸性酒精

配制方法:将无水酒精与浓盐酸或浓硫酸按 99:1 的体积比配制而成。

76. 明胶磷酸盐缓冲溶液(pH 值为 6.2)

明胶 2 g,磷酸氢二钠 4 g,纯水 1 000 mL,加热溶解,调 pH 值,121 ℃灭菌 15 min。

77. 弗氏不完全佐剂(FIA)

配制方法:称羊毛脂 10 g,逐滴加入优质液状石蜡 40 mL,沿一个方向边滴边研磨,后分装于疫苗瓶中(每瓶 10 mL),55 kPa 高压灭菌 20 min 后保存备用。

78. 弗氏完全佐剂乳化抗原(FCA - IgG)

配制方法:将 FCA 预温(60 ℃,30 min),吸取 3 mL 于研钵中,逐滴加入活 BCG (75 mg/mL)0.5 mL 及纯化的 2.5 mL 人 IgG (2.4 mg/mL),边滴入边研磨,沿一个方向直至形成均一性的乳状液,取一滴滴入冷水面上不散开即达到“油包水”的要求。

79. 甲基红试剂

甲基红 0.1 g,95%乙醇 300 mL,纯水 200 mL。

参考文献

[1] 黄敏. 医学微生物实验学[M]. 4 版. 北京:科学出版社,2015.
[2] 张玉妥. 卫生检验检疫实验教程: 卫生微生物检验分册[M]. 北京:人民卫生出版社,2015.
[3] 彭奕冰. 临床微生物学检验实验指导[M]. 2 版. 北京:中国医药科技出版社,2015.
[4] 米友军,董开忠. 医学微生物学与免疫学实验教程[M]. 北京:科学出版社,2015.
[5] 王贺祥. 食用菌学实验教程[M]. 北京:科学出版社,2014.
[6] 丁延芹,杜秉海,余之和. 农业微生物学实验技术[M]. 2 版. 北京:中国农业大学出版社,2014.
[7] 杨革. 微生物学实验教程[M]. 3 版. 北京:科学出版社,2015.
[8] 梁新乐. 现代微生物学实验指导[M]. 杭州:浙江工商大学出版社,2014.
[9] 关国华. 微生物生理学实验教程[M]. 北京:科学出版社,2015.
[10] 刘素纯,吕嘉枥,蒋立文. 食品微生物学实验[M]. 北京:化学工业出版社,2013.
[11] 樊明涛,赵春燕,朱丽霞. 食品微生物学实验[M]. 北京:科学出版社,2015.
[12] 朱旭芬. 现代微生物学实验技术[M]. 杭州:浙江大学出版社,2011.
[13] 杨金水. 资源与环境微生物学实验教程[M]. 北京:科学出版社,2014.
[14] 王磊,陈芝. 微生物遗传学实验教程[M]. 北京:科学出版社,2014.
[15] 胡桂学,陈金顶,彭远义. 兽医微生物学实验教程[M]. 2 版. 北京:中国农业大学出版社,2015.
[16] 隋新华. 原核生物进化与系统分类学实验教程[M]. 北京:科学出版社,2015.
[17] 李颖. 真菌生物学实验教程[M]. 北京:科学出版社,2014.
[18] 杨汝德. 现代工业微生物学实验技术[M]. 2 版. 北京:科学出版社,2015.
[19] 尧品华,刘瑞娜,李永峰. 厌氧环境实验微生物学[M]. 哈尔滨:哈尔滨工业大学出版社,2015.
[20] 林海. 微生物应用技术[M]. 北京:冶金工业出版社,2011.
[21] 杜连祥,路福平. 微生物学实验技术[M]. 北京:中国轻工业出版社,2006.
[22] 赵斌,林会,何绍江. 微生物学实验[M]. 2 版. 北京:科学出版社,2014.
[23] 马迪根 M T,马丁克 J M,帕克 J. Brock 微生物生物学[M]. 10 版. 北京:科学出版社,2007.
[24] Prescott L M,Harley J P,Klein D A. 微生物学[M]. 5 版. 沈萍,彭珍荣,译. 北京:高等教育出版社,2003.
[25] 王关林,方宏筠. 植物基因工程实验技术指南[M]. 2 版. 北京:科学出版社,2016.

参考文献